普通高等教育"十一五"国家级规划教材

SQL Server 基础教程

（第二版）

董翔英　主编

王学群　郎振红　狄文辉　副主编

科学出版社

北　京

内 容 简 介

本书分为上下两篇，上篇为 SQL Server 2008 应用基础（含习题），共分十二章，主要讲解数据库建立、数据查询、流程控制、数据完整性、存储过程与触发器，以及数据安全等方面的内容；下篇为综合应用、实训指导和习题解答，介绍了以 VB 6 和 Delphi 7 为前台开发工具时数据库应用程序的开发过程，提供了 SQL Server 2008 数据库管理与数据查询的十二个实训过程。全书以交通管理信息数据库这一实例贯穿，并通过该实例讲解 SQL Server 2008 的基本功能和应用，并配有各种类型的练习题及解答，以方便教师教学和学生自学。

本书语言通俗易懂，例题与习题丰富，内容深浅适中，适合作为普通高等院校计算机、信息管理、物流管理等相关专业本科有关课程的教学参考书，也适合作为高职高专计算机、信息管理和物流管理等相关专业有关课程的教材，同时可供广大数据库应用开发人员参考使用。

图书在版编目（CIP）数据

SQL Server 基础教程/董翔英主编. —2 版.—北京：科学出版社，2010
（普通高等教育"十一五"国家级规划教材）

ISBN 978-7-03-026781-8

Ⅰ. ①S… Ⅱ. ①董… Ⅲ. ①关系数据库—数据库管理系统，SQL Server—高等学校—教材 Ⅳ. ①TP 311.138

中国版本图书馆 CIP 数据核字（2010）第 022583 号

责任编辑：李太铼 鞠丽娜 /责任校对：耿 耘
责任印制：吕春珉 /封面设计：东方人华平面设计部

科 学 出 版 社 出版
北京东黄城根北街 16 号
邮政编码：100717
http://www.sciencep.com

双 青 印 刷 厂 印刷

科学出版社发行　　各地新华书店经销

＊

2005 年 4 月第 一 版　　开本：787×1092　1/16
2010 年 3 月第 二 版　　印张：20
2010 年 3 月第四次印刷　　字数：450 000
印数：9 000—12 000

定价：30.00 元
（如有印装质量问题，我社负责调换〈路通〉）

销售部电话 010-62134988　编辑部电话 010-62138978-8220

第二版前言

在现代社会中，随着信息技术的飞速发展，信息系统的开发和应用对各种组织机构的运行和管理起着越来越重要的作用，几乎所有重要的信息系统，如管理信息系统（MIS）、企业资源计划（ERP）、客户关系管理系统（CRM）、决策支持系统（DSS）和智能信息系统（IIS）等，都离不开数据库技术强有力的支持。Microsoft SQL Server 是典型的关系型数据库管理系统，它以优秀的性能和强大的功能一直以来得到了非常广泛的应用，其版本也不断更新升级。SQL Server 2008 是目前 Microsoft SQL Server 最新版本，在继承了以往版本优秀特性的同时，该系统在多个方面进行了改进和优化，使其功能更强大，操作更简便，界面更友好。

本书作者曾为多个组织和部门开发管理信息系统，并多年从事"数据库原理与应用"课程的本、专科教学工作，现担任"管理科学与工程"学科信息管理方向研究生导师。本书从 SQL Server 基础教学的角度，淡化了深奥的数据库系统理论，着重阐述 SQL Server数据库对象的概念和知识，具有基础性、易读性和实用性。本书以交通运输管理数据库应用项目为背景，从系统管理和开发代码中选择与归纳出重要的、使用频率较高的和应用灵活的语句代码，构成丰富的讲解实例，系统介绍了 SQL Server 数据库的建立、使用和维护等基本操作，实用、灵活，可操作性强，使学生能够举一反三，由浅入深、循序渐进。

与第一版不同，本书基于 SQL Server 2008 系统平台，讲解数据库操作的基本方法，其中 SQL 语法均用实例验证，大部分例题配有图片说明。书中所有实例均在系统环境中运行通过，图片均为 SQL Server 2008 系统运行界面截图，直观、清晰，方便读者对照学习。

本书对第一版中第 1 章和第 13 章内容进行了充实，新增了数据库开发概述和交通运输管理数据库系统开发实例两部分，介绍了数据库开发的主要内容和一般流程，说明了数据库应用系统的需求分析、系统总体设计和主要模块设计，描述了系统主要窗体设计和事件分析与处理，并附加了"系统代码"部分，以利于初学者在学习过程中较好地将理论与实际联系起来。

全书基于数据库的建立、使用与维护，将数据库管理操作组成十二个实训，每个实训围绕主题进行，包含功能描述、语法实例、实现方法和操作步骤等，相对独立完整，易于理解和操作，使用方便。

本书言简意赅、实例丰富、实用性强，尤其适合没有数据库基础或程序设计经验的初学者，以及对理论学习甚多而实际操作缺乏者学习、参考。

本书分两篇，上篇讲解 SQL Server 基础知识，详细介绍了数据库建立、数据查询、数据维护和数据安全等方面的基础知识与应用。每章均有知识点、难点提示、学习要求和章节小结，便于读者学习和对照检查。下篇为综合应用和上机实训指导，介绍典型的数据库应用程序开发工具的使用，提供了详尽的上机实验内容，并以实例形式演示实验步骤和过程，便于读者模仿学习，增强实践操作性。

本书还配有各种类型的大量习题及解答，便于读者复习与巩固，并进一步理解和掌握 SQL Server 基础知识和系统功能。本书免费提供配套的电子教案、习题解答与程序代码，可在科学出版社技术分社网站（www.abook.cn）搜索并下载。

本书由董翔英任主编，王学群、郎振红和狄文辉任副主编，其中第 1、2、3、4、13、14 章由中国市政工程华北设计研究总院王学群编写，第 5 章至第 7 章由天津电子信息职业技术学院郎振红编写，第 8 章至第 10 章由河南机电高等专科学校狄文辉编写，其余章节由董翔英编写，书中所有实训由蔡志强和高伟韬上机调试通过。

本书编写过程中得到于战果、王凤忠、王亮、张春和、李会山、张大鹏、谢鑫鹏、匡小平等同志的帮助，在此深表感谢。由于时间仓促，水平有限，书中疏漏与不妥之处在所难免，敬请读者朋友批评指正。

作　者
2009 年 9 月
于天津军事交通学院

下篇　应用开发与实训指导

上 篇

SQL Server
应用基础

在本篇中，将着重介绍 SQL Server 数据库的基础知识和基本功能。本篇共 12 章，主要讲解数据库建立、数据库查询、数据维护和数据安全等问题，涉及网络数据库应用与管理的大部分内容。通过本篇的学习，能够使读者掌握网络数据库的基础知识，掌握使用和管理网络数据库的基本方法，能够进行建立数据库、提供数据服务，维护数据完整性以及保证数据访问安全与存储安全等方面的工作，同时具备数据库管理员所需的应用知识和管理能力。

第 1 章　SQL Server 2008 入门必备

📖 **知识点**

- 数据库模型和关系数据库定义
- 关系数据库术语
- SQL Server 数据库

📢 **难点**

- 关系数据模型
- SQL 关系数据库语言

✎ **要求**

熟练掌握以下内容：
- 关系数据库的定义
- SQL Server 2008 的安装和启动

了解以下内容：
- 数据库开发的一般过程
- 关系数据库管理系统功能
- SQL 关系数据库语言特点
- SQL Server 2008 的组成

1.1　数据库系统开发概述

　　数据库系统是现代信息管理不可缺少的重要基础设施，在工业、农业、商业、交通运输、科技教育以及卫生体育等各个领域中，作为数据收集、加工利用、综合查询与信息传递的工具，广泛应用于企业、组织与部门的数据保存、业务处理和决策分析等日常工作。在今天的信息化社会，数据库软件几乎占据全部应用软件的 80%，数据库已经成为企业与组织赖以发展的命脉所在，数据库系统开发也成为企业、组织与部门信息化建设的首要工作。

1.1.1　数据库系统开发的概念

　　一个企业、组织或部门会拥有大量的数据，这些数据往往需要集中统一的管理。数据管理的主要任务是收集数据，将数据电子化并按类别组织、保存，为各种使用和数据处理快速地提供正确的、必要的数据。数据管理经过手工管理、文件管理、数据库管理三个阶段。在计算机出现之前，数据存储在磁带、卡片机、纸带机中，数据的组织和管理完全靠程序员手工完成；后来人们使用计算机文件系统存储电子化的数据文件，数据存储在磁盘、磁鼓等直接存取的存储设备上，有专门的数据管理软件提供有关数据存取、查询及维护功能，提供数据文本给应用程序使用；20 世纪 60 年代后期，计算机需要管理的数据规模越来越大，数据量急剧增长，老式的文件系统数据管理方法已无法适应开发应用系统的需要。为解决数据的独立性问题，实现数据的统一管理，达到数据共享的目的，数据库技术应运而生。数据库指的是以一定的方式存储在一起的、能为多个用户所共享的、与应用程序彼此独立的、相互关联的数据集。通俗地讲，数据库是组织、存储、管理数据的电子仓库。相比以前管理数据的工具，它冗余数据少，而且具有独立性、共享性和完整性。

目前，当企业、组织或部门面临数据量大、数据复杂的信息管理工作时，通常会使用数据库技术开发信息管理系统，以便更快捷、更有效地管理和应用数据。建立数据库的目的，是为了使企业、组织或部门所拥有的大量的数据，能够集中管理、规范存储和统一使用，而且在数据库基础上建立一个信息管理系统，提供给用户一个方便的使用和操作平台，以进行数据维护和查询，获取数据报表和决策信息等。

基于数据库技术的信息管理系统具有以下三个突出特点。

1）以数据库方式存储数据。

2）一般采用功能选单方式控制程序。

3）功能模块大致相同。

数据库开发就是要建立一个以信息管理系统为目标的数据库系统，以使企业、组织或部门的数据管理和使用更方便，更高效。

1.1.2　数据库系统开发的主要内容

企业、组织或部门的数据库系统开发以建立一个完善的企业管理信息系统为目标，实现信息共享、流程规范、快捷方便和经济高效的目的。系统开发以创建企业或部门信息数据库为基础，在此基础上针对不同用户开发相应的数据库应用程序。一般包括以下几方面内容。

1. 创建数据库

创建数据库是要建立数据库框架，确定数据库结构，以便存储结构化的数据。数据库的结构是否合理，对编制管理数据库应用程序有极大的影响。在动手设计用户界面以及其他事务处理规则之前，应该首先设计数据库。确定数据库中需要哪些数据表，每个表中需要哪些字段，每个字段需要怎样的类型和属性，各个表之间有怎样的连接关系等。建立一个结构准确、合理、关系明确、数据冗余量少的数据库，会给应用程序的开发带来极大的便利。

2. 创建交互信息

所谓交互信息，是指应用程序与用户之间相互提交的信息，像在数据库中定位信息、显示信息、快速检索并打印输出信息等。

创建交互信息的方法有很多，其中最常用的有以下三种。

1）创建查询。

2）创建视图。

3）创建报表和标签。

3. 创建用户界面

应用程序应该为用户提供美观实用的用户界面，应用程序的功能和使用的方便性等都体现在用户界面的设计中。

美观实用的用户界面包括表单、菜单、工具栏等。一个完善的菜单系统可以反映应用程序的基本功能，用户只需通过菜单的导航就能完成全部的数据操作。

1.1.3 数据库系统开发的一般流程

数据库系统开发的一般流程是：需求分析→数据库设计→应用程序设计。下面分别进行简单描述。

1. 数据库需求分析

根据用户要求决定数据管理的目标、范围和应用性质。比如在对用户现行工作系统的调查和分析之后，得出用户对数据处理的要求如下。

1）能安全存储系统每天产生的大量数据，然后进行合理的访问和修改，同时还能适时地对数据进行归纳和分类。

2）能提高集中管理水平，充分利用计算机系统处理大量数据的能力，使管理工作规范化，以提高其应变能力。

3）能够满足企业管理对信息的要求，及时准确地收集处理与经营相关的各种信息，并能够将其归纳和分类处理，提供一定的数据分析功能，可以大大提高业务工作中信息管理的效率，使管理人员能从大量数字工作中解脱出来，集中做好分析和决策工作。

2. 数据库设计

数据库设计是要求对于指定的应用环境，构造出较优的数据库模式，建立起系统数据库或后台数据库，使系统能有效地存储数据，满足用户的各种应用需求。数据库设计要遵循规范化设计原则，使数据冗余少，保证数据的唯一性、正确性和完整性。

按照一般规范化的设计方法，将数据库设计主要分为逻辑设计和物理设计两个阶段。逻辑设计是设计数据库逻辑结构，如数据库中包含的哪些数据表，每个数据表的结构，表与表之间关联等；物理设计是实现数据在存储介质上的实际存储，装入实际数据建立实际真实的数据库。物理设计需要确定存储结构、确定数据存放位置、存取路径的确定、存储分配的确定。

3. 应用程序设计

通常一个功能完全满足基本需要的数据库应用系统，必须包括一些基本的功能模块，如数据维护功能、业务管理功能、数据查询功能、安全使用功能和帮助功能等模块。应用程序设计就是根据用户的具体需求，从输出与输入的角度，准确地描述用户应用界面的实现。例如，要设计应用程序中应包含哪些数据管理功能和数据查询功能等，如何建立用户操作界面，使用户可以访问数据库并操作数据；设计什么样的数据报表和查询条件，以便用户可以从数据库中提取有用的信息。

应用程序设计主要涉及表单输入设计和报表输出设计。

1.1.4　交通运输管理数据库系统简介

交通运输管理数据库系统针对企业、组织或部门有关车辆运用的需求，对单位权属的车辆信息和驾驶员信息进行归口管理，可用于企业物流货运、公司通勤、人员差旅等方面的相关数据管理，具有一般信息系统数据存储、更新、查询等基本功能。用户登录窗口如图 1.1 所示，系统主界面如图 1.2 所示。

系统分驾驶员管理、车辆管理、行车管理和系统管理四大模块，可进行驾驶人员、车辆、行车记录等信息的数据存储、维护和查询。其中驾驶员查询界面如图1.3 所示，行车记录查询界面如图 1.4 所示，行车记录数据管理界面如图 1.5 所示，车辆基础数据管理界面如图 1.6 所示，系统用户管理界面如图 1.7 所示。

图 1.1　交通运输管理系统登录窗口

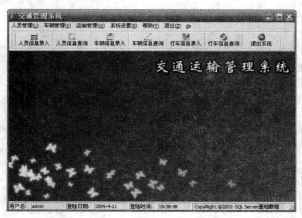

图 1.2　交通运输管理系统主界面

图 1.3　驾驶员查询界面

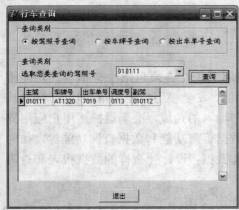

图 1.4　行车记录查询界面

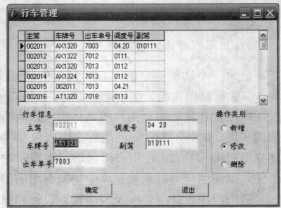

图 1.5　行车数据管理界面

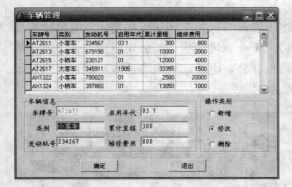

图 1.6　车辆基础数据管理界面

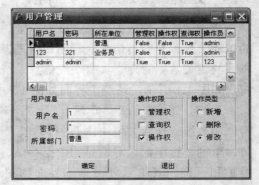

图 1.7　系统用户管理界面

1.2　数据库与关系数据库概述

1.2.1　数据库概念

　　数据库（Database，DB），顾名思义是存放数据的仓库，只不过这个仓库是在计算机存储设备上，是存储电子数据的，而且数据是按一定的格式存储的。在科学技术飞速发展的今天，人们的视野越来越广阔，信息量、数据量急剧增加。过去人们把数据存放在文件柜里，现在人们借助计算机和数据库技术科学地保存和管理大量复杂的数据，以便能方便而充分地利用这些宝贵的数据资源。

　　数据库是基于某种数据模型组织存储数据的数据集合，这些数据为多个应用服务，但在物理上独立于应用程序之外，表现出数据的独立性和共享性。数据库中的大量数据分别集合在多个结构化的数据表中，表与表之间相互关联，体现数据之间的逻辑关系。在我们日常工作和生活中，大凡通讯簿、账簿、人员名单、设备清单和成绩单等都可以作为数据库中的基础数据，它们不仅具有固定的格式与特性，而且可以用表格形式记录下来，在数据库管理系统的操纵下，这些数据被集中存放后，就可同时被不同用户的应用程序所访问。

数据库中的数据是通过数据库管理系统（Database Management System，DBMS）来管理的。数据库管理系统是一种系统软件，主要功能是维护数据库并有效地访问数据库中的数据，用户对数据库的一切操作，包括定义、查询、插入、修改、删除以及各种控制，都是通过数据库管理系统进行的。它为用户或应用程序提供了访问数据库中数据的方法，以及对数据的安全性、完整性和并发性等进行统一控制的方法。数据库系统的目标是扩展数据管理功能、提高系统可用性和数据使用效率。目前使用较多的大型数据库管理系统有 Microsoft 公司的 SQL Server、Oracle 公司的 Oracle 9i 等。

数据库系统主要是指数据库管理系统和用它建立起来并进行管理的数据库。严格地说，一个数据库系统应该是一个按照数据库方式存储、维护和向应用系统提供数据的可运行的系统，所以与数据库有关的硬件系统、软件系统（包括系统软件和应用程序）、数据库管理员、专业用户和最终用户等都是该系统的一部分，它们共同构成一个完整的数据库系统。

数据库管理系统是数据库系统的核心，在不引起混淆的情况下，人们通常将数据库管理系统称为数据库，将负责对数据进行规划、设计、协调、维护和管理的人员称为数据库管理员（Database Administrator，DBA）。

1.2.2　数据库模型

数据库中的数据之间是有一定的逻辑关系的，这种逻辑关系用数据模型来描述。在数据库理论中有三种数据模型：层次模型、网状模型和关系模型。下面对这三种不同类型的数据模型进行简单介绍。

1. 层次模型

层次型数据库使用结构模型作为存储结构。这是一种树型结构，它由结点和连线组成，其中结点表示实体，连线表示实体之间的关系。在这种存储结构中，数据将根据需要分门别类地存储在不同的层次之下。图 1.8 所示就是层次型的数据库模型。

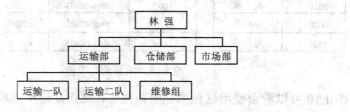

图 1.8　层次结构模型

层次模型的优点是数据结构类似金字塔，不同层次之间的关联性直接而且简单；缺点是由于数据纵向发展，横向关系难以建立，数据可能会重复出现，造成管理和维护的不便。

2. 网状模型

网状型数据库克服了层次模型的一些缺点，使用网状模型作为存储结构。在这种存储结构中，数据记录组成网中的节点，而记录和记录之间的关联组成节点之间的连线，从而构成了一个复杂的网状结构，如图 1.9 所示。

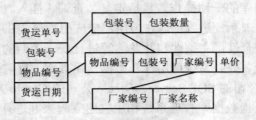

图 1.9　网状结构模型

使用这种存储结构的数据库的优点是它很容易地反映实体之间的关联，同时它还避免了数据的重复性；缺点是这种关联错综复杂，而且当数据逐渐增多时，将很难对结构中的关联进行维护。尤其是当数据库变得越来越大时，关联性的维护会非常复杂。

3. 关系模型

关系型数据库突破了层次模型和网状模型的许多局限。它是基于关系模型的数据库，它的存储结构是多个二维表格。在每个二维表格中，每一行称为一条记录，用来描述对象的信息；每一列称为一个字段，用来描述对象的属性。数据表与数据表之间存在相应的关联，这些关联将被用来查询相关的数据。

关系是指由行与列构成的二维表。在关系模型中，实体和实体间的联系都是用关系表示的，也就是说，二维表格中既存放着实体本身的数据，又存放着实体间的联系。关系不但可以表示实体间一对多的联系，通过建立关系间的关联，也可以表示多对多的联系。如图 1.10 所示为关系结构模型，两表使用"货运员 ID"立了关联。

货运员ID	姓　名	货运单号	日　期	车牌号	货运员ID
002011	王　明	1001	2008-08-01	AT1320	002011
002012	高　兵	1002	2008-08-03	AX1324	002012
002013	高一林	1003	2008-08-07	AT2611	002013
002014	张　全	1004	2008-08018	AX1322	002014

图 1.10　关系结构模型

从图 1.10 可以看出使用这种模型的数据库，优点是结构简单、格式单一，而且数据表之间相对独立，它们可以在不影响其他数据表的情况下进行数据的增加、修改和删除。在进行查询时，还可以根据数据表之间的关联性，从多个数据表中查询、抽取相关的信息。这种存储结构是目前市场上使用最广泛的数据模型，使用这种存储结构的数据库管理系统很多，例如 Sybase、Oracle、DB2 等，下面将介绍的 Microsoft 公司的 SQL Server 2008 也是其中之一。

关系模型是当前最流行、应用最广泛、理论最成熟的数据存储和查询模型。使用关系模型的数据库称为关系数据库。在关系模型中，无论实体本身还是实体间的联系均由表格来表示。关系数据库中至少有两个或两个以上数据表，而且互相之间具有关联，这些数据通过表格之间的关联，紧密结合形成一个关系数据库，给定一个特征，就可以在整个数据库中查询出所有相关的数据。单一的数据表是无法做出关联操作的。关系数据库的理论基础是数学集合论，并以集合运算作为数据查询的主要手段，用户使用关系数据语言来操作数据库，如对数据库进行查询和更新。数据操作语言只需用户描述要处理的数据应满足的逻辑关系，系统可自动完成数据的筛选、归类和更新，用户不必关心系统是如何完成此项处理的。所以关系数据库具有较高的数据独立性和操作透明性，为用户提供了良好的语言接口，在信息管理领域应用极为广泛。

关系数据模型中，数据的组织是采用简单的二维表格形式，见表 1.1。一个关系就是一张二维表，每个关系都有一个关系名即表名，一个表名对应一个存储文件。二维表中的行称为元组，每一行是一个元组，对应存储文件中的一个记录。二维表的列称为属性，每一列有一个属性名，每个元组对应每个属性都有一个属性值，属性对应存储文件中的一个字段。属性的取值范围称为域，如性别取值为男或女，籍贯取值为现有的行政省、市、县名集合等。

关系与二维表格类似，但不是任意表格都可作为一个关系进入数据库进行数据管理，关系数据库对关系的限定是有规范化要求的，一个关系必须满足以下几个基本条件。

表 1.1　关系数据库的数据组织形式

驾驶员 ID	姓　名	出生年月	籍　贯
002011	王　明	1983-12-11	天　津
002012	高　兵	1982-09-10	北　京
002016	刘　可	1980-04-13	河　北
010111	张　平	1981-05-10	河　北

1）关系中的每一个属性是不可分解的，即不能出现复合属性。如"联系方式"属性下面如果包括"固定电话"和"移动电话"两项属性内容，就不符合属性不可分解的要求。

2）在同一个关系中，不能出现完全相同的属性名。

3）在一个关系中，行的排列次序不影响数据本身。

4）在一个关系中，列的排列次序不影响数据本身。

为了更有效地管理数据，避免数据插入或更新时出现操作错误，关系之间应尽量满足数据冗余少，数据依赖程度低的要求。对于不满足条件的关系，可以通过一定的规范化步骤，如分解或合并等方法，将其变成满足一定规范要求的关系。

1.2.3　关系数据库的发展

所谓关系数据库（Relational Database，RDB）就是基于关系模型的数据库，是一种重要的数据库，不但其理论成熟，而且应用程度也较网状和层次数据库系统广泛得多。在计算机领域内，关系数据库是数据和数据库对象的集合，它包含的数据库对象是指表、视图、存储过程、触发器等。通常将管理关系数据库的计算机软件称为关系数据库管理系统（Relational Database Management System，RDBMS）。

1970 年 IBM 的 E.F.Codd 在《大型共享数据库的关系模型》论文中首次提出了数据库的关系模型，奠定了关系数据库理论基础。在之后很短的时间内，关系方法的理论研究和软件系统的研制都取得了很大成就，具有代表性的是：IBM 公司在 IBM 370 系列机上研制出关系数据库实验系统 System R，1981 年 IBM 公司又研制出数据库软件新产品 SQL/DS，同期，美国加州大学柏克利分校也研制了 INGRES 数据库实验系统，并发展成为 INGRES 数据库产品，使关系方法从实验室走向了市场。

关系数据库产品一问世，就以其简单清晰的概念和易懂易学的数据库语言，深受市场的欢迎，涌现出许多性能优良的商品化关系数据库管理系统，即 RDBMS。比如著名的 DB2、Oracle、SQL Server、Sybase、Informix 等都是关系数据库管理系统。关系数据库产品也从单一的集中式系统发展到可在网络环境下运行的分布式系统，从联机事务处理发展到支持信息管理辅助决策，系统的功能不断完善，使数据库的应用领域迅速扩大。

1.2.4　关系数据库术语

关系数据库有许多术语，下面对几个基本术语做一个简单介绍，以便读者初步了解有关概念，有利于在后续章节中深入学习。

1. 表（Table）

表是组织和存储数据的对象。在数据库中，数据是按其逻辑相关性存储在不同的表格中。表由行和列组成，表中的每一行称为一个元组，代表一个独立的记录，可以用来标识实体集中的一个实体。表中的每一列代表记录的一个属性，也称字段，列名即为属性名，也称字段名。列的取值范围则称为域。一个表代表一个关系，表名即关系名。同一数据库中，不能有同名的表，在同一表中，不能有同名的列和相同的行。

2. 键（Key）

在表中用来标识行的一列或多列。

3. 主键（Primary Key）

主键可以是一列或多列组合，其值能够唯一标识表中的行。作为主键的列或列集有两个特点，一是不可有重复的取值，二是不允许取空值。因为主键是查询行集的依据，若不唯一或为空，则会导致查询操作出错。

4. 外键（Foreign Key）

外键用于建立表与表之间的关联。当表的某一列或多列组合的取值必须与另一表的主键取值相对应，该列或多列组合就是表的外键。外键的取值不一定唯一，但不允许为空。

注意：当出现外键情况时，主键与外键的列名称可以是不同的，但必须要求它们的值集相同，即主键所在表中出现的数据一定要与外键所在表中的值相匹配。

5. 数据类型（Data Type）

数据类型即表中列的取值类型，表中的每个列属性都要指定是哪种数据，如数值型、字符型、实型和整型等。数据类型分系统数据类型和用户自定义类型两种。系统数据类型是一些常用的基本数据类型，用户自定义数据类型是在系统数据类型的基础上，用户自己构造的数据类型，以满足用户特殊的需求。用户自定义数据类型是基本数据类型的扩展。

6. 数据库对象（Object）

数据库对象是一种数据库组件，是数据库的主要组成部分。在关系数据库管理系统中，常见的数据库对象有：表（Table）、索引（Index）、视图（View）、默认值（Default）、规则（Rule）、触发器（Trigger）、存储过程（Stored Procedure）、用户（User）等。

1.2.5　关系数据库管理系统

关系数据库管理系统是一种系统软件，主要功能是维护关系型数据库并有效访问数据库中的数据。数据库管理系统是数据库技术的核心，它为用户或应用程序提供了数据访问的方法，以及对数据的安全性、完整性和并发性等进行统一控制的方法。目前使用较多的关系数据库管理系统有 SQL Server、Oracle 等。

数据库管理系统的通用功能可以概括下面几个方面。

1. 支持数据库的创建与管理

这主要体现在系统提供的数据定义语言 DDL 与管理命令上。DDL 包括生成数据库、生成关系表、建立索引等命令。在数据库管理方面则建立用户、用户组、用户授权、查找数据库状态等命令。在数据操纵方面的基本操作功能有增加、删除、修改、检索、显示输出等。

2. 支持永久性存储

这种支持应当独立于使用数据库的应用，可供许多用户共享，数据量可以达到千兆字节（GB），千千兆字节（TB），甚至更高。不仅如此，系统还必须具有良好的数据结构，为访问这些数据提供高效的手段。

3. 支持高级查询

高级查询使用户在查询数据库时十分方便，用户只需要说明查询的条件而如何从数据库找到符合条件的过程则由数据库管理系统自动完成。关系数据库管理系统为用户提供 SQL 语言实现这一要求。通过 SQL，普通用户可以交互地查询到想要的数据，程序开发者则可以在 C++、JAVA 等高级语言里访问数据库，进行数据库应用程序的开发。

4. 支持事务管理

事务是数据库里具备原子性、一致性、隔离性和持久性等特性的特殊处理进程，数据库管理系统必须保证事务的这些特性的实现，支持多个事务同时访问数据库时对资源的并发要求，支持在系统出现故障时的事务恢复，保证数据库的一致性。

　　5. 支持新的高级应用

技术的进步与应用的深入，对数据库管理系统提出了许多新的需求，例如数据仓库与联机分析、XML 数据管理、空间数据管理、移动数据管理等。提供上述支持显然是数据库管理系统必须要考虑的。

1.2.6　SQL 关系数据库语言

SQL（Structured Query Language）即"结构化查询语言"，是 1974 年由 Boyce 和 Chamberlin 提出的，1989 年国际标准化组织 ISO 将 SQL 将定为国际标准，是目前使用最广泛的关系数据语言，现已成为关系数据库的国际标准语言。最新的 SQL 语言是 ANSI SQL-99，亦称 SQL3。在支持 SQL 的数据库管理系统中，人们能够使用 SQL 来建立、管理和使用数据库。SQL 的功能有查询、操纵、定义和控制四个方面，可以完成包括定义关系模式、建立数据库、查询、更新、维护和安全性控制等的一系列操作。SQL 语言具有高度的非过程化，用 SQL 语言进行数据操作，用户只需提出"做什么"，而不必指明"怎么做"，系统对数据的处理过程对用户是透明的。SQL 语言十分简洁，其数据定义、操作和控制等主要功能使用九个命令动词（CREATE、DROP、ALTER、SELECT、INSERT、UPDATE、DELETE、CRANT 和 REVOKE），每个命令动词的使用既灵活又格式化，体现 SQL 语言语义明显，语法结构简单，类似于英语，直观易懂的特点。SQL 语言既可以作为独立语言使用，用户可以在终端键盘上直接键入 SQL 命令对数据库进行操作，也可以作为嵌入式语言，嵌入到其他高级语言（如 C、PB、VB、DELPHI 或 ASP 语言）中，供程序员设计程序时使用，而且两种不同方式下，SQL 语言的语法结构基本一致，为用户提供了极大的灵活性和方便性。

Transact-SQL 语言是 ANSI SQL-99 在微软 SQL Server 数据库管理系统中的实现，简称 T-SQL 语言，它扩展了 SQL 语言的功能，在语言中加入了程序流、局部变量和其他一些功能，更方便了用户进行应用程序的开发。

1.3　SQL Server 2008 概述

SQL Server 2008 是 Microsoft 公司最新发布的一款关系型数据库管理系统，它推出了许多新的特性和关键的改进，是至今为止最强大和最全面的 SQL Server 版本。它继承了 SQL Server 2000 和 SQL Server 2005 可靠性、可用性、可编程性、易用性等方面的特点，是用于大规模联机事务处理、数据仓库和电子商务应用的数据库平台，也是用于数据集成、分析和报表解决方案的商业智能平台。

1.3.1　SQL Server 2008 简介

SQL Server 起源于 Sybase SQL Server，于 1988 年推出了第一个版本，这个版本主

要是为 OS/2 平台设计的。Microsoft 公司于 1992 年将 SQL Server 移植到了 Windows NT 平台上。

随着 Microsoft SQL Server 7.0 的推出，这个版本中所做的数据存储和数据库引擎方面的根本性变化，确立了 SQL Server 在数据库管理工具中的主导地位。公司于 2000 年发布了 SQL Server 2000，这个版本在 SQL Server 7.0 的基础上在数据库性能、数据可靠性、易用性方面做了重大改进。

2005 年 Microsoft 公司发布了 Microsoft SQL Server 2005，该版本可以为各类用户提供完整的数据库解决方案，帮助用户建立自己的电子商务体系，增强用户对外界变化莫测的敏捷反应能力，提高用户的市场竞争力。

2008 年 Microsoft 公司发布了最新的 Microsoft SQL Server 2008。与 2005 年的版本相比，SQL Server 2008 功能有了很大提高，它拥有管理、审核、大规模数据仓库、空间数据、高级报告与分析服务等新特性，提供了设计、开发、部署和管理关系数据库、分析对象、数据转换包、报表服务器和报表，以及通知服务器所需的图形工具。如 SQL Server Management Studio 和 SQL Server Business Intelligence Development Studio。在 SQL Server Management Studio 中，可以开发和管理 SQL Server 数据库引擎和通知解决方案，管理已部署的 Analysis Services（分析服务）解决方案，管理和运行 Integration Services（集成服务）包，以及管理报表服务器和 Reporting Services 报表与报表模型；同时，还可以可视化管理数据库，以及编辑和执行 SQL 语句。在 BIDS（Business Intelligence Development Studio，商业智能开发工具）中，可以使用以下项目来开发商业智能解决方案：使用 Analysis Services 项目开发多维数据集、维度和挖掘结构；使用 Reporting Services 项目创建报表；使用报表模型项目定义报表的模型；使用 Integration Services 项目创建包。后两个项目与 Microsoft Visual Studio 开发工具包和 Microsoft Office 办公软件组件紧密结合，使得 SQL Server 2008 的功能得到了极大的扩展。

1.3.2　SQL Server 2008 组成

SQL Server 2008 系统由多个组件组成，各组件分别提供系统不同的功能。下面简单介绍一下其几个主要组件的作用。

1. 数据库引擎

数据库引擎是用于存储、处理和保护数据的核心组件。可以利用数据库引擎控制访问权限并快速处理事务，以满足企业内要求极高而且需要处理大量数据的应用需要。使用数据库引擎创建用于联机事务处理或联机分析处理数据的关系数据库，这包括创建用于存储数据的表和用于查看、管理和保护数据安全的数据库对象（如索引、视图和存储过程）。

2. 分析服务

Analysis Services（分析服务）是一种核心组件服务，支持对业务数据的快速分析，以及为商业智能应用程序提供联机分析处理（OLAP）和数据挖掘功能。可以使用分析服务来设计、创建和管理包含来自多个数据源的详细数据和聚合数据的多维结构，这些数据源（如关系数据库）都存在于内置计算支持的单个统一逻辑模型中。分析服务为根据统一的数据模型构建的大量数据，提供快速、直观、由上至下的分析，这样可以采用多种语言向用户提供数据。分析服务使用数据仓库、数据集市、生产数据库和操作数据存储区来支持历史数据和实时数据分析。

3. 集成服务

SQL Server 2008 Integration Services（SSIS）是 SQL Server 2008 的提取、转换和加载（ETL）组件，它取代了早期的 DTS（Data Transformation Services）。集成服务是用于生成企业级数据集成和数据转换解决方案的平台。使用集成服务可解决复杂的业务问题，方法是复制或下载文件，发送电子邮件以响应事件，更新数据仓库，清除和挖掘数据以及管理 SQL Server 对象和数据。

4. 复制

复制是一组技术，用于在数据库间复制和分发数据及数据库对象，然后在数据库间进行同步操作以维持数据一致性。使用复制可以将数据通过局域网和 Internet 分发到不同位置，以及分发给远程用户或移动用户。SQL Server 2008 提供三种功能各不相同的复制类型：事务复制、合并复制和快照复制。利用这三种复制类型，SQL Server 提供功能强大且灵活的系统，以便使企业数据得以同步。

5. 报表服务

SQL Server 2008 Reporting Services（SSRS）是基于服务器的报表平台，提供来自关系和多维数据源的综合数据报表。报表服务包含处理组件、一整套可用于创建和管理报表的工具，以及允许开发人员在自定义应用程序中集成和扩展数据及报表处理的应用程序编程接口（API）。生成的报表可以基于 SQL Server、Analysis Services、Oracle 或任何 Microsoft.NET Framework 数据访问接口（如 ODBC 或 OLE DB）提供的关系数据或多维数据。利用报表服务可以创建交互式报表、表格报表或自由格式报表，可以根据计划的时间间隔检索数据或在用户打开报表时按需检索数据。

6. 通知服务

SQL Server 2008 Notification Services（通知服务）是用于开发生成并发送通知的应用程序的平台，也是运行这些应用程序的引擎。可以使用通知服务生成并向大量订阅方及时发送个性化的消息，还可以向各种各样的应用程序和设备传递消息。使用通知服务平台，可以开发功能齐全的通知应用程序。通知服务引擎与 SQL Server 数据库引擎协同工作。数据库引擎存储应用程序数据，并执行事件和订阅之间的匹配。通知服务引擎控制数据流和数据处理，并且可以扩展到多台计算机。这可以改进要求极高的应用程序的性能。

7. 全文搜索

SQL Server 2008 包含对 SQL Server 表中基于纯字符的数据进行全文查询所需的功能。全文查询可以包括字词和短语，或者一个字词或短语的多种形式。使用全文搜索可以快速、灵活地为存储在 Microsoft SQL Server 数据库中的文本数据的基于关键字的查询创建索引。在 SQL Server 2008 中，全文搜索提供企业级搜索功能。使用全文搜索可以同时在多个表的多个字段中搜索基于字符的纯文本数据。对大量非结构化的文本数据进行查询时，使用全文搜索获得的性能优势会得到充分的表现。

1.3.3　SQL Server 2008 的优势

SQL Server 2008 比起以往版本有以下优势。

1. 保护数据库查询

SQL Server 2008 本身将提供对整个数据库、数据表与日志加密的机制，并且程序存取加密数据库时，完全不需要修改任何代码。

2. 在服务器的管理操作上花费更少的时间

SQL Server 2008 采用一种 Policy Based 管理 Framework，来取代以往的 Script 管理，如此在进行例行性管理与操作上可以花更少的时间。而且通过 Policy Based 的统一政策，可以同时管理数千部的 SQL Server，以达到企业的一致性管理，数据库管理员可以不必一台一台去设定新的配置或进行管理设定，这样可以大大减少 DBA 的工作量，同时降低操作失误的概率，提高工作效率。

3. 增加应用程序稳定性

SQL Server 2008 面对企业重要关键性应用程序时，提供了比以往版本更高的稳定性，并简化数据库失败复原的工作，甚至提供加入额外 CPU 或内存而不会影响应用程序的功能。

4. 系统执行效能最佳化与预测功能

SQL Server 2008 不但进一步强化执行效能，并且加入自动收集数据可执行的资料，将其存储在一个中央资料的容器中，而系统针对这些容器中的资料提供了现成的管理报表，可以让数据库管理员比较系统现有执行效能与先前历史效能的比较报表，供管理者进一步做管理与分析决策。

1.4　安装和配置

下面介绍如何将 SQL Server 2008 安装并配置到用户的计算机上。正确地安装和配置系统是确保软件安全、健壮、高效运行的基础。安装是选择系统参数并且将系统安装在工作环境中的过程，配置则是选择设置、调整系统功能和参数的过程，安装和配置的目的都是使系统在运行中充分发挥作用。

1.4.1 准备安装

在开始实际安装 SQL Server 2008 系统之前，首先要做好一些准备工作。例如，了解 SQL Server 2008 系统有哪些版本，了解它们有助于用户选择合适的版本系统，了解系统的平台要求，保证安装工作的顺利进行。

1. 选择安装版本

SQL Server 2008 提供了多种版本用于不同的环境，有以下几种版本。

1）SQL Server 2008 企业版：SQL Server 2008 企业版是一个全面的数据管理和商业智能平台，提供企业级的可扩展性、数据库、安全性，以及先进的分析和报表支持，从而运行关键业务应用。此版本可以整合服务器及运行大规模的在线事务处理。

2）SQL Server 2008 标准版：SQL Server 2008 的标准版是一个完整的数据管理和商业智能平台，提供业界最好的易用性和可管理性以运行部门级应用。

3）SQL Server 2008 工作组版：SQL Server 2008 工作组版是一个可信赖的数据管理和报表平台，为各分支应用程序提供安全、远程同步和管理能力。此版本包括核心数据库的特点并易于升级到标准版或企业版。

4）SQL Server 2008 网络版：SQL Server 2008 网络版是为运行于 Windows 服务器上的高可用性、面向互联网的网络环境而设计。SQL Server 2008 网络版为客户提供了必要的工具，以支持低成本、大规模、高可用性的网络应用程序或主机托管解决方案。

5）SQL Server 2008 开发版：SQL Server 2008 开发版使开发人员能够用 SQL Server 建立和测试任何类型的应用程序。此版本的功能与 SQL Server 企业版功能相同，但只为开发、测试及演示使用颁发许可。在此版本上开发的应用程序和数据库可以很容易升级到 SQL Server 2008 企业版。

6）SQL Server 2008 学习版：SQL Server 2008 学习版是 SQL Server 的一个免费版本，提供核心数据库功能，包括 SQL Server 2008 所有新的数据类型，此版本旨在提供学习和创建桌面应用程序和小型服务器应用程序。

7）SQL Server 移动版 3.5：SQL Server 移动版是为开发者设计的一个免费的嵌入式数据库，旨在为移动设备、桌面和网络客户端创建一个独立运行并适时联网的应用程序。SQL Server 移动版可在微软所有 Windows 的平台上运行，包括 Windows XP、Windows Vista 操作系统，以及 Pocket PC 和智能手机设备。

2. 安装要求

正常运行 SQL Server 2008 对系统软件和硬件都有最低要求。表 1.2 列出了 SQL Server 2008 开发版（64 位）对系统的要求，表 1.3 列出了 SQL Server 2008 开发版（32 位）对系统的要求。

在安装 SQL Server 2008 期间，安装程序要在系统盘上创建一些临时文件，所以在安装或升级 SQL Server 之前，必须确保系统盘上有超过 1.6GB 的可用硬盘空间，即使是要安装 SQL Server 的一些组件。实际的硬盘空间要求依赖于系统配置和决定要安装的组件。

表 1.2　SQL Server 2008 开发版（64 位）对系统的要求

组 件	要 求
处理器	处理器类型：IA64至少Itanium processor；x64至少AMD Opteron、AMD Athlon 64、Intel Xeon with Intel EM64T support、Intel Pentium IV with EM64T support 处理器速度：IA64至少1GHz，推荐1GHz或更多；x64至少1GHz，推荐1 GHz或更多
框架	要求安装这些框架：Microsoft .NET Framework 2.0、Microsoft SQL Server Native Client、Microsoft SQL Server Setup support files
操作系统	适用以下这些系统：Windows Server 2003 64bit x64 SP1、Windows Server 2003 64bit x64 Enterprise Edition SP1、Windows Server 2003 64bit Itanium SP1或SP2或SP3、Windows Server 2003 64bit Itanium Enterprise Edition SP1、Windows XP Professional 64bit x64 SP2、Windows Vista 64bit x64 Business Edition、Windows Vista 64bit x64 Enterprise Edition
软件	需要Windows Installer 3.1或更高版本、Microsoft Data Access Components（MDAC）2.8 SP1或更高版本
网络协议	SQL Server不支持Banyan VINES Sequenced Packet Protocol（SPP）、Multiprotocol、AppleTalk、NWLink IPX/SPX等网络协议，用户如果以前是利用以上的协议进行网络连接的，则必须选择其他的协议来连接SQL Server。独立和默认实例支持这些网络协议：Shared memory、Named pipes、TCP/IP、VIA
互联网软件	要求IE 6 SP1或更高版本，但是如果你只是安装客户端组件，并且不要求加密连接服务器端，那么IE 4.01 SP2就可以满足了。如果要安装报表服务组件，那么还要求安装IIS 5.0或更高版本，以及ASP.Net 2.0
内存	至少512MB，推荐2GB或以上

表 1.3　SQL Server 2008 开发版（32 位）对系统的要求

组 件	要 求
处理器	处理器类型：Pentium III兼容处理器或更高 处理器速度：到少600MHz，推荐1GHz或更快
框架	要求安装这些框架：Microsoft .NET Framework 2.0、Microsoft SQL Server Native Client、Microsoft SQL Server Setup support files
操作系统	适用以下这些系统：Windows 2003 Server SP1、Windows Server 2003 Enterprise Edition SP1、Windows XP Professional SP2、Windows Vista Business Edition、Windows Vista Enterprise Edition、Windows Server 2003 64bit x64 SP1、Windows Server 2003 64bit x64 Enterprise Edition SP1、Windows Server 2003 64bit Itanium SP1、Windows Server 2003 64bit Itanium Enterprise Edition SP1
软件	需要Windows Installer 3.1或更高版本、Microsoft Data Access Components（MDAC）2.8 SP1 或更高版本
网络协议	SQL Server不支持BanyanVINES Sequenced Packet Protocol（SPP）、Multiprotocol、AppleTalk、NWLink IPX/SPX等网络协议，用户如果以前是利用以上的协议进行网络连接的，则必须选择其他的协议来连接SQL Server。独立和默认实例支持这些网络协议：Shared memory、Named pipes、TCP/IP、VIA
互联网软件	要求IE 6 SP1或更高版本，但是如果你只是安装客户端组件，并且不要求加密连接服务器端，那么IE 4.01 SP2就可以满足了。如果要安装报表服务组件，那么还要求安装IIS 5.0或更高版本，以及ASP.NET 2.0
内存	至少512MB，推荐1GB或以上

1.4.2　安装示例

安装 SQL Server 2008 之前，要先检查软件和硬件的配置是否符合最低的要求。下面简略介绍安装的主要过程，以及安装过程中的一些配置和注意事项。

1）下载 MS SQL Server 2008 或使用 MS SQL Server 2008 光盘，这里假设使用下载的软件，将其解压到某个文件夹下，运行 Servers 下的 setup.exe 开始安装，其界面如图 1.11 所示。

图 1.11　"SQL Server 安装中心"界面

注意：如果使用的 CPU 是 32 位的，那么下载对应的 x86 版，如 SQL Server 2008 Developer Edition x86.English；但是如果使用的 CPU 支持 64 位，那么可以下载对应的 x64 版，当然也可以下载 x86 版的。如果使用的 CPU 是 32 位，但下载的软件却是 x64 版的，那么会提示错误信息。

2）选择"全新 SQL Server 安装"来安装 SQL Server 2008，如果计算机中已经安装了 SQL Server 2000 或 SQL Server 2005，可以通过选择第二项来升级到 SQL Server 2008。单击"全新 SQL Server 安装"，出现界面如图 1.12 所示。

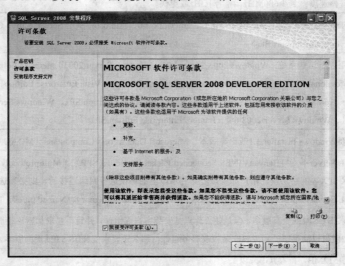

图 1.12　"接受许可条款"界面

3）选择接受许可条款，单击"下一步"按钮进入安装程序支持文件界面，单击"安装"按钮安装程序支持文件，界面如图 1.13 所示。

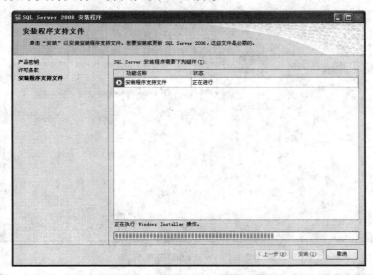

图 1.13　"安装程序支持文件"界面

4）继续单击"下一步"按钮，进入选择需要安装的功能的界面，如图 1.14 所示。

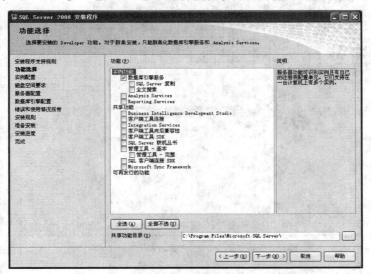

图 1.14　"功能选择"界面

5）在这里选择要安装的组件，需要哪些就选择它们前面的复选框。选择好后单击"下一步"按钮，进行实例配置，出现如图 1.15 所示的界面。

6）如果要自己命名一个实例，那么选中"命名实例"前的单选钮，接着在右边的输入框中输入实例的名称，这里选择默认的实例，即选中"默认实例"前的单选钮，默认实例会以你的计算机名称来作为实例的名称。当然也可以更改实例 ID 以及根目录，然后继续单击"下一步"按钮，对服务器进行配置，如图 1.16 所示。

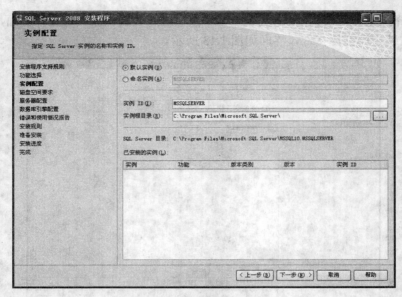

图 1.15 "实例配置"界面

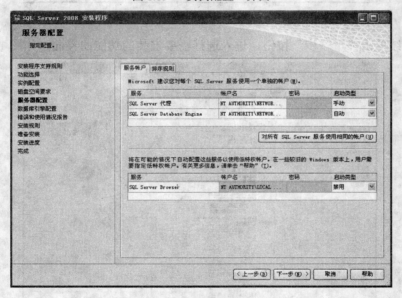

图 1.16 "服务器配置"界面

7）在配置用户名时，输入 N 后，输入框会显示一个选择列表，列出了可以使用的用户名，你可以在列表中进行选择。SQL Server 代理不支持 LOCAL SERVICE（本地服务）账户。

8）继续单击"下一步"按钮，进入数据库引擎配置界面，为数据库引擎配置安全模式，以及添加系统管理员账户，如图 1.17 所示。

9）单击"添加当前用户"按钮设置当前用户为指定的 SQL Server 管理员。

10）单击"下一步"，按钮，配置错误和使用情况报告，如图 1.18 所示。

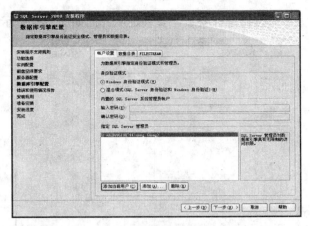

图 1.17　"数据库引擎配置"界面

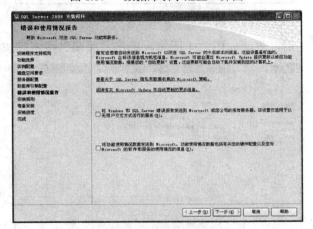

图 1.18　配置错误和使用情况报告

11）单击"下一步"按钮进入准备安装的界面，界面如图 1.19 所示。检查要安装的组件，继续下面操作。

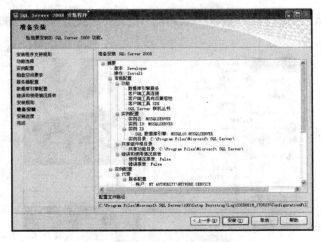

图 1.19　"准备安装"界面

12）单击"下一步"按钮进行安装，安装进度界面如图 1.20 所示。

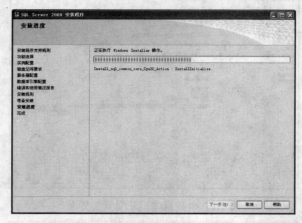

图 1.20　"安装进度"界面

13）安装完成之后，界面如图 1.21 所示，单击"关闭"按钮完成安装。

图 1.21　"完成"界面

现在便可以从"开始|程序"菜单中来启动 Microsoft SQL Server 2008 的各项服务了，如图 1.22 所示。

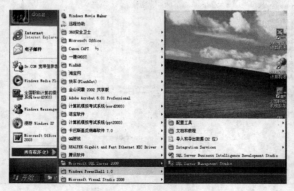

图 1.22　启动 SQL Server 2008

1.4.3　配置

安装之后就要对 SQL Server 2008 进行配置，这包括两方面的内容：配置服务和配置服务器。配置服务主要用来管理 SQL Server 2008 服务的启动状态以及使用何种账户启动，配置服务器则是充分利用 SQL Server 2008 系统资源、设置 SQL Server 2008 服务器默认行为的过程。合理地配置服务器选项，可以加快服务响应请求的速度、充分利用系统资源、提高系统的工作效率。

1. 配置服务

有两种方法来配置 SQL Server 2008 的服务、管理服务的登录账户，以及启动类型和状态。

1）使用系统方法，即通过"控制面板|管理工具|服务"打开"服务"窗口，这里列出了所有系统中的服务。从列表中找到九种有关 SQL Server 2008 的服务，若要配置可右击服务名称，再选择"属性"命令。例如，这里选择 SQL Server Integration Services 打开的"属性"对话框，如图 1.23 所示。在"登录"选项卡中设置服务的登录身份，以确定使用本地系统账户还是指定的账户。

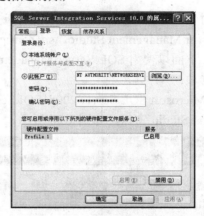

图 1.23　"登录"选项卡

2）使用 SQL Server 2008 中附带的服务配置工具 SQL Server Configuration Manager。打开后仅列出了与 SQL Server 2008 相关的服务，如图 1.24 所示，可以在此窗口中的相应服务上单击鼠标右键打开快捷菜单，选择"属性"项进行配置。图 1.25 所示为 SQL Server Integration Services 的属性窗口，在"服务"选项卡中管理服务的启动模式有自动、手动或者已禁用，可根据需要设置。

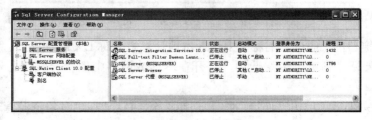

图 1.24　SQL Server Configuration Manager 窗口

图 1.25　SQL Server Integration Services 属性窗口

2. 配置服务器

　　配置服务器主要是针对安装后的 SQL Server 2008 实例进行的。在 SQL Server 2008 系统中，可以使用 SQL Server Management Studio、sp_configure 系统存储过程、SET 语句等方式设置服务器选项。下面以使用 SQL Server Management Studio 为例，介绍如何使用可视化工具配置服务选项。

　　1）单击"开始|程序|Microsoft SQL Server 2008|SQLServer Management Studio"，打开 SQL Server Management Studio 窗口，如图 1.26 所示。

图 1.26　"连接服务器"窗口

　　2）在此窗口的"服务器名称"中输入本地计算机名称 DXY，也可从"服务器名称"下拉列表中选择"浏览更多"选项，打开在本地或网络上的"查找服务器"窗口，如图 1.27 所示。

　　3）选择完成后，单击"连接"按钮，则服务器 DXY 在"对象资源管理器"连接成功，如图 1.28 所示。

图 1.27　"本地服务器"选项窗口　　　　　图 1.28　SQL Server Management Studio 窗口

4）连接服务器成功后，右击"对象资源管理器"中要设置的服务器名称，从弹出菜单中选择"属性"命令，如图 1.29 所示。从打开的"服务器属性"窗口可以看出共包含了 8 个选项。其中"常规"选项窗口列出了当前服务产品名称、操作系统名称、平台名称、版本号、使用的语言、当前服务器的内存大小、处理器数量、SQL Server 安装的目录、服务器的排序规则以及是否群集化等信息，如图 1.30 所示。

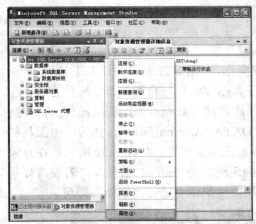 

图 1.29　服务器快捷菜单　　　　　　　　图 1.30　"服务器属性"窗口

1.4.4　SQL Server 2008 数据库管理的操作方式

配置完成后，就可以使用 SQL Server 2008 的数据库管理系统的功能，进行用户数据库的建立、管理和维护。首先启动 SQL Server Management Studio，并连接服务器，打开图 1.28 所示窗口。

1. 界面操作方式

界面操作方式是指通过界面提供的对象的快捷菜单或工具栏的命令按钮进行操作。例如要新建一个数据库，可在图 1.28 窗口中的"数据库"对象上单击鼠标右键，打开"数据库"对象的快捷菜单,如图 1.31 所示,选择"新建数据库"即可进入建立数据库的界面,然后进行建立数据库的相关操作。

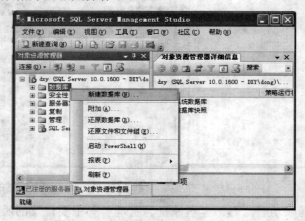

图 1.31　"新建数据库"界面操作方式

界面操作方式是种快捷方便的操作方式,尤其对初学者来说,熟悉界面操作是掌握数据库管理功能的第一步。如查看系统数据库 master 的对象资源,在图 1.28 窗口的对象资源管理器中展开"数据库"对象,选中系统数据库 master,在对象资源管理器详细信息窗口中将显示对象的所有详细信息,操作即方便又快速。

2. 命令操作方式

命令操作方式是指使用 SQL 命令完成相应操作。在图 1.28 窗口中单击工具栏上"新建查询"图标,可打开查询窗口,此窗口提供了数据库管理与查询的命令操作方式,在此窗口中输入正确的 SQL 语句,可以进行数据库管理与数据查询的相应操作。例如新建数据库 traffic1,在查询窗口输入"CREATE DATABASE traffic1",然后单击工具栏上"!执行"按钮,系统在消息框中显示"命令已成功完成",如图 1.32 所示。在对象资源管理器窗口中展开"数据库"对象,可看到新建立的 traffic1 数据库,若没有显示 traffic1,在"数据库"对象上单击鼠标右键,在快捷菜单中选择"刷新"即可。

图 1.32　"建立数据库"命令操作方式

由于命令操作方式是通过执行正确的 SQL 命令完成相应操作，在需要对较大数据表进行批量数据更新与维护时，不失为一种更快捷的方式。尤其对于熟悉 SQL 语言的用户而言，很多情况下使用命令操作方式比使用界面操作方式工作的效率更高。

小　结

本章讲解了数据库系统的概念、数据库模型的数据组织形式，以及关系数据库的定义，介绍了关系数据库管理系统的基本功能和 SQL 数据库语言的特点，简单讲解了关系数据库的一些基本术语和数据库对象，如表、主键、存储过程和数据类型等，为后续章节内容的理解和实例操作打下基础。本章还介绍了 SQL Server 数据库的发展和 SQL Server 2008 的组成与特点，并重点讲解了 SQL Server 2008 系统的安装步骤和系统配置方法，为使用 SQL Server 2008 数据库管理系统奠定操作基础。

习　题

一、思考题

（1）数据模型表现数据之间的逻辑关系，数据库理论中有哪三种数据模型？关系数据库中数据的组织有什么特点？

（2）关系数据库术语中键、主键、外键各是什么含义？

（3）SQL Server 2008 的数据库语言是什么？它具有什么功能和特点？

（4）SQL Server 2008 的核心部分由有哪些组件组成？

（5）SQL Server 2008 有哪些新特性？

（6）安装 SQL Server 2008 时应如何选择适合的版本？

（7）SQL Server 2008 开发版的安装要求有哪些？

（8）SQL Server 2008 数据库管理常用的操作方式有哪两种？

二、练习题

1. 多项选择题

（1）数据库出现之现，应用程序使用（　　）来获取数据。

    A. 用户输入　　B. 特定程序　　C. 文件系统　　　　D. 共享方式

（2）数据库系统应该包括（　　）。

    A. 数据库管理系统　　　　　　B. 数据库管理员

    C. 用户　　　　　　　　　　　D. 数据库应用程序

（3）在数据库设计中，数据之间的逻辑关系可描述（　　）。

    A. 层次结构　　B. 网状结构　　C. 二维表结构　　D. 封装结构

（4）数据库管理系统提供对数据库中数据进行（　　）等功能。

    A. 压缩　　　　B. 检索　　　　C. 插入　　　　　D. 修改

（5）在一个关系表中，以下情况（　　　）不能出现。

　　A．相同的列名　　　　　　　　B．相同的行

　　C．求和列　　　　　　　　　　D．与其他表有关的列

（6）SQL 表示（　　　）的含义。

　　A．数据库　　　　　　　　　　B．浏览器

　　C．Structured Query Language　　D．结构化查询语言

（7）以下描述中，（　　　）是 SQL 语言的特点。

　　A．非过程化　　　　　　　　　B．可独立使用

　　C．可嵌入高级语言中　　　　　D．可面向对象

（8）以下组件中，（　　　）不是 SQL Server 2008 的组件。

　　A．分析服务　　　　　　　　　B．报表服务

　　C．数据库引擎　　　　　　　　D．路由与远程访问

2．填空题

（1）数据库管理系统是一种系统软件，它是数据库系统的_____。

（2）在数据库理论中有三种数据模型即网络模型、层次模型和_____。

（3）在数据库中，数据是按其逻辑相关性存储在不同的表格中，表是_____数据的对象。

（4）关系数据库常见的数据库对象有_____、_____、_____等。

（5）SQL Server 2008 使用 SQL 即_____作为数据库语言。

（6）SQL Server 2008 是_____型数据库管理系统。

（7）SQL 语言的功能有_____（Query）、_____（Manipulation）、_____（Definition）和_____（Control）四个方面。

（8）SQL Server 2008 内置的系统管理员用户名是_____。

3．判断题

（1）数据库技术是一种数据管理技术，它的特点之一是数据具有较高的独立性和共享性，即数据为可多个应用程序共享，但独立于应用程序。　　　　　　　　　（　　　）

（2）SYBASE、SQL Server、Oracle 和 Excel 都是数据库管理系统，可用来处理多个数据表。　　　　　　　　　　　　　　　　　　　　　　　　　　　　（　　　）

（3）只要能用表格形式表示的数据，就可以用关系数据模型表示。　　　（　　　）

（4）1989 年，国际标准化组织 ISO 将 SQL 将定为国际标准，最新的 SQL 语言是 ANSI SQL-99。　　　　　　　　　　　　　　　　　　　　　　　　　　　（　　　）

（5）SQL 语言可以有两种使用方式，分别称为交互式 SQL 和嵌入式 SQL。（　　　）

（6）在一台机器中只能安装一次 SQL Server 2008，当再次安装时系统将提示"系统已安装"，然后退出。　　　　　　　　　　　　　　　　　　　　　　　（　　　）

（7）SQL Server 2008 安装之后应对其进行系统配置，以便充分利用系统资源，提高系统的工作效率。　　　　　　　　　　　　　　　　　　　　　　　　　（　　　）

4. 操作题

（1）在你的机器中安装一种适当版本的 SQL Server 2008 系统。

（2）配置服务器并进行连接。

（3）查看系统数据库 Master 的对象资源信息。

第 2 章　创建数据库和数据表

📖 **知识点**

- SQL Server 数据库文件类别
- 基本数据类型
- 数据库选项和数据表结构

✒ **难点**

- 数据库选项的命令格式
- 数据类型的特点

📣 **要求**

熟练掌握以下内容：

- SQL Server 常用的数据类型
- 创建数据库的基本命令和界面操作
- 创建数据表的基本命令和界面操作
- 删除数据库和数据表的操作

了解以下内容：

- 有关数据库性能的各种选项
- 其他数据类型和自定义数据类型

　　数据库和表是 SQL Server 对数据进行管理的基本对象，创建数据库和表是 SQL Server 的基本功能之一。用户无论用何种工具设计和实现管理信息系统，首先都要创建数据库和数据表，将系统的基本数据组织和存储起来。本章主要介绍用命令操作方式和界面操作方式创建 SQL Server 数据库和表。

2.1　数据库的创建

　　创建数据库的前提是创建者必须是系统管理员，或是被授权使用 CREATE DATABASE 语句的用户。由于用户和数据库管理看待数据库的角度不同，关注内容也不同，所以全面理解数据库的组成和内涵，有助于正确创建和使用数据库。

2.1.1　数据库的类别

　　如果从不同的角度来理解数据库中的数据集合，可以得到不同的数据表示和存储形式。从用户的角度看，更多的是关注数据库中数据的逻辑组织形式。而从系统管理员的角度，则更多的是关注数据库中数据的物理组织形式。

1. 逻辑数据库

以用户的观点看待数据库，数据库是一个存放数据的表和支持这些数据存储、检索以及安全性和完整性的逻辑成分所组成的集合。这些逻辑成分称为数据库对象，如表、视图、索引、约束等都是数据库的逻辑成分，即数据库对象。每一个数据库对象都有一个唯一的完全限定名，包括服务器名、数据库名、所有者名和对象名，表示为：

```
server.database.owner.object
```

其中当服务器名、数据库名和所有者名取当前工作环境的默认值时，均可省略。当前工作环境下服务器默认为当前连接的服务器（如本地服务器），数据库默认为当前数据库，所有者默认为在数据库中与当前连接会话的登录标识相关联的数据库用户名或者数据库所有者。

2. 物理数据库

以数据库管理员的观点看待数据库，数据库由一系列文件及文件组架构而成，它们以"页"为基本存储单位，以"块"为分配存储空间的基本单元，页的大小为 8KB，8个相邻的页（64KB）为一个"块"。创建数据库时可以根据数据的存储特点，规划和分配数据库文件的磁盘容量。

3. 系统数据库

SQL Server 有以下 4 个系统数据库，这些数据库在服务器建立时就已经由系统创建了，它们记录了服务器中所有的系统信息，是 SQL Server 管理系统的依据。

1）master：记录 SQL Server 的注册信息、配置信息、数据库的存储位置和初始化信息等。

2）model：用户新建数据库时的模板。

3）msdb：记录 SQL Server Agent 进行复制、作业调度和报警等活动。

4）tempdb：记录所有临时表和临时存储过程等。

4. 用户数据库

用户数据库是由用户自己创建的数据库。在信息管理系统中，数据库作为表的容器，表作为基本数据的容器。一个数据库包含许多数据表，用户将基本数据用表的形式组织和存储在数据库中，所以用户先要创建一个数据库，才能进一步创建表。创建数据库前，用户需要事先规划数据库框架，确定主文件、辅文件、日志文件和各文件组的大小和存放位置。

2.1.2　数据库文件的类别

SQL Server 将数据库文件分为主数据文件、辅数据文件和日志文件三类。

1. 主数据文件

主数据文件简称主文件，是数据库的关键文件，是所有数据文件的起点，包含指向其他数据库文件的指针。每个数据库都必须有且仅有一个主文件，它的默认扩展名为.mdf。

2. 辅数据文件

辅数据文件简称辅文件，辅助主文件存储数据的文件，包含不在主文件内的其他数据。辅文件是可选的，一个数据库可以有一个或多个辅文件，也可以没有辅文件，它的扩展名为.ndf。

3. 日志文件

记录存放恢复数据库时所需要的所有日志信息。一个数据库至少有一个日志文件，也可以有多个，它的扩展名为.ldf。

创建一个数据库至少要包含一个主数据文件和一个日志文件。

为了更好地管理数据文件，SQL Server 还提供了文件组概念。文件组分两种，即主文件组（PRIMARY）和用户定义文件组。主文件组存放主数据文件和任何没有明确指定文件组的其他文件；用户定义文件组是在创建或修改数据库时用 FILEGROUP 关键字定义的文件组，存放辅数据文件。文件组具有以下几种特性。

1）一个文件只能属于一个文件组。

2）只有数据文件才能归属于某个文件组，日志文件不属于任何文件组。

3）每个数据库中都有一个默认的文件组在运行，可以指定默认文件组，没有指定则默认为主文件组。

4）若没有用户定义文件组，则所有数据文件都存放在主文件组中。

2.1.3 用命令操作方式创建数据库

用命令操作方式创建数据库，即是用 T-SQL 语句中的 CREATE DATABASE 命令来创建数据库。创建数据库必须要确定数据库名、数据库大小、增长方式和存储数据库的文件。能够创建数据库的用户必须是系统管理员，或是被授权使用 CREATE DATABASE 语句的用户。

1. CREATE DATABASE 语句格式

CREATE DATABASE 语句的基本格式为：

```
CREATE  DATABASE database_name        /*指定数据库名*/
[ON 子句 ]                            /*指定数据库文件和文件组属性*/
[LOG ON 子句 ]                        /*指定日志文件属性*/
```

本书中语句书写格式说明如下：大写字母表示关键字，小写字母表示用户给定的名称或数值。[ ]表示可选项，< >表示必选项，| 表示多项选一，1…n 表示可有多个同类项，/* */表示注释信息。

在上面 CREATE DATABASE 命令中，database_name 是所创建的数据库逻辑名称，其命名规则与一般高级语言的标识符相同，最大长度为 128 个字符。ON 子句和 LOG ON 子句说明如下。

（1）ON 子句

ON 子句用来指定数据库的数据文件和文件组的属性，格式为：

```
ON [ PRIMARY ][<filepec>[,…n]][,<filegroup>[,…n]
```

其中 filepec 为文件描述，filetgroup 为文件组描述，分别为一组属性描述：

```
<filepec>::= ( NAME='逻辑文件名',
               FILENAME='操作系统文件名'
               [,SIZE=size]
               [,MAXSIZE={max_size|UNLIMTED}]
               [,FILEGORWTH=growth_increament])
<filegroup>::=FILEGROUP filegroup_name <filepec>[,…n]
```

其中符号 "::=" 表示 "等价于"。NAME 关键字为指定数据文件的逻辑文件名，即用户可使用的文件名；FILENAME 关键字为指定数据库的物理文件名，即在操作系统中包括完整路径的文件标识符；SIZE 关键字为指定数据文件的初始大小，单位为 MB；MAXSIZE 关键字为指定数据文件的最大值；FILEGROWTH 关键字为指定数据文件增长因子，可用 MB 作单位，按其设定的数值进行增长，也可以是相对于当前数据库文件大小，每次增长时按其设定的百分比进行扩展；UNLIMTED 关键字表示无限制增长到磁盘满为止。

（2）LOG ON 子句

LOG ON 子句用来指定数据库日志文件的属性，格式为：

```
LON ON {<filespec>[,…n]}
```

2. 示例

下面举两个例子创建两个不同的数据库。

例 2.1　创建 traffic1 数据库，所有选项均为系统默认值。

```
CREATE  DATABASE  traffic1       /*创建名为 traffic1 的数据库*/
```

这是创建数据库最简单的情况，数据库只包含一个主数据文件和一个主日志文件，它们均采用系统默认存储路径和文件名，其大小分别为 model 数据库中主数据文件和日志文件的大小。

例 2.2　创建 traffic2 数据库，该数据库有一个主数据文件组和一个日志文件，并指定其数据文件和日志文件属性。

```
CREATE DATABASE traffic2                /*创建名为 traffic2 的数据库*/
ON                                      /*下面是数据库的数据文件描述*/
PRIMARY
( NAME=' traffic2_data',                /*数据文件名*/
    FILENAME='c:\mysql\data\traffic2_data.mdf', /*数据文件存储路径*/
```

```
            SIZE=10,                        /*数据文件初始容量*/
            MAXSIZE=60,                     /*数据文件最大容量*/
            FILEGROWTH=5)                   /*数据文件自增长容量*/
        LOG ON                             /*下面是数据库日志文件描述*/
        ( NAME=' traffic2_log',            /*日志文件名*/
            FILENAME='C:\mysal\data\tra2_log.mdf',  /*日志文件存储路径*/
            SIZE=2,                         /*日志文件初始容量*/
            MAXSIZE=10,                     /*日志文件最大容量*/
            FILEGROWTH=2)                   /*日志文件自增长容量*/
        GO                                 /*运行程序*/
```

GO 为批处理命令，指示系统执行自上一次 GO 后所有的语句。如果前面没有 GO，则从开始处执行所有语句。

2.1.4　用命令操作方式管理数据库框架

数据库创建后，数据文件和日志文件的文件名就不能改变了，但可以使用 ALTER DATABASE 语句修改数据库选项，而且系统提供了许多事先编译好的存储过程，用户可以直接使用这些系统存储过程获得数据库信息。

1. 查看数据库信息

在管理和使用数据库之前，需要先选择数据库并打开它，下面语句打开指定的数据库：

```
USE  database_name
GO
```

如果不知道当前服务器上有哪些数据库，可以用 **sp_database** 系统存储过程查看当前服务器上的所有数据库，执行以下语句即可：

```
EXEC sp_databases
```

打开数据库后，就可以使用下面语句：

```
sp_helpdb  database_name
sp_helpfile
```

调用系统存储过程来查看数据库、文件及文件组的信息。

注意：以 sp_为前缀的标识表示系统存储过程，可以直接运行，也可以用 EXEC 命令调用。

2. 修改数据库选项

使用 ALTER DATABASE 命令可以对数据库的选项进行修改，ALTER DATABASE 命令的基本格式为：

```
ALTER DATABASE database_name
{ADD FILE<filespec>[,…n][TO FILEGROUP filegroup_name]  /*在文件组中
增加数据文件*/
```

```
    | ADD LOG  FILE <filespec>[,…n]            /*增加日志文件*/
    | REMOVE  FILE file_name                   /*删除数据文件*/
    | REMOVE  FILE log_ file_name              /*删除日志文件*/
    | ADD FILEGROUP filegroup_name             /*增加文件组*/
    | REMOVE FILEGROUP filegroup_name          /*删除文件组*/
    | MODIFY NAME = new_dbname                 /*更改数据库名*/
    | MODIFY FILEGROUP filegroup_name
        { NAME=new_filegroup_name}             /*更改文件组名*/
    }
```

例 2.3　给例 2.2 中创建的 **traffic2** 数据库增加和删除文件与文件组。

```
ALTER DATABASE traffic2 /*在主文件组 PRIMARY 中增加一个数据文件*/
ADD FILE
( NAME='addfile1_data',
FILENAME='c:\mysql\data\addfile1_data.ndf',
SIZE=10,
MAXSIZE=30,
FILEGROWTH=10%)
GO
 ALTER DATABASE traffic2              /*增加一个日志文件*/
ADD LOG FILE
( NAME='addfile1_log',
    FILENAME='c:\mysql\data\addfile1_log.ldf',
    SIZE=10,
    MAXSIZE=30,
    FILEGROWTH=1MB)
GO
 ALTER DATABASE traffic2              /*增加一个文件组*/
ADD FILEGROUP trafficgroup

GO
 ALTER DATABASE traffic2              /*在文件组中增加一个文件*/
ADD FILE addfile2_data
  (   FILENAME='c:\mysql\data\addfile2_data.ndf',
    SIZE=10,
    MAXSIZE=30,
    FILEGROWTH=10%)
To FILEGROUP trafficgroup
GO
```

```
        ALTER DATABASE traffic2            /*删除文件 addfile2_data*/
        REMOVE FILE addfile2_data
        GO
        ALTER DATABASE traffic2            /*删除文件组 trafficgroup*/
        REMOVE FILEGROUP trafficgroup     /*先删除文件组中的文件,再删除文件组*/
        GO                                /*注意主文件组不能删除*/
        ALTER DATABASE traffic             /*删除日志文件*/
        REMOVE FILE addfile1_log.ldf      /*注意主日志文件不能删除*/
        GO
```

例 2.4　将 traffic2 数据库改名为 mytemp1。注意此时应保证该数据库不被其他任何用户使用。

```
        ATLER DATABASE traffic2
            MODIFY NAME=mytemp1
        GO
```

该操作也可通过调用系统存储过程实现

例 2.5　使用系统存储过程将数据库 traffic2 改名为 mytemp2。

```
        sp_renamedb 'traffic2', 'mytemp2'
```

3. 删除数据库

使用 DROP　DATABASE 语句可以删除已创建的数据库,DROP DATABASE 语句的语法格式为:

```
        DROP DATABASE database_name[,…n]
```

其中 database_name 为要删除的数据库名,可一次删除多个指定的数据库。

例 2.6　删除 mytemp1。

```
        DROP  DATABASE mytemp1
        GO
```

2.1.5　用界面操作方式创建数据库

用界面操作方式创建数据库就是使用 SQL Server Management Studio 中对象资源管理器建立数据库。由于界面操作方式是通过窗口进行操作,既直观清晰,又简单方便,所以对于 SQL Server 2008 初学者来说,界面操作方式是较常用的方法之一。下面以创建"交通信息数据库"为例,介绍通过 SQL Server Management Studio 来创建数据库的步骤。

1)单击"开始 | 程序 | Microsoft SQL Server 2008 | SQL Server Management Studio",启动 SQL Server Management Studio。

2)展开 SQL Server 服务器,选择"数据库"对象,单击鼠标右键,在快捷菜单上选择"新建数据库",如图 2.1 所示。

3)系统弹出"新建数据库"对话框,在"常规"选项卡右边"数据库名称"文本框中输入欲创建的数据库名称"交通信息数据库",如图 2.2 所示。此时系统会以数据库名称作为前缀创建主数据库文件和事务日志文件,如"交通信息数据库"和"交通信息数据库_log"。文件属性均为系统默认值。

图 2.1　"新建数据库"快捷菜单

图 2.2　新建数据库"常规"选项卡

4）用户可选中"数据库文件"中的"初始大小"选项,对数据文件的默认属性进行修改,如图 2.3 所示,本例中将数据库初始大小由默认值 3 改为 6。还可设置数据库文件的增长方式、文件增长限制和文件路径等,同时也可对数据库的事务日志文件的默认属性进行修改。

图 2.3　修改数据库文件属性

对文件增长设置如图 2.4 所示,其中文件自动增长有两种方式:一种是按百分比（P）,指定每次增长的百分比;另一种是按 MB（M）,指定每次增长的兆字节数。

在"最大文件大小"选项区域中,如果选中"不限制文件增长"单选按钮,那么数据文件的容量可以无限地增大;如果选中"限制文件增长"单选按钮,那么将数据文件限制某一特定的范围内,一般有经验的数据库管理员会预先估计数据库的大小。

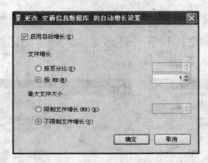

图 2.4　文件增长方式

5）设置文件位置。SQL Server 2008 默认的存放路径为安装目录的 data 目录下。选中图 2.3 的路径中的 ⬜，弹出如图 2.5 所示对话框，此时可以根据需要修改路径。

图 2.5　选择存放路径

6）在"选项"选项卡中可设置数据库的"恢复"、"游标"、"杂项"等一些选项，如图 2.6 所示，在各属性的下拉列表框中可进行选择。

图 2.6　选择文件属性

7）在"文件组"选项卡中可设置数据库文件所属的文件组，如图 2.7 所示。单击"添加"可增加自定义名字的文件组。

8）创建完用户数据库后，在 SQL Server Management Studio 窗口的"对象资源管理器"面板中展开"数据库"选项，可看到新创建的数据库"交通信息数据库"，选择"交通信息数据库"或展开"交通信息数据库"，可看到该数据库中系统预置的表、视图、存储、同义词、可编程性等对象，如图 2.8 所示。

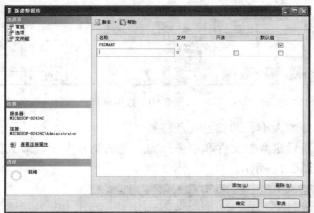

图 2.7　文件组的设置　　　　　　　　　　　图 2.8　已建数据库

上例用界面操作方式创建的数据库以汉字名作为数据库名，后面章节中为叙述方便，均使用英文字符 traffic 为数据库名。由于初学者需要反复练习对数据库与数据表的建立、修改、编辑等操作，建议最好建立两个数据库 traffic 和 traffic1，以便于对照或复制。其中 traffic 数据库作为源数据库，保存交通信息数据库的原始数据表；traffic1 作为操作练习数据库，无论用界面操作方式或命令操作方式对数据库与数据表的修改编辑操作均在 traffic1 中进行。当 traffic1 数据库需要复原时，可删除后重新建立数据库 traffic1，然后将 traffic 数据库的所有数据导出至 traffic1 数据库即可。读者可以用以上步骤分别创建 traffic 和 traffic1 数据库。

2.1.6　用界面操作方式管理数据库

管理数据库也可通过界面操作方式，就是使用 SQL Server Management Studio 对象资源管理器进行相关操作。下面以已创建的 traffic1 数据库为例，介绍如何通过界面操作方式管理数据库。

首先单击"开始 | 程序 | Microsoft SQL Server 2008 | SQL Server Management Studio"，启动 SQL Server Management Studio，选择需要进行管理的数据库 traffic1，单击鼠标右键，在快捷菜单上选择"属性"，如图 2.9 所示。进入数据库属性对话框，可以看到"常规"、"文件"、"文件组"、"选项"、"权限"、"扩展属性"、"镜像"、"事务日志传送"等八个标签卡，如图 2.10 所示。选择不同标签卡，可以对数据库属性做不同的修改。

图 2.9　数据库快捷菜单　　　　　　　　　　图 2.10　数据库属性设置

（1）改变数据文件、日志文件的大小、增长方式及路径

选择"文件"标签卡，可重新设定数据文件和事务日志文件的初始大小、最大值、增长方式、增长速度及路径，如图 2.11 所示。

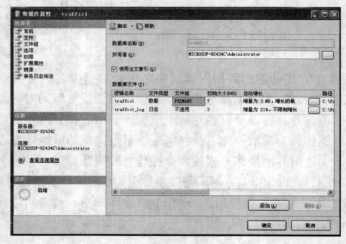

图 2.11　设定数据库文件属性

（2）添加或删除数据文件、日志文件

当增加文件（数据或日志）时，选择"文件"标签卡，单击"添加"按钮，在数据库文件下新增空白行，在"逻辑名称"一栏中输入数据文件名，在"文件类型"一栏中选择"数据"或"日志"，并可设置新增文件的其他属性，如图 2.12 所示。当要删除某文件时，选择要删除的文件所在行，单击"删除"按钮。

（3）增加或删除文件组

选择"文件组"标签卡，在文件组下空白行的"名称"一栏中输入新文件组名"traffic1group"，如图 2.13 所示。当要删除某文件组，选择要删除的文件组所在行，单击"删除"按钮。

图 2.12 增删数据库文件

图 2.13 增加文件组

（4）为文件更换文件组

选择"文件"标签卡，在数据库文件下选中欲修改的文件所在行，在对应的"文件组"列中选定新的文件组名称即可，如图 2.14 所示。

图 2.14 为文件更换文件组

（5）查看及修改数据库选项设定

设定数据库选项可以控制数据库是单用户使用模式还是 db_owner 模式，以及此数据库是否仅可读取等，可以设置此数据库是否自动关闭、自动收缩和数据库的兼容级别等选项，如图 2.15 所示。

图 2.15　查看及修改数据库选项设定

（6）数据库更名

在 SQL Server 中更改数据库名称并不像在 Windows 中那样简单，要更改名称的数据库很可能正在被其他用户使用，所以变更数据库名称的操作必须在单用户模式下方可进行，然后使用系统存储过程来更改数据库的名称。具体步骤如下。

1）将数据库设置为单用户模式。打开 SQL Server Management Studio 的"对象资源管理器"面板，单击"服务器"，展开"数据库"选项，右击"数据库"选项，在弹出的快捷菜单中，选择"属性"命令，弹出"数据库属性"对话框，选择"选项"选项卡，选中"状态/限制访问"项目中的"单用户"复选框，如图 2.16 所示，再单击"确定"按钮。

图 2.16　数据库更名

2）执行 sp_renamedb 存储过程进行更名操作：

```
EXEC sp_renamedb 'traffic1' , 'temp'
```

3）重复第 1）步操作，取消选中"单用户"复选框，这样，把数据库 traffic1 更名为 temp 的操作完成。

（7）删除数据库

删除数据库比较简单，但是应该注意的是，如果某个数据库正在使用时，则无法对该数据库进行删除。在 SQL Server Management Studio 的"对象资源管理器"面板中用鼠标选择所要删除的数据库名，右击该数据库名，在弹出的快捷菜单中选择"删除"命令即可完成数据库的删除操作，如图 2.17 所示。

图 2.17　删除数据库

2.2　表的创建

创建了数据库之后，就可以在数据库中创建数据表了。创建数据表的实质就是定义表结构及约束等属性。定义表结构包括确定表名、表中各列的列名、数据类型和长度、列的默认值情况、是否使用约束、哪一列或哪些列为主键或外键等，这些定义构成了表结构。创建表可以通过命令操作方式或对象资源管理器界面操作方式，下面介绍这两种操作方式。

在创建表之前，首先了解一下表的结构和有关属性。

2.2.1　表结构与数据类型

表是 SQL Server 中最重要的数据库对象，是数据库的基本元素。关系数据库的表是一个简单的二维表格，是用来存储和操作数据的一种逻辑结构。

1. 表的术语

表由行和列组成，是我们日常工作和生活中常见的数据表示形式，如表 2.1 所示是一个驾驶员简况表。

表 2.1　驾驶员简况表

驾照号	姓　名	所学专业	出生时间	籍贯	积分
002011	王明	汽车指挥	80-12-01	天津	20
002012	高兵	汽车管理	79-02-15	四川	25
002013	高一林	汽车管理	78-04-06	北京	30

（1）表名

在关系数据库中，一个表表示一个关系，表名即关系名。数据库中用多个表来存储所有用户数据，理论上一个数据库可多达 20 亿个表，每个表用表名来标识。在同一个数据库中表名必须是唯一的，即不可有重名的表。

（2）表的设计结构

表的设计结构是指组成表的各列的列名及数据类型，表示表中包含哪些数据项及每个数据项填写什么样的数据。表的设计结构也就是指表的第一行内容的定义，故有时也称为表头。

（3）字段和字段名

表中的每一列表示一个数据项，称为字段，每一列的列名称为字段名，所有字段名组成了表头。在同一表中字段名必须唯一，一个表最多可有 1024 个字段。

（4）记录

表中除第一行为表头外，其余行均为数据行，每一行表示一条记录。表是记录的有限集合，表的大小受数据库大小限制。

（5）关键字

能唯一标识记录的字段或字段组合称为关键字，通过关键字可以区别不同的记录。如表 2.1 中"驾照号"就是关键字，通过"驾照号"可以唯一确定一个驾驶员的记录。

（6）主键

若表中有多个关键字，选定其中一个作为主关键字，即主键。当表中只有一个关键字时，该关键字就是主键。主键是在表与表之间建立关联时的依据。

（7）默认值

列的默认值表示，当向表中录入新数据时，该列若没有录入值，则系统自动取默认值代替。如"籍贯"列，可以设置默认为"天津"。

2. 系统数据类型

建立一个表要确定表中包含哪些列，每一列表示什么样的数据，即使用什么样的数据类型。数据类型决定了数据的取值范围和存储格式，SQL Server 提供两种数据类型，即系统数据类型和用户自定义数据类型。系统数据类型是系统提供的基本数据类型，用户自定义数据类型是系统数据类型的扩展。SQL Server 系统数据类型如表 2.2 所示。

表 2.2　系统数据类型

类　别	数　据　类　型
整数型	bigint、int、smallint、tinyint、bit
字符型	char、varchar、text
精确数值型	decimal、numeric
近似数值型	float、real
货币型	money、smallmoney
二进制型	binary、varbinary、image
双字节型	nchar、nvarchar、ntext
日期时间型	datetime、smalldatetime
时间戳型	timestamp
其他	cursor、table、sql_varinat、uniqueidentifier

（1）整数型

整数型的数据类型有以下五种。

1）bigint：大整数，范围为 $-2^{63} \sim 2^{63}-1$，精度为 19，占用 8 个字节。

2）int：整数，范围为 $-2^{31} \sim 2^{31}-1$，精度为 10，占用 4 个字节。

3）samllint：短整数，范围为 $-2^{15} \sim 2^{15}-1$，精度为 5，占用 2 个字节。

4）tinyint：微短整数，范围为 0～255，精度为 3，占用 1 个字节。

5）bit：位型整数，只能取 0 或 1，占用 1 个二进制位，是最小的数据类型。

（2）字符型

字符型的数据类型有如下三种。

1）char[(n)]：定长字符，n 为字符个数，或数据固定长度。默认值为 1。每个字符占 1 字节，最大可存储 8KB。char 数据长度是固定的，不能改变，如果数据实际长度小于固定长度，系统将在多余位置补以空格；如果实际长度超过固定长度，将自动截断超过的字符。

2）varchar[(n)]：变长字符，n 为最大长度。varchar 数据的长度是可变的，它的长度就是实际数据的长度。

3）text：字符文本块，当要存储超过 8KB 的字符数据，如较长的备注或说明信息时，使用 text 文本型的字符数据存储。该类型可以存储最大长度为 $2^{31}-1$ 字节，数据的长度为实际字符个数。

（3）精确数值型

精确数值型有两种数据类型，即 decimal 和 numeric。数值数据通常由整数部分和小数部分组成，格式为 decimal (p[,(s)]) 和 numeric (p[,(s)]) 给出，其中 p 是精度，表示数据的总位数，s 是小数位数，s 默认值为 0。decimal 和 numeric 可表示数的范围为 $-10^{38} \sim 10^{38}-1$，存储长度在 5～17 字节之间。

decimal 和 numeric 非常相似，两者唯一的区别在于 decimal 不能用于带有 IDENTITY 关键字的字段。

（4）近似数值型

近似数值型也称浮点型，有两种数据类型即 real 和 float。它们也由整数部分和小数部分组成，由于它们在大于精度的右边数字位有舍入误差，不能精确地表示数据，常用于处理取值范围大且对精确度要求不高的数值量，如统计值之类的数值量。

1）float[(n)]：n 的数值在 1～53，用于指示精度和存储大小。当 n 在 1～24 之间，等效于 real 型数据，当 n 在 25～53 之间，存储长度为 8 字节，精度为 15。n 默认在 25～53 之间，表示数范围-1.79E+308～1.79E+308。

2）Real：数据精度为 7，表示数范围-3.40E-38～3.40E+38，存储长度为 4 字节。

（5）货币型

货币型数据类型有两种，它们分别是：

1）money：由 8 字节整数构成，前面 4 个字节整数代表货币值的整数部分，后面 4 个字节整数代表货币值的小数据部分，取值范围为-922377203685477.5808～922337203685477.5803，精度为 19，小数位数为 4。

2）smallmoney：由 4 字节整数构成，前面 2 个字节整数代表货币值的整数部分，后面 2 个字节整数代表货币值的小数据部分，取值范围为-214 748.3648～214 748.3648，精度为 10，小数位数为 4。

在录入货币数据时，必须在数值前加上一货币记号（$），数据中间不能有逗号（,）；若货币值为负数，需在符号$后面加上负号（-），如$75.08、$-33.9067 等。

（6）日期时间型

日期时间型数据类型有如下两种。

1）smalldatetime：占 4 个字节，数据范围为 1900 年 1 月 1 日～2079 年 6 月 6 日，可精确到分钟。

2）datetime：占 8 个字节，数据范围为 1753 年 1 月 1 日～9999 年 12 月 13 日，可精确到 3/100 毫秒。

录入日期型数据的格式很多，常用的格式有"SEP 2,2001 12:30:13.4"、"09/02/2001"、"20010902"、"02 september 2001"、"09/02/2001 00:30:13.4PM"、"09.02.2001" 等。

（7）二进制型

二进制型数据类型使用十六进制来表示数据，有如下三种形式。

1）binary[(n)]：固定长度二进制型，长度为 n+4 个字节，n 取值范围为 1～8000，默认为 1。最大长度为 8KB。如数据 0x31AE、0xFF 表示值 31AE、FF，十六进制数据两位占一个字节。

2）varbinary[(n)]：可变长度，n 的含义同上。

3）image：存储超过 8KB 的数据，如图像数据、Word 文档、Excel 图表等。

录入二进制数据时，要在数据前面加 0x。

（8）双字节型

双字节型数据类型有三种，分别是 nchar[(n)]、nvarchar[(n)]和 ntext。它们与相应的字符型数据类型的区别只是在于使用的字符集不同，字符型数据类型使用 ASCII 字符集，双字节型数据类型使用 "Unicode" 字符集即 "统一字符编码标准"。双字节型数据类型主要用来存储双字节字符，如汉字。

（9）时间戳型

时间戳型数据类型 timestamp 是表示对记录进行修改的先后次序的值，若表中定义了一个字段的数据类型为时间戳型，则以后每当对表加入新行或修改已有行时，系统自动将一个计数器值加到这个时间戳型数据上，即在原来的时间戳值上增加一个增量，所以记录的时间戳值实际反映了系统对该记录的修改在时间上的先后顺序。一个表只能有一个 timestamp 字段，timestamp 类型的值实际上是二进制数据，长度为 8 个字节。

（10）其他数据类型

除上述数据类型外，系统还提供了如下几种数据类型。

1）cursor：游标数据类型，用于创建游标变量或定义存储过程的输出参数。

2）table：结果集数据类型或称表数据，用于存储结果集供后续处理。

3）sql_variant：可以存储各种数据类型（除 text、ntext、image、timestampt 和 sql_variant 外）的值的数据类型。

4）uniquedentifier：唯一标识符类型。系统自动为这种类型的数据产生唯一标识值，它是一个 16 字节的二进制数据。

3. 自定义数据类型

用户可以在系统数据类型的基础上构建自定义数据类型，以满足特定需要。创建自定义数据类型时首先要考虑下面三个属性。

1）数据类型名称。

2）新数据类型所依据的系统数据类型。

3）是否为空。

例如定义一个新的数据类型 jsy_id，该类型名为 jsy_id，为字符型 char(6)，非空属性。

可用系统存储过程 sp_addtype 或在对象资源管理器中用"用户自定义数据类型"对象来创建自定义数据类型。

创建自定义数据类型后，其使用方法与系统数据类型相同。

2.2.2　用命令操作方式创建表

在 SQL Server 中，创建表的命令是 CREATE TABLE 语句。CREATE TABLE 语句的语法较为复杂，但创建一个简单表只用其基本格式就可以了。

1. CREATE TABLE 语句基本格式

CREATE TABLE 语句基本的语法格式为：

```
CREATE TABLE table_name
({column_name datatype | IDENTITY | NULL | NOT NULL})
```

参数说明如下。

1）table_name、column_name 分别为表名和列名。

2）datatype 为列的数据类型。

3）IDENTITY 指定列为标识列。

4）NULL、NOT NULL 指定列是否可为空值。

2. 示例

下面通过两个实例来说明使用 CREATE TABLE 语句创建数据表。设数据库 traffic1 已创建完成，在该库创建若干数据表。

例 2.7　在数据库 traffic1 中建立驾驶员表 jsy。

```
USE traffic1
CREATE TABLE jsy
( 驾照号 char(6)  NOT  NULL ,
  姓名 char(8)  NOT  NULL,
  所学专业 char(10)  ,
  出生时间 smalldatetime,
  是否见习 bit,
  积分 numeric(5,1),
  备注 text  )
GO
```

例 2.8　在数据库 traffic1 中建立行车单表 cd。

```
USE traffic1
CREATE TABLE cd
( 出车单号 char(8) IDENTITY  NOT  NULL,
  日期   smalldatetime,
  目的地 char(8)  ,
  大约行程  smallint,
  实际行程  smallint )
GO
```

2.2.3 用命令操作方式修改表结构

1. 查看表信息

可使用系统存储过程查看表的属性，如使用系统存储过程 sp_help、sp_spaceused 和 sp_depends 查看表的列、数据量和关联数据库对象的情况。

例 2.9　查看数据库 traffic1 中驾驶员表 jsy 的情况。

```
USE  traffic1
GO
    sp_help jsy      /*查看数据库 traffic1 中表 jsy 的所有情况*/
GO
sp_spaceused jsy    /*查看数据库 traffic1 中表 jsy 的行数和存储空间情况*/
GO
sp_depends jsy      /*查看数据库 traffic1 中与表 jsy 相关联的数据库对象*/
GO
```

2. 表的重命名

可使用系统存储过程 **sp_rename** 更新表名，如例 2.10。

例 2.10　将数据库 **traffic1** 中驾驶员表 **jsy** 更名为 **jsy_new**。

```
USE  traffic1
GO
        sp_rename  jsy  jsy_new      /* 把表 jsy 更名为 jsy_new*/
GO
```

3. 修改表的结构

使用 **ALTER TABLE** 语句可以修改表中的列及其属性，**ALTER TABLE** 语句的基本格式为：

```
ALTER TABLE table_name
{[ALTER COLUMN column_name                      /*修改已有列的属性*/
new_data_type  [NULL | NOT NULL] ]}
[ADD {[<colume_definition>][,…n]                      /*增加新列*/
| column_name AS computed_column_expression[,…n]   }] /*增加计算列*/
 [ DROP  COLUMN column  [,…n]]                        /*删除列*/
```

各子句说明如下。

1）**ALTER COLUMN** 子句：用于说明修改表中指定列的属性，要修改的列名由 column_name 给出，new_data_type 为被修改列的新的数据类型。

2）**ADD** 子句向表中增加新列或新计算列。新列的定义方法与 **CREATE TABLE** 语句中定义列的方法相同。

3）**DROP** 子句可删除现有的列。

下面通过例子说明 **ALTER TABLE** 语句的使用。

例 2.11　在表 **jsy** 中增加一个新列"籍贯"。

```
USE  traffic1
GO
ALTER TABLE jsy
    ADD
    籍贯 char(20)
GO
```

例 2.12　在表 **jsy** 中删除名为"是否见习"的列。

```
USE  traffic1
GO
ALTER TABLE jsy
    DROP
    COLUMN 是否见习
GO
```

注意：在删除一个列以前，必须先删除与该列有关的所有索引和约束。

例 2.13　修改表 jsy 中已有的列的属性：将"姓名"列的长度改为 10，将"积分"列的数据类型改为 tinyint。

```
USE  traffic1
GO
ALTER TABLE jsy
    ALTER COLUMN 姓名 char(10)
    ALTER COLUMN 积分 tinyint
GO
```

4. 删除表

删除表使用 DROP TABLE 语句，其语法格式为：

```
DROP  TABLE table_name
```

例 2.14　删除表 jsy_new。

```
USE  traffic1
GO
DROP  TABLE  jsy_new
GO
```

表名 jsy 也可用 traffic1.dbo.jsy 表示。

删除一个表时，表的定义、表中的记录以及与该表相关的索引、约束和触发器等均被删除。注意不能删除系统表和有外键约束所参照的表。

2.2.4　用界面操作方式创建表

通过对象资源管理器可以用界面操作方式在数据库中创建表，下面以在数据库 traffic1 中创建驾驶员表 jsy 为例。首先确定表 jsy 的结构，如表 2.3 所示。然后按以下步骤操作。

表 2.3　jsy 表的结构

列　名	数据类型	长　度	小　数	默认值	可否空	是否主键
驾照号	字符型（char）	6			×	√
姓名	字符型（char）	8			×	
所学专业	字符型（char）	10			√	
出生时间	日期时间型（smalldatetime）				√	
籍贯	字符型（char）	20		天津	√	
积分	数值型（numeric）	5	1		√	
是否见习	位型（bit）			1	√	
备注	文本型（text）				√	

1）启动 SQL Server Management Studio，在"对象资源管理器"面板中，展开"数据库 | traffic1"选项。右击"表"选项，在弹出的快捷菜单中选择"新建表"命令，如

图 2.18 所示。

　　2）在弹出的"编辑"面板中分别输入各列的名称、数据类型、长度、是否允许为空等属性（可参考上面所述 jsy 表的结构），如图 2.19 所示。

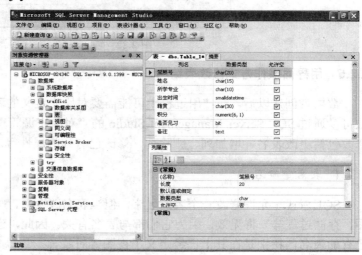

　　图 2.18　新建表的快捷菜单　　　　　　图 2.19　新表编辑窗口输入列定义数据

　　3）选择驾照号列，单击工具栏上"设置主键"图标 设置主键，如图 2.20 所示。或在驾照号列上单击鼠标右键，在快捷菜单上选择"设置主键"。

　　4）单击籍贯列，在窗口的下部"列属性"标签卡的"默认值或绑定"空白行中输入"天津"，如图 2.21 所示。

　　图 2.20　在驾号列上设置主键　　　　　　图 2.21　在籍贯列上设置默认值键

　　5）单击工具栏上"保存"按钮，弹出"选择名称"对话框，如图 2.22 所示。在对话框中输入表的名称 jsy，单击"确定"按钮，jsy 表创建完毕。

　　创建完表结构后就可以在表中插入新纪录。在新建的表名上单击鼠标右键，选择"打开表"，在打开的记录窗口中输入新记录即可。

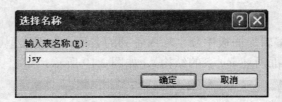

图 2.22　输入表名

2.2.5　用界面操作方式修改表结构

数据表创建以后，在使用过程中可能需要对原先定义的表结构进行修改。修改的方法可以通过 SQL Server Management Studio 的"对象资源管理器"来实现。对表结构的修改包括更改表名、增加列、删除列、修改已有列的属性等。

1. 表名重命名

SQL Server 允许修改一个表的名字，但当表名改变后，与此相关的某些对象（如视图、存储过程等）将无效，因为它们都与表名有关。因此，建议一般不要随便更改一个已有的表名，特别是在其上已经定义了视图等对象。

在 SQL Server Management Studio 的"对象资源管理器"面板中展开"traffic1"选项，再展开"表"选项，选择其中的"dbo.jsy"选项并右击，在弹出的快捷菜单中，选择"重命名"命令，如图 2.23 所示。然后，在原表名上输入表的新名称即可，如图 2.24 所示。

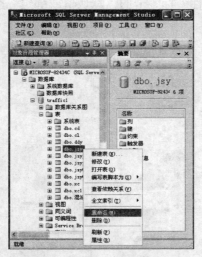

图 2.23　重命名快捷菜单

图 2.24　重命名数据表

2. 查看表属性

在右边窗口选择需查看的表 jsy，单击鼠标右键，在快捷菜单中选择"属性"，弹出属性对话框，如图 2.25 所示。其中有"常规"、"权限"、"扩展属性"三个标签卡，各标签卡显示了表各方面的属性等。

3. 修改表结构

在 SQL Server Management Studio 的"对象资源管理器"面板中展开"traffic1"选项，再展开"表"选项，选择其中的"dbo.jsy"选项并右击，在快捷菜单上选择"修改"，如图 2.26 所示，可执行以下操作。

1）增加新列：当需要向表中增加项目时，就要向表中增加列。如对 traffic1 数据库中的 jsy 表增加一列"所驾车种"，操作如下。

在 SQL Server Management Studio 的"对象资源管理器"面板中展开"traffic1"选项，再展开"表"选项右击"dbo.jsy"，在弹出的快捷菜单中选择"修改"命令。

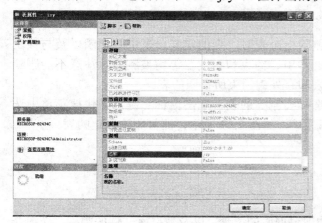

图 2.25　查看表属性　　　　　　　　　图 2.26　修改表快捷菜单

接着在"设计表"面板中单击"第一个空白行"，输入列名"所驾车种"，数据类型选择"char（10）"选项，并选中"允许空"复选框，如图 2.27 所示。

2）删除列：在 SQL Server Management Studio 的"对象资源管理器"面板中打开 jsy 表的"修改"面板，右击"所驾车种"列，在弹出的快捷菜单中选择"删除列"命令，如图 2.28 所示。该列即被删除，最后单击"保存"按钮，以保存修改的结构。

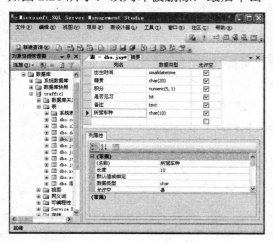

图 2.27　增加新列　　　　　　　　　　　图 2.28　删除列

3）修改列属性：在 SQL Server Management Studio 的"对象资源管理器"面板中打开表的"修改"面板，可以对已有列的列名、数据类型、长度以及是否允许为空值等属性直接进行修改。修改完毕后，单击"保存"按钮即可。

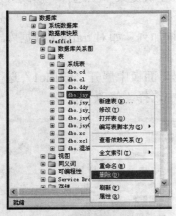

图 2.29　删除表快捷菜单

但是，在表中已有记录后，不要轻易修改表的结构，特别是修改列的数据类型，以免产生错误。例如，表中某列原来的数据类型是 decimal 型，如果将它改为 int 型，那么表中原有的记录值将失去部分数据，从而引起数据错误。

4. 删除表

删除一个表时，表的定义、表中的记录以及与该表相关的索引、约束和触发器等均被删除，注意不能删除系统表和有外键约束所参照的表。

选择要删除的表，单击鼠标右键，在快捷菜单中选择"删除"，如图 2.29 所示，即可删除选定的表。

小　　结

本章首先讲解了逻辑数据库和物理数据库的概念，以及数据库文件的类别，详细介绍了创建数据库的两种方式，即使用 T-SQL 语句的命令操作方式和使用对象资源管理器的界面操作方式。然后讲解了 SQL Server 系统数据类型和表结构，介绍了创建数据表的命令操作方式和界面操作方式。通过 traffic1 数据库实例，说明了创建、修改和删除数据库及表的命令的语句功能和界面操作方法。

习　　题

一、思考题

（1）逻辑数据库与物理数据库有什么的区别？
（2）SQL Server 系统数据库与用户数据库有什么区别？
（3）SQL Server 数据库文件分为哪几类？它们的扩展名分别是什么？
（4）具有什么身份和权限的人员能够创建数据库？

二、练习题

1. 单项选择题

（1）单纯从用户角度看到的数据库为（　　）。
　　A. 物理数据库　　　　　　　　B. 逻辑数据库
　　C. 用户数据库　　　　　　　　D. 系统数据库

（2）数据库的逻辑成分称为数据库对象，以下（　　　）不是数据库对象。

　　A. 表　　　　　　B. 视图　　　　　　C. 约束　　　　　　D. 规范化

（3）数据库由一系列文件及文件组架构而成，它们以"页"为基本存储单位，以"块"为分配存储空间的基本单元，（　　　）为一页，相邻的（　　　）为一块。

　　A. 16KB，64KB　　　　　　　　B. 8KB，32KB

　　C. 8KB，64KB　　　　　　　　D. 16KB，128KB

（4）SQL Server 安装后，系统内建了（　　　）系统数据库。

　　A. 2 个　　　　　B. 4 个　　　　　C. 6 个　　　　　　D. 8 个

（5）SQL Server 中，创建数据库的人员必须是被授权使用 CREATE DATABASE 语句的用户或是（　　　）。

　　A. 数据库系统管理员　　　　　B. 安装 SQL Server 的用户

　　C. 需要使用数据库的用户　　　D. Windows 用户

（6）以下命令（　　　）可以创建 mydb 数据库。

　　A. CREATE　 mydb DATABASE

　　B. CREATE DATABASE mydb

　　C. CREATE DATABASE　 ON NAME='mydb'

　　D. CREATE DATABASE TO NAME='mydb'

（7）在 CREATE DATABASE 命令中，以下关键字（　　　）可以建立主数据文件组。

　　A. LOG ON　　B. FILEGROUP　　C. PRIMARY　　　　D. GROUP

（8）一个新创建的数据库至少有（　　　）个主数据文件。

　　A. 零　　　　　　B. 1 个　　　　　C. 2 个　　　　　　D. 不限定个

（9）一个新创建的数据库，主数据文件属于（　　　）。

　　A. 主数据文件组　　　　　　　B. 用户数据文件组

　　C. 任何文件组　　　　　　　　D. 以上都不是

（10）以下文件名后缀中表示主数据文件的是（　　　），表示辅数据文件的是（　　　）。

　　A. mdf,ldf　　　B. dbf,ndf　　　C. mdf,ndf　　　　D. mdf,dbf

（11）增加 mydf 数据库中的文件组，可以在 ALTER DATABASE　 mydf 命令中使用（　　　）选项。

　　A. ADD FILEGROUP　　　　　　B. ADD FILE

　　C. ADD LOG FILE　　　　　　　D. ADD PRIMARY

（12）表是用于存储用户数据的数据库对象，一个表表示一个关系，理论上一个数据库中可以有（　　　）表。

　　A. 1 个　　　　　B. 20 亿个　　　　C. 任意多个　　　D. 以上都不是

（13）一个数据表的大小随表中记录的多少而变化，记录最多（　　　）。

　　A. 1024 个　　B. 2048 个　　　　C. 20 亿个　　　　D. 受数据库最大容量限制

（14）money 型数据包含两个（　　　）字节整数，分别存储货币值的整数和小数部分，smallmoney 型数据包含两个（　　　）字节整数。

　　A. 8，4　　　　B. 4，8　　　　　C. 4，2　　　　　　D. 2，4

（15）下面哪些不是定义数据库属性的关键字（　　　）。

  A. NAME B. FILENAME C. SIZE   D. LOGNAME

（16）下面哪个命令动词与数据库级操作无关（　　　）。

  A. ALTER B. CREATE C. DELETE D. DROP

（17）删除数据库 mydb 的命令是（　　　）。

  A. DROP DATABASE mydb

  B. DELETE DATABASE mydb

  C. DROP mydb

  D. DELETE mydb

2. 多项选择题

（1）一个数据库中可以有_____个辅数据文件。

  A. 零   B. 1   C. 2   D. 无限个

（2）一个数据库中可以有_____个日志文件。

  A. 零   B. 1   C. 2   D. 任意个

（3）以下说法不正确的是_____。

  A. 数据文件 datafile1 一部分在文件组 A 中，一部分在文件组 B 中

  B. 日志文件 logfile1 一部分在文件组 A 中，一部分在文件组 B 中

  C. 文件组 C 中有数据文件 datafile2、datafile3 和 datafile4

  D. 所有数据文件都在主数据文件组中

（4）将数据库 mydb 更名为 newdb，可以使用下面_____命令。

  A. MODIFY NAME=newdb

  B. sp_rename 'mydb', 'newdb'

  C. ATLER NAME mydb newdb

  D. ATLER DATABASE mydb MODIFY NAME=newdb

（5）数据类型决定了数据的取值范围和存储格式，以下数据类型中_____是系统数据类型。

  A. smallint、varchar、numeric、real

  B. tinyint、char、money、nvarchar

  C. smallmoney、bigmoney、image、datetime

  D. smalldatetime、ntext、sortint、timestamp

（6）录入货币值 15000.5，下面输入正确的有_____。

  A. $15,000.5 B. $15000.5 C. $15000.50 D. 15,000.5

（7）数据表中主键是能唯一标识记录的字段或字段组合，每个数据表可以有_____主键。

  A. 1个   B. 2个   C. 多个   D. 以上都不是

（8）用界面操作方式创建表 mytb 后需设置"姓名"列为主键，可以打开设计表窗口，选择"姓名"列后，以下操作正确的有_____。

  A. 在列名"姓名"后输入（主键）

    B. 单击工具栏钥匙图标

    C. 单击鼠标右键，在快捷菜单中选择"设置主键"

    D. 在窗口下面的列标签卡中的描述栏中输入"主键"

3. 判断题

（1）用户创建数据库需要同时创建逻辑数据库和物理数据库两个数据库。（　　）

（2）创建数据库时，用户可以不定义主数据文件和主文件组，但系统会自动建立主数据文件和主文件组。（　　）

（3）使用 ALTER DATABASE 命令修改数据库选项时，数据库的大小只能增加，不能减小。（　　）

（4）当不考虑数据库重建时，所有日志文件都可以删除，但主文件组是不能删除的。

（5）在同一个数据库中表名必须是唯一的，即不可有重名的表。（　　）

（6）SQL Server 提供了基本的数据类型，用户也可以在系统数据类型的基础上构造自己的数据类型。（　　）

（7）使用 DROP TABLE 命令可以删除数据库中的任何表，同时删除所有与表相关的对象。（　　）

（8）修改表定义的窗口和设计表的窗口是同一个窗口。（　　）

4. 操作题

（1）用命令操作方式创建数据库 mydb。（数据库选项或参照书中例题。）

（2）用命令操作方式在数据库 mydb 中建立两个表，一个为简况表，一个为成绩表。（表结构和记录可参照书后附录或自己设计。）

（3）用同样的定义参数，使用界面操作方式创建数据库 mydb 及其中的简况表和成绩表。如果数据库 mydb 已经存在，删除后重新创建。

第3章　管理数据库中的表数据

📖 **知识点**
- INSERT、UPDATE、DELETE 语句的基本格式
- 插入、修改和删除的界面操作

✍ **难点**

- INSERT 语句值表形式
- 在多窗口中查找满足条件的记录进行删除或修改

📢 **要求**

熟练掌握以下内容：
- INSERT、UPDATE、DELETE 语句的基本格式
- 对象资源管理器中插入、修改和删除数据表记录的方法

了解以下内容：
- TRUNCATE TABLE 语句的功能

数据库及其数据表创建后，需要往表中添加基本数据，形成表中的记录。基本数据是企业或机构根据实际需求，由业务部门管理人员或技术人员，从日常工作和现实生活中精心提取的有效数据。在数据表建立后的使用过程中，表中的记录随时可能发生变化，如驾驶人员的调入或调出造成驾驶员记录变化，车辆购进与调拨产生车辆记录变化，出车单据日益增多，车辆的实际里程不断累加等。所以，数据库中数据表经常需要更新和维护，包括记录的添加、修改和删除等。在 SQL Server 2008 中对表中数据的管理与数据库和表的创建一样，既可以通过 T-SQL 语句实现，也可以通过 SQL Server Management Studio 中对象资源管理器界面实现。

3.1　用命令操作方式管理表中数据

通过 INSERT、DELETE 和 UPDATE 命令可以对表中记录进行插入、删除和修改等常规操作，对大型的数据表使用 T-SQL 语句来操作数据，可以提高表的更新和维护效率。

3.1.1　用 INSERT 语句插入记录

在 SQL Server Management Studio 查询窗口中，可以使用 INSERT 语句向表中插入数据，INSERT 语句的完整语法格式为：

```
INSERT[INTO]
```

```
  {table_name                                /*表名*/
  [WITH(<table_hint_limited>[1…n])]          /*指定表提示,可省略*/
  | view_name                                /*视图名*/
  }
  {[(column_list)]                           /*指定列名*/
     {VALUES ({DEFAULT | NULL | expression}[1…n]) /*列值的构成形式*/
      | derived_table                        /*结果集*/
     }
  }
      | DEFAULT VALUES                       /*所有列均取默认值*/
```

参数说明如下。

1）可以向表中或视图中或特殊函数的结果集中插入数据。

2）VALUES 子句：指定列的取值可以是默认值、空值和表达式的值。

3）derived_table：指定将一个 SELECT 语句查询所得到的结果集插入到表或视图中。利用该参数，可以将一个表的数据插入到另一个表中，但要注意字段数量和类型要一致。

4）DEFAULT VALUES：向当前表中所有列均插入默认值，要求所有列均定义了默认值。

INSERT 语句有两种常用的基本格式，使用基本格式可以实现插入数据的简单操作。

1. INSERT…VALUES…格式

INSERT 语句的第 1 种基本格式为：

```
INSERT  table_name (column_list)
VALUES(constant_list)
```

参数说明如下。

1）table_name 为插入记录的表名。

2）column_list 为列名列表。

3）constant_list 为常量列表。

该语句可以向表中插入一行新数据，可以给出行的每列数据，也可以只给出部分列的值。当给出全部列数据，则列名可以省略。

例 3.1　向 jsy 表插入一行数据。

```
INSERT  INTO  jsy
VALUES('011103','王文','汽车指挥', '1983-12-03', '北京',30,NULL)
```

例 3.2　向 jsy 表插入另一行数据。

```
INSERT  INTO  jsy(驾照号,姓名)
VALUES('011104', '高兵',)
```

新插入的行中未指定的数据均取空值，此时未指定的列应定义为允许空值。

2. INSERT INTO…SELECT…格式

INSERT 语句的第 2 种基本格式为：

```
INSERT [INTO] table_name1
SELECT column_list
FROM table_name2
WHERE expression
```

参数说明如下。

1）table_name1 为插入数据的表。

2）table_name2 为数据源表。

3）column_list 为从数据源表选择出的列名列表。

4）expression 为从源表选择行的条件表达式。

该语句可向表中插入另一表的数据，即将另一表的查询结果作为当前表新插入行的数据来源。此方式可同时插入多行数据。

例 3.3　设已创建表 old_jsy，将该表中积分 20 以上的记录的驾照号和姓名列添加到当前表 jsy 中。

```
INSERT  INTO  jsy
SELECT 驾照号, 姓名
FROM old_jsy
WHERE  积分>=20
```

另外，还可以使用 SELECT… INTO…语句将选择的结果集作为数据源插入一个新表中，详见 4.2.4 节。

3.1.2　用 DELETE 语句删除记录

若要将表中无用的数据删除，使用 DELETE 语句。

DELETE 语句也有常用的基本格式，其基本格式为：

```
DELETE  FROM  table_name
WHERE  search_condition
```

参数说明如下。

1）table_name 指定需删除数据的表名。

2）WHERE 子句指定满足 search_condition 条件的行删除。若不指定，则删除所有行。

例 3.4　将 jsy 表中所学专业为"汽车指挥"的行删除。

```
DELETE  FROM  jsy
WHERE 所学专业='汽车指挥'
```

注意：若无 WHERE 子句，则删除表中所有行。

DELETE 操作是通过事务来实现的，其所有的操作都将保存到事务日志中，相应地消耗较多的系统资源。如果需快速彻底删除表中所有行，可使用 TRANCATE TABLE 语句。

使用 TRUNCATE TABLE 语句可以删除表中所有数据，但不记录事务日志。TRUNCATE TABLE 语句语法格式为：

```
TRUNCATE TABLE table_name
```

该语句可以一次删除表中所有数据，即清空表，但表的结构及约束保持不变，且该操作不记录日志，无法恢复，使用时必须慎慎。

例 3.5　删除表 old_jsy 中所有数据。

```
TRUNCATE TABLE old_jsy
```

如果表由外键约束引用，不能使用 TRUNCATE TABLE 语句清空表，可以使用不带 WHERE 子句的 DELETE 语句。

3.1.3　用 UPDATE 语句修改表数据

UPDATE 语句用来修改表中数据行字段的值。UPDATE 语句常用的基本格式为：

```
UPDATE {table_name | view_name}
SET column_name = {expression | DEFAULT | NULL}[1...N]
[WHERE <search_condition>]
```

参数说明如下。

1）table_name 指定需修改数据的表名。

2）view_name 指定需修改数据的视图名。

3）SET 子句指定用表达式的值或默认值或空值作为指定列的值。

4）WHERE 子句指定满足 search_condition 条件的行进行列值修改。若不指定，则修改所有行。

例 3.6　将表 jsy 中姓名为"王明"的驾驶员积分扣除 2，备注改为"事故一次"。

```
UPDATE jsy
SET 积分＝积分-2,
    备注＝'事故一次'
WHERE 姓名＝'王林'
```

例 3.7　将所学专业为"汽车指挥"的专业改为"汽车应用"。

```
UPDATE jsy
SET 专业＝'汽车指挥'
WHERE＝'汽车应用'
```

3.2　用界面操作方式管理表中数据

通过 SQL Server Management Studio 中对象资源管理器也可以对表中数据进行管理。首先启动 SQL Server Management Studio，展开"对象资源管理器"的层次结构，选择指定的数据库和表，在需操作的表名上单击鼠标右键，在快捷菜单上选择"打开表"，如图 3.1 所示。

在打开的表编辑窗口中，表中的记录按行显示。该显示界面接受用户通过键盘所作的修改，以实现对表数据的更新。当新建的表中还没有记录时，此窗口为空白，表示为空表，如图 3.2 所示。

图 3.1　打开表的快捷菜单　　　　　　　　　　图 3.2　打开的空表

3.2.1　插入记录

插入记录是指在编辑窗口中在表的尾部空白行添加记录，可以一次插入一条记录，也可以一次插入多条记录。将光标定在表的第一个空行的第一列，开始依次输入每一列的值，每输入完一列，按回车键，进入下一项。在记录的最后一列输入完后，按回车键，光标自动进入下一行，可以增加下一条新记录，如图 3.3 所示。

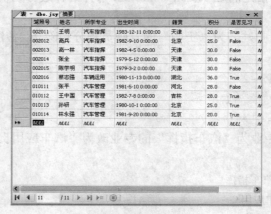

图 3.3　在表中插入记录

但要注意的是，表中的列经常都是有约束的，最基本的约束就是数据类型。如果新录入的数据与列的数据类型不相符，则系统不会接受该数据。还有列的其他约束对列的取值也都有一定的限制，不能随意输入其值。若表的某列有不允许空的属性，则必须输入该列的值。若表的某列有默认值属性，可以不输入新值，系统自动取默认值。

3.2.2　删除记录

删除记录是将表中不再需要的记录清除。首先选中需被删除的记录行，该行反相显示，单击鼠标右键，在快捷菜单上选择"删除"，如图 3.4 所示，出现确认对话框，单击"是"按钮即可删除该记录。或选中需被删除的行后，直接按 Del 键然后确认即可。

因删除操作是破坏性操作，如果一次性删除大量数据，为快速和慎重起见可在对象资源管理器中进行多窗口操作，通过 SQL 窗口查询满足条件的记录，然后控制运行删除操作。下面以删除表 jsy01 中所有"汽车指挥"专业的记录为例，步骤如下。

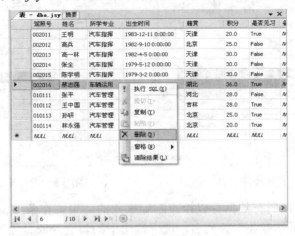

图 3.4 在表中删除记录

1）在对象资源管理器界面打开表 jsy01，单击工具栏中"显示条件窗格"按钮，打开条件窗口，如图 3.5 所示。

2）单击工具栏中"显示 SQL 窗格"按钮，打开 SQL 窗口，如图 3.6 所示。

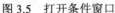

图 3.5 打开条件窗口

图 3.6 打开 SQL 窗口

3）在条件窗口的列中选择"所学专业"，在筛选器中输入"=汽车指挥"，或直接SQL 窗口输入完整的 DELETE 语句：

```
DELETE FROM jsy01
WHERE 所学专业='汽车指挥'
```

然后单击工具栏中"验证 SQL 语法"按钮，出现语法检查通过对话框，如图 3.7 所示。

4）单击工具栏中"执行 SQL"按钮，出现如图 3.8 所示对话框。

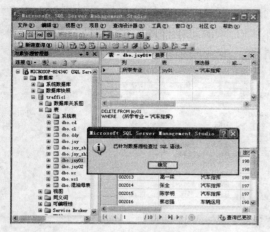 

图 3.7　设置删除条件　　　　　　　　图 3.8　运行删除的操作

5）查询表中现在所有数据行以检查删除操作的结果。在条件窗口的列中选择"驾照号"、"姓名"、"所学专业"等列名，选中输出中的勾选，或直接在 SQL 窗口输入完整的 SELECT 语句：

```
SELECT  *
FROM jsy01
```

然后单击工具栏中"验证 SQL 语法"按钮，出现语法检查通过对话框，再单击工具栏中"执行 SQL"按钮，结果如图 3.9 所示。

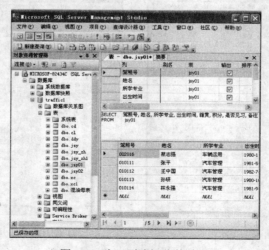

图 3.9　验证删除操作的结果

3.2.3　修改记录

修改记录数据的操作很简单，在图 3.2 中先将光标定位在需被修改的记录的字段上，然后对此单元格中的数据进行修改、删除或重新输入。同样要注意修改后的数据要满足列的约束条件，否则系统不接受所作的修改。

由于在浏览数据的同时修改数据，其操作比较直观和灵活，这种方法适合于需要修改的数据量不大且比较零散，或修改的值不易表达的情况。但当在大量数据行中难以浏览到所需修改的数据行，光标就不易快速定位到所需修改的列值上，此时可以通过对象资源管理器中的 SQL 窗口，先选择出需修改的行，然后在选择的结果中直接修改。下面以修改表 jsy02 中姓名为"高一林"的积分值为例，先选择出该行记录，然后将积分修改为 27。

1）在对象资源管理器界面打开表 jsy02，单击"显示条件窗格"按钮打开条件窗口，单击工具栏中"显示 SQL 窗格"按钮打开 SQL 窗口，结果如图 3.10 所示。

图 3.10　对象资源管理器中的查询窗口

2）设定选择条件，在条件窗格窗口第 1 行的列中选择"姓名"，在准则中输入"=高一林"，取消输出中的勾选，如图 3.11 所示。

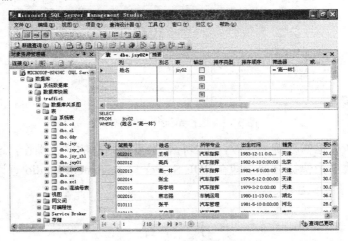

图 3.11　设定选择条件

3）设定选择输出列，在网格窗口第 2 行的列中选择"*"，确定同行的输出为勾选状态，如图 3.12 所示。

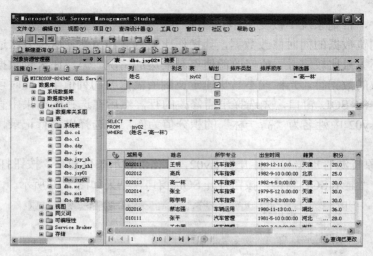

图 3.12　设定选择输出列

4）单击工具栏中"验证 SQL 语法"按钮，确定语法正确后，单击工具栏中"执行 SQL"按钮。

5）将结果行中的积分列修改为 27，如图 3.13 所示。

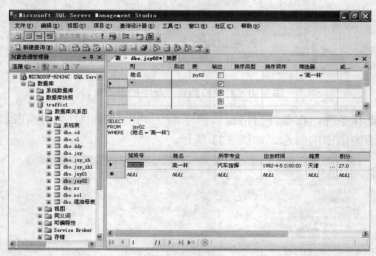

图 3.13　选择结果行并完成修改

如果有大量数据需要统一修改，即多行记录需作同样的修改操作，这种情况往往使用命令操作方式更为快捷方便，即在 SQL Server Management Studio 查询窗口中直接输入 T-SQL 命令，然后运行之。

小　　结

本章讲解了对于数据库中数据进行管理与维护的方法，即数据的插入、修改和删除等常规操作，讲解了每种操作的 T-SQL 命令操作方式和对象资源管理器界面操作方式。

对于命令操作方式，介绍了语句常用的基本格式，便于初学者简明扼要地学习。表数据的管理和维护是数据库管理员的基本工作之一，在大型数据库系统中，大量数据需要不断地更新，采用不同方式来维护数据，其工作效率是不一样的。当对命令格式和参数比较熟悉时，通过 SQL 命令操作数据表效率更高。当需更新的数据比较零散，采用界面操作方式更为直观和方便。数据更新要注意满足数据的所有约束条件，保持数据的完整性。

习　　题

一、思考题

（1）插入记录时用 VALUES 子句提供各列的值，SQL Server 对 VALUES 子句中的值有什么要求？

（2）如果 DELETE 语句中没有 WHERE 子句，语句执行后会有什么结果？

（3）清空表和删除表有什么不同？

二、练习题

1. 选择题

（1）SQL 中常用数据操作语句有（　　　）。

　　A. INSERT　　　　B. DELETE　　　　C. UPDATE　　　　D. SELECT

（2）以下不能实现向表中添加数据功能的语句是（　　　）。

　　A. INSERT　INTO 语句

　　B. INSERT… SELECT　语句

　　C. SELECT…INTO 语句

　　D. SELECT…FROM 语句

（3）下面可以同时向表中插入多条记录的命令是（　　　）。

　　A. INSERT　INTO 语句

　　B. INSERT…SELECT　语句

　　C.　SELECT…INTO 语句

　　D.　SELECT…FROM 语句

（4）下面可删除表 mytb 中姓名为"刘小玉"记录的命令是（　　　）。

　　A.　DELETE FOR mytb WHERE　姓名 ='刘小玉'

　　B.　DELETE　姓名 ='刘小玉'

　　C.　DROP　姓名 ='刘小玉'

　　D.　DROP FOR mytb WHERE　姓名 ='刘小玉'

（5）要删除表 mytb 中所有记录，下面正确的命令是（　　　）。

　　A. DELETE　ALL

　　B. DROP ALL

　　C. TRUNCATE　TABLE　mytb

    D. DELETE   FROM   mytb

（6）下面删除操作中，不写入事务日志文件，以后即使还原数据库也不能恢复该记录的命令是（   ）。

    A.   DELETE   FROM   mytb

    B.   DELETE   FROM   mytb   WHERE   姓名 ='刘小玉'

    C.   DELETE   FROM   mytb   WHERE   姓名 LIKE '刘%'

    D.   TRUNCATE   TABLE   mytb

（7）UPDATE 命令的 SET 子句指定需修改的属性和修改后的属性值，下面不可以用在 SET 子句中的语法元素是（   ）。

    A. 常量   B. 变量   C. 表达式   D. 通配符

2. 判断题

（1）向表中插入一新行时，既可给定该行全部数据，又可给定该行的部分数据。（   ）

（2）使用 TRANCATE   TABLE 语句比使用 DELETE 语句操作速度更快。   （   ）

（3）具有某属性值为空的行才能删除，否则需要先将属性值修改为空后再删除记录。

                                                                    （   ）

（4）用命令 INSERT   INTO   mytb1 SELECT FROM mytb2，可以在表 mytb1 中插入表 mytb2 的数据，只有在两表相应属性的数据类型匹配时才能实现。   （   ）

（5）用 VALUES（…）子句插入一新行数据时，无默认值的列必须给定值。（   ）

（6）无 WHERE 子句的 DELETE 命令则删除表中所有行。   （   ）

（7）使用 DELETE 命令删除数据库中某表的所有记录后，在对象资源管理器窗口的层次结构中单击数据库对象，将不再显示该表对象。   （   ）

（8）使用命令 UPDATE   mytb SET 成绩=100，操作结果将使原记录中成绩为空值的记录的成绩值改为 100。   （   ）

（9）在一个空表中是不允许插入记录的。   （   ）

（10）在行浏览行窗口中要删除某行记录，需要先选择该行，然后再删除。可以一次选择多行，然后同时删除。   （   ）

3. 操作题

（1）用对象资源管理器为 traffic 数据库中的所有表添加数据。

（2）在 jsy 表中插入下面两条记录：

    002090   高尚   汽车指挥   80－12－10   天津

    002091   刘朋   汽车指挥   81－1－15   北京

（3）将姓名为"王明"的驾驶员姓名改为"王小明"。

（4）将 jsy 表中备注为空的记录删除。

（5）将 jsy 表中所有记录的积分均加 2 分。

（6）清空表 jsy 的所有数据。

第 4 章　数据库查询

📖 **知识点**

- 选定列和限定行数设置
- 筛选行的条件
- 输出数据的排序方法
- 多个数据表连接
- 数据分组统计汇总
- 子查询和嵌套子查询
- 视图的建立和使用

✎ **难点**

- 字符匹配的条件表达式
- 分组统计汇总
- JOIN 连接选项
- 嵌套的子查询

📢 **要求**

熟练掌握以下内容：
- 输出列设定和筛选行的条件表达式
- GROUP BY 和 HAVING 子句进行数据分组统计
- 多表间关系运算连接
- 使用 IN、EXSIT 关键字及关系运算符进行高级查询
- 创建视图并查询视图数据
- 用结果集建立新表
了解以下内容：
- 用 JOIN 关键字指定表连接
- COMPUTE BY 子句
- CASE 函数
- 可更新视图

　　使用数据库和表的主要目的是存储数据，以便在需要时进行检索、统计和输出操作。查询是数据库最常用也是最基本的数据操作，数据库其他数据操作如统计、修改和删除等都是在查询操作的基础上进行的。对于一个简单的数据库，通过浏览表就可以得到所需要的数据，但对于一个大型数据库，要在数据表格中快速准确地定位和筛选出所需要

的数据，将不是一件简单的工作。因为浏览大量的数据需要很长的时间，这样的查询速度往往严重影响数据库系统的工作效率。SQL Server 使用 SELECT 语句进行数据查询，SELECT 语句是数据库系统使用最为频繁的 SQL 语句，其主要功能是在数据表或视图中实现数据查询，不仅可以在单一表中查询，还可以在多个表中联合查询。SELECT 语句比较复杂，但功能强大，几乎可以满足任何形式的查询要求。

数据查询可分为一般查询和高级查询，一般查询指使用 SELECT 语句基本格式，从数据库的表中提取指定行和列，并进行简单的处理；高级查询是通过更多的子句和关键字取得满足特殊要求的数据。掌握 SELECT 语句并灵活应用，对管理和使用数据库及表是十分重要的。下面我们由浅入深逐步学习如何使用 SELECT 语句在 traffic 数据库中进行数据查询。

4.1　一　般　查　询

一般查询是相对比较简单的查询，也是数据查询最常遇见的查询情况，是高级查询的基础。掌握了一般查询的方法，就可以完成大部分数据查询需求，才能进一步学习高级和复杂的查询方法。

4.1.1　SELECT 语句基本格式

SELECT 语句是 T-SQL 的核心，其功能是让数据库服务器根据客户端的要求搜寻出用户所需要的数据资料，并按用户规定的格式进行整理后，再返回给客户端。SELECT 语句的基本格式并不复杂，但用户需要使用 T-SQL 的基本语法元素，还要指定查询所用的当前数据库。

1. 语法元素

T-SQL 的语法元素非常丰富，包括变量、运算符、函数和流程控制语言等。在 SQL Server 中，SELECT 查询语句经常需要与一些语法元素结合使用，以便准确表达用户的查询条件和输出要求，增强查询操作的功能。

（1）变量

变量对于一种语言来说是必不可少的组成部分。SQL Server 中变量有两种形式，一种是用户自己定义的局部变量，用于保存单个数据值及运算的中间结果；另一种是系统提供的全局变量，用于记录 SQL Server 服务器的活动状态。

（2）运算符

与其他高级语言一样，T-SQL 语法中也提供了不同类型的运算符，分别是算术运算符、比较运算符、字符连接运算符和逻辑运算符，这些运算符的使用与高级语言是一致的。但 SQL 作为结构化查询语言，其逻辑运算符更为丰富，可以满足复杂的查询要求，提高查询的效率。表 4.1 列出的 T-SQL 语法中运算符和优先级，当对多个运算符组成的表达式进行运算时，要注意运算符的优先级。

表 4.1　T-SQL 运算符及优先级

运　算　符	优　先　级
+（正）、-（负）、~（按位取反）	1
*（乘）、/（除）、%（模）	2
+（加）、+（字符串连接）、-（减）	3
=、>、<、>=、<=、<>、!=、!<、!>	4
^（位异或）、&（位与）、|（位或）	5
NOT	6
AND	7
ALL、ANY、BETWEEN、IN、LIKE、OR、SOME	8
=（赋值）	9

（3）函数

T-SQL 语法中也提供了许多种类的函数（如统计函数、时间日期函数、字符串函数等），用以返回相应的信息，实现特定功能。常用的统计函数有 AVG、SUM、COUNT、MAX、MIN 等，常用的时间日期函数有 GETDATE、YEAR、MONTH、DAY 等，常用的字符串函数有 SUBSTRING、LEN 等。在查询语句的表达式中，函数经常用于设定输出数据或查询条件的表达式中。关于函数的说明和使用详见第 6 章。

2. 指定当前数据库

当前数据库即为活动数据库，通常服务器上有多个数据库，但只有一个数据库是活动的，可以进行数据操作。当用户登陆到 SQL Server 时，系统即指定了一个默认数据库为当前数据库，通常是 master 数据库。master 数据库是系统数据库，用于存储系统表数据。用户要改变当前数据库使用 USE 语句。USE 语句的格式为：

```
USE database_name
```
如要使用 traffic1 数据库，命令为 USE traffic1。

指定了当前数据库后，若不对数据库对象加以限定，其后的数据操作命令均是针对当前数据库中的表或视图等进行的，直到重新指定当前数据库。

3. SELECT 语句基本格式

SELECT 语句很复杂，一般查询时使用 SELECT 语句主要的子句，基本格式为：

```
SELECT select_list              /*指定要选择的列或行及其限定*/
FROM table_source               /*指定数据来源的表或视图*/
[WHERE search_condition]        /*指定查询条件*/
[ORDER BY order_expression[ASC | DESC]]    /*指定查询结果的排序方式*/
```
参数说明如下。

1）select_list 为输出行或列的限定，可表述为：

```
select_list::= [ALL | DISTINCT][TOP n [PERCENT][WITH TIES]]<col_list>
```
2）FROM 子句指定输出数据的来源之处，数据来源可以是表或视图。

3）WHERE 子句指定查询条件。

4）ORDER BY 子句指定输出数据的排序顺序。

SELECT 语句的基本功能就是从指定的表中筛选出满足条件的行，将其指定的列按规定格式输出。若没有特别指定某个数据库，SELECT 语句是对系统当前正使用着的数据库进行操作。

4.1.2　输出列设定

输出列可以通过基本格式中的 col_list 项来设定，此时 SELECT 子句格式为：

```
SELECT col_list
col_list ::= { *                                  /*选择当前表或视图的所有列*/
    | {table_name|view_name |table_alias}.*/*选择指定表或视图的所有列*/
    | {column_name | expression | IDENTITYCOL | ROWGUIDCOL}
                [[AS] column_alias]      /*选择指定的列*/
    | column_alias=expression            /*选择指定列并更改列标题*/
}[,…n]
```

下面详细说明语句参数的使用。

1. 显示部分列或全部列

当只需要原样输出表中部分列或全部列的值，SELECT 语句可取为最简单的形式：

```
SELECT column_name[,…n]
FROM table_name
```

显示部分列时，各列名之间用逗号隔开，显示全部列时，可以省去全部列名而用"*"表示。

例 4.1　查询 traffic1 数据库的 jsy 表中各驾驶员的驾照号、姓名和所学专业。

```
USE traffic1
SELECT 驾照号, 姓名, 所学专业
FROM jsy
```

执行结果如图 4.1 所示。

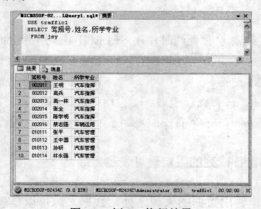

图 4.1　例 4.1 执行结果

例 4.2　查询车辆表 cl 中所有数据。

```
SELECT *
FROM cl
```

执行结果如图 4.2 所示。

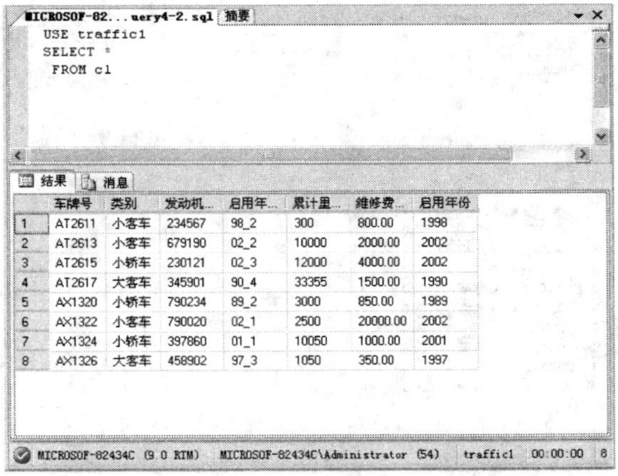

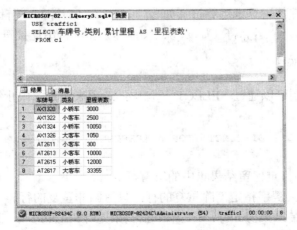

图 4.2　例 4.2 执行结果

2. 更换列名

前两例查询出的数据结果在标题行直接显示列的名称，实际上在执行查询时，可以自定义显示每一列标题行的名称，以便查询结果更易于理解。尤其当表定义的列名原为英文简写或缩写时，以它作为查询结果的列标题，对用户而言，不易理解其数据含义。若查询时将其改为中文列标题名，会使查询结果的数据含义就更清晰明了了。

例 4.3　查询车辆表 cl 中每辆车的里程表数字。

```
SELECT 车牌号,类别,累计里程 AS '里程表数' FROM  cl
```

执行结果如图 4.3 所示。

图 4.3　例 4.3 执行结果

本例中关键字 AS 也可省略。

例 4.4　查询 jsy 表中的部分列，用英文表示列标题。

```
SELECT 驾照号 number, 姓名 name, 积分 mark
FROM jsy
```

执行结果如图 4.4 所示。

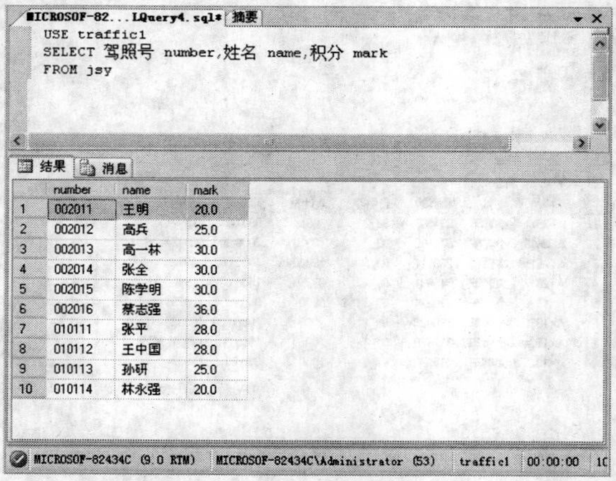

图 4.4　例 4.4 执行结果

3. 输出列的计算值

查询数据时，经常需要得到对数据进行计算后的结果，如果数据量大，人工计算是一件很费力的事，SELECT 语句提供了查询时进行数据计算的功能，即可以使用运算表达式作为查询结果。

例 4.5　查询 cl 表中维修费用八折后的现价数据。

```
SELECT 车牌号，类别，'实际维修费'=维修费用*0.8
FROM cl
```

执行结果如图 4.5 所示。

在计算列上允许使用算术运算符（如+、-、*、/、% 等）、逻辑运算符（如 AND、OR、XOR、NOT ）、位运算符（如&、|、^、~等）和字符串连接符（如+）。

4.1.3　输出行数的限制

输出行数的限制可以通过 SELECT 子句中的选项来设定，限止行数的 SELECT 子句格式如下：

```
SELECT[ALL | DISTINCT][TOP n [PERCENT]]<col_list>
```

参数说明如下。

1）ALL 关键字指定保留结果集中的所有行。

2）DISTINCT 关键字指定消除重复的行，只返回非重复的行。

3）TOP n 返回结果集前 n 行，n 是一个正整数。当 SELECT 语句返回的结果集的行数非常多时，可以使用 TOP n 选项限止其返回的行数。

4）TOP n PERCENT 为返回结果集的前 n%行。

例 4.6　查询车辆表 cl 中车的类别。

```
SELECT 类别  FROM cl
```

执行结果如图 4.6 所示。

　　　　图 4.5　例 4.5 执行结果　　　　　　　　　　　图 4.6　例 4.6 执行结果

例 4.7　查询 cl 表中所有的车辆类别名称，消除重复行。

```
SELECT DISTINCT 类别 AS '现有类别'
    FROM cl
```

执行结果如图 4.7 所示。

例 4.8　查询行车表 xc1 中每位调度员曾调度过的车辆。

```
SELECT DISTINCT 调度号, 车牌号
    FROM  xc1
```

执行结果如图 4.8 所示。

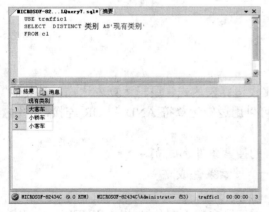

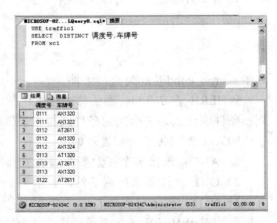

　　　　图 4.7　例 4.7 执行结果　　　　　　　　　　　图 4.8　例 4.8 执行结果

例 4.9　查询 jsy 表中前 5 行数据。

```
SELECT TOP 5 驾照号,姓名,所学专业
    FROM jsy
```

执行结果如图 4.9 所示。

例 4.10　查询 jsy 表中前 5%行数据。

```
SELECT TOP 5 PERCENT 驾照号，姓名，所学专业
FROM jsy
```

执行结果如图 4.10 所示。

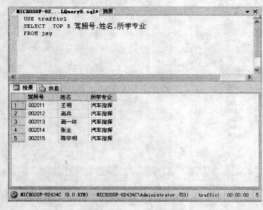
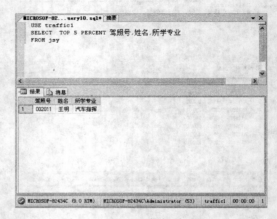

图 4.9　例 4.9 执行结果　　　　　　　　　图 4.10　例 4.10 执行结果

两条查询语句或多条查询语句可以用 GO 命令联合起来同时执行，以便观察和比较各个查询结果。

GO 为批处理命令，指示系统执行自上一次 GO 后所有的语句，如果前面没有 GO，则从开始处执行所有语句。

4.1.4　筛选行的条件

使用 WHERE 子句可以从表格的行集中过滤出符合条件的行，使用格式为：

```
SELECT select_list
FROM    table_name
WHERE <search_condition>
```

其中 search_condition 为查询条件。

WHERE 子句中的搜索条件表达式包括比较运算表达式、逻辑运算表达式以及其他判断条件表达式。多个判定条件或搜索条件可以用逻辑运算符 AND 和 OR 连接，关键字 AND、OR、NOT 分别表示如下。

1）AND：连接多个搜索条件，表示所有的搜索条件都成立。

2）OR：连接多个搜索条件，表示至少一个搜索条件成立

3）NOT：表示对逻辑表达式的否定

使用时 WHERE 子句必须紧跟在 FROM 子句后面。下面分别说明 WHERE 子句中不同表达式的使用。

1. 比较运算

比较运算用于比较两个表达式的值，格式为：

　　　　expression operator expression

其中 expression 可以是常量、变量和基于列表达式的任意有效组合，数据类型可以是除 text、ntext 和 image 外的任何数据类型。operator 是比较运算符，包括以下几种：

　　=（等于）　　!>（不大于）　　>（大于）　　!<（不小于）　　<（小于）>=（大于等于）　　<>（不等于）　　<=（小于等于）　　!=（不等于）

当两个表达式的值均不为空值 NULL 时，比较运算返回逻辑真值 TRUE 或假值 FALSE；当两个表达式值中有一个为空值或都为空值时，返回 UNKNOWN。

　　例 4.11　查询 jsy 表中汽车指挥专业驾驶员的驾照号、姓名、籍贯和积分。

　　　　SELECT　驾照号，姓名，所学专业，籍贯，积分
　　　　FROM　jsy
　　　　WHERE　专业="汽车指挥"

执行结果如图 4.11 所示。

　　例 4.12　查询 cl 表中累计里程 10000 公里以上的小轿车的车牌号、发动机号、累计里程及维修费用。

　　　　SELECT　车牌号，发动机号，累计里程，维修费用
　　　　FROM　cl
　　　　WHERE　类别='小轿车' AND 累计里程＞10000

执行结果如图 4.12 所示。

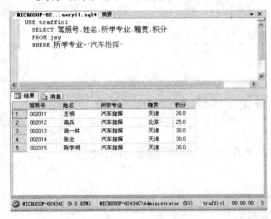 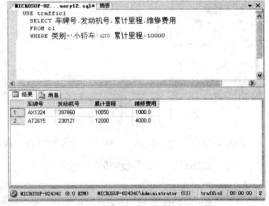

　　　　图 4.11　例 4.11 执行结果　　　　　　　　　　图 4.12　例 4.12 执行结果

　　例 4.13　查询 jsy 表中积分在 25 和 30 之间的驾驶员的驾照号、姓名和积分。

　　　　SELECT　驾照号,姓名,积分
　　　　FROM　jsy
　　　　WHERE　积分!<25 AND 积分!>30

执行结果如图 4.13 所示。

2. 字符匹配

在实际应用中，有时用户并不总能给出精确的查询条件，需要根据不确切的线索来

查询。T-SQL 语法提供了 LIKE 关键字进行这类模糊查询。LIKE 关键字的使用格式是：

```
expression [NOT] LIKE pattern [ESCAPE escape_character]
```

其中 pattern 表示匹配模式，通常都与通配符和转义字符配合使用。SQL Server 提供了四种通配符用以实现复杂的查询条件。

1）%（百分号）表示任意字符。

2）_（下划线）表示单个的任意字符。

3）[]（方括号）表示方括号里列出的任意一个字符。

4）[^]（方括号内尖角号）表示任意一个没有在方括号里列出的字符。

例 4.14　查询 jsy 表中驾照号以 002 开头的驾驶员的驾照号、姓名和积分。

```
SELECT  驾照号,姓名,积分
FROM  jsy
WHERE   驾照号 LIKE '002%'
```

执行结果如图 4.14 所示。

图 4.13　例 4.13 执行结果

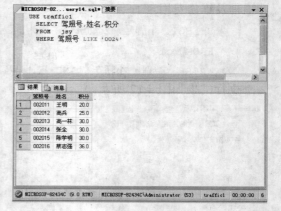

图 4.14　例 4.14 执行结果

例 4.15　查询 jsy 表中驾照号以 002 开头的姓"高"的驾驶员的积分。

```
SELECT  驾照号,姓名,积分
FROM  jsy
WHERE 驾照号 LIKE '002%'  AND 姓名 LIKE '高%'
```

执行结果如图 4.15 所示。

例 4.16　查询调度员表 ddy 中电话号码前两位为"72"，第 4、5 位为"-1"的人员名单。

```
SELECT  姓名,电话
FROM  ddy
WHERE   电话 LIKE '72_-1%'
```

执行结果如图 4.16 所示。

例 4.17　查询调度员表 ddy 中电话号码前两位为"72"，第 3 位为"2"或"3"或"4"的人员名单。

```
SELECT  姓名,电话
FROM  ddy
WHERE  电话 LIKE '72[2,3,4]%'
```

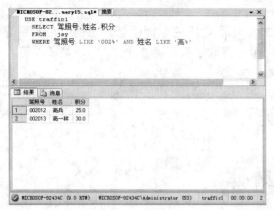

图 4.15 例 4.15 执行结果 　　　　　　　图 4.16 例 4.16 执行结果

执行结果如图 4.17 所示。

例 4.18 查询 jsy 表中驾照号最后一位不是 "1" 或 "2" 的人员的驾照号、姓名、籍贯和积分。

```
SELECT  驾照号,姓名,籍贯,积分
FROM  jsy
WHERE  驾照号 LIKE '_ _ _ [^1,2]'
```

执行结果如图 4.18 所示。

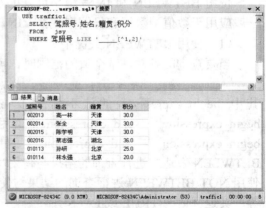

图 4.17 例 4.17 执行结果 　　　　　　　图 4.18 例 4.18 执行结果

如果要查找的字符中包含通配符，则使用 ESCAPE 转义字符功能来处理。ESCAPE 表示其后出现的第一个表示通配符的字符不再被视为通配符，而被当做普通字符对待。

若车辆表 cl 中 "启用年代" 列用 "89_2"、"02_1" 这样的形式表示，其含义为第一、二个字符表示年份，第四个字符表示季度，中间用下划线连接。如 "02_1" 表示 2002 年第 1 季度，"89_2" 表示 1989 年第 2 季度。

例 4.19　查询车辆表 cl 中 2002 年启用的所有车辆的信息。

```
SELECT  *
FROM  cl
WHERE  启用年代 LIKE '02t_ _' ESCAPE 't'
```

执行结果如图 4.19 所示，即输出所有 2002 年所启用的车辆信息。该例中转义字符 "t" 表示语句中第 1 个 "_" 不再是通配符，而是普通字符，第 2 个 "_" 则是通配符。

图 4.19　例 4.19 执行结果

3. 限止范围

使用 BETWEEN 和 IN 关键字可以更方便地限制需要查询的数据范围，BETWEEN 一般应用于数值型数据和日期型数据，IN 一般应用于字符型数据。

（1）使用 BETWEEN 关键字

当要查询的条件是某个值的范围时，可以使用 BETWEEN 关键字，其格式为：

```
expression [NOT] BETWEEN begin_expression AND end_expression
```

其中 begin_expression 的值不能大于 end_expression 的值。当要查询的数据在 begin_expression 与 end_expression 之间用 BETWEEN 关键字；当要查询的数据不在 begin_expression 与 end_expression 之间用 NOT BETWEEN 关键字。其实，使用 BETWEEN 表达式进行查询的结果与使用 ">=" 和 "<=" 的逻辑表达式的查询结果相等，使用 NOT BETWEEN 进行查询的结果与使用 ">" 和 "<" 的逻辑表达式的查询结果相等，其返回值为 TRUE 或 FALSE。

例 4.20　查询 cl 表中维修费用增加 50% 后的预计费用在 2000 元与 3000 元之间的车辆信息。

```
SELECT  车牌号,类别, '预计费用'=维修费用*(1+0.5)
FROM  cl
WHERE  维修费用*(1+0.5) BETWEEN 2000 AND 3000
```

执行结果如图 4.20 所示。

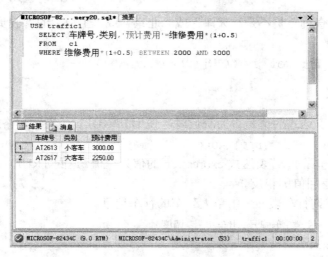

图 4.20 例 4.20 执行结果

（2）使用 IN 关键字

使用 IN 关键字可以用较为简洁的语句来实现复杂的查询，其格式为：

    expression [NOT] IN (subquery | expression[,…n])

其中 subquery 为子查询，有关子查询在下一节介绍。expression[,…n]为指定的一个值表，值表中列出所有可能的值。当要搜索在列表中的数据时用 IN 关键字，当要搜索不在列表中的数据时用 NOT IN 关键字。

例 4.21 查询 jsy 表中籍贯是"天津"或"北京"或"上海"的驾驶员情况。

    SELECT 驾照号，姓名，所学专业，籍贯，积分
    FROM jsy
    WHERE 籍贯 IN（'天津'，'北京'，'上海'）

执行结果如图 4.21 所示。

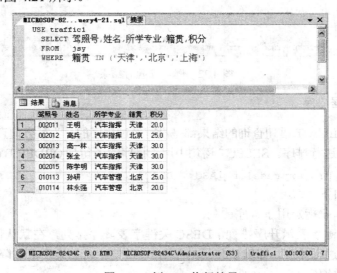

图 4.21 例 4.21 执行结果

该例中若要查询籍贯不是"天津"或"北京"或"上海"的驾驶员，则使用下面的
WHERE 子句：

```
WHERE  籍贯 NOT  IN ('天津','北京','上海')
```

4. 空值判定

当需要判定表达式的值是否为空值时，使用 IS NULL 关键字，格式为：

```
expression IS [NOT] NULL
```

当无 NOT 选项时，若表达式 expression 的值为空值，返回 TRUE，否则返回 FALSE；
有 NOT 选项时返回值则相反。

例 4.22　查询行车表 xc1 中单人驾车的行车记录。

```
SELECT  主驾,车牌号,出车单号,调度号
FROM  xc1
WHERE  副驾 IS NULL
```

执行结果如图 4.22 所示。

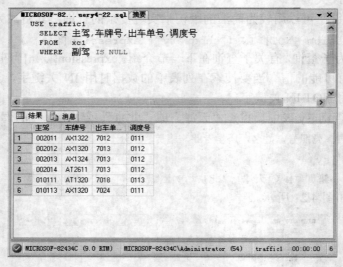

图 4.22　例 4.22 执行结果

4.1.5　输出数据排序

前面使用 SELECT 语句查询的结果都是没有经过排序的。为了方便查看输出数据，可
以对查询的结果进行排序。SELECT 语句中用于排序的子句是 ORDER BY，其格式是：

```
ORDER BY {expression [ASC | DESC]}[,…n]
```

参数说明如下。

1）expression 指定用于排序的列。

2）ASC 关键字表示升序排列，DESC 关键字表降序排列，在默认情况下，ORDER
BY 子句按升序进行排序，即默认使用的是 ASC 关键字。如果要求按降序进行排列，必
须使用 DESC 关键字。

3）n 表示可以同时指定多个排序的列。

ntext、text 和 image 类型的数据不能进行排序，此类列名不允许出现在 ORDER BY 子句中。

例 4.23　查询 jsy 表中所学专业为汽车指挥的驾驶员的积分，并按积分降序排列。

```
SELECT 驾照号,姓名,所学专业,积分
FROM jsy
WHERE 所学专业='汽车指挥'
ORDER BY 积分 DESC
```

执行结果如图 4.23 所示。

可以用列在输出列表中的位置来指定需要排序的列，如上例中排序列"积分"在输出列表中的位置是 4，查询语句可以改为：

```
SELECT 驾照号,姓名,所学专业,积分
FROM  jsy
WHERE 专业='汽车指挥'
ORDER BY 4 DESC
```

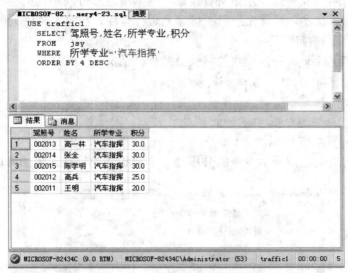

图 4.23　例 4.23 执行结果

如果要对计算列的值进行排序，在 ORDER BY 子句中的 expression 必须是计算列的表达式或是为该计算列指定的列名。

例 4.24　查询 cl 表中每辆车的单位里程维修费用，将查询结果按降序排列。

```
SELECT  车牌号,类别,启用年代,
'每百公里维修费用'=round(维修费用/累计里程*100,2)
FROM cl
ORDER BY  '每百公里维修费用' DESC
```

执行结果如图 4.24 所示。

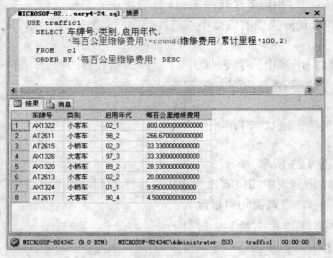

图 4.24　例 4.24 执行结果

如果要根据两列或多列的结果进行排序，可以用逗号分隔不同的排序列，排序优先级按排序列的先后次序，即首先按第 1 排序列进行排序，在第 1 排序列的值相同的情况下，再按第 2 排序列排序。

例 4.25　查询 jsy 表中各专业的驾驶员的积分情况。

```
SELECT 驾照号,姓名,所学专业,积分
FROM  jsy
ORDER BY 所学专业,积分 DESC
```

执行结果如图 4.25 所示。

此例中查询结果先按所学专业的升序排，专业相同的行按积分的降序排。

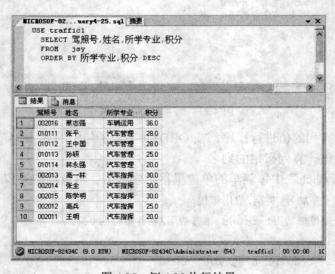

图 4.25　例 4.25 执行结果

4.1.6 多表连接

前面我们使用的 SELECT 语句都是从数据库的单个表中查询所要的数据，在实际应用中，多数情况下我们需要查询的数据来自多个数据表，如查询驾驶员出车情况和所驾车辆情况，需要从 xc1 表、cd 表和 cl 表中搜索相关数据，涉及多个表的查询称为连接查询。

连接查询时表与表之间需要进行连接，两个表之间的连接可以有两种，即在 WHERE 子句中用关系运算表示的连接和在 FROM 子句中用 JOIN 关键字指定的连接。

1. 关系运算连接

在 SELECT 语句的 WHERE 子句中使用不同表的列进行关系运算可以在表之间建立连接。为了说明连接过程，我们首先分析一下两个表的任意连接。下面语句连接行车 xc1 与车单表 cd 所有行。

```
SELECT *
FROM xc1, cd
```

该例中没有 WHERE 子句，连接时将第一个表的每一行和第二个表的每一行相结合。一般情况下，有 n 行的第一个表和有 m 行的第二个表连接将产生 n×m 行的结果集。由于两个表的任意行的数据之间没有对应关系，所以连接产生的行也就没有什么实际意义。该连接也称为交叉连接或完全连接，一般使用很少。

在上面的交叉连接中若通过 WHERE 子句除去大多数不希望的结果行，就可以得到所需要有意义的查询结果。

例 4. 26 查询每次出车的日期、目的地和行程情况。

```
SELECT xc1.*, cd.*
FROM xc1, cd
WHERE  xc1.出车单号=cd.出车单号
```

执行结果如图 4.26 所示。

图 4.26 例 4.26 执行结果

该连接称为等价连接，该连接的结果行中有重复的列"出车单号"，如果去掉重复的列，会使输出数据更简洁清晰。上例可改为：

```
SELECT xc1.*,cd.日期, cd.目的地, cd.大约行程, cd.实际行程
FROM  xc1,cd
WHERE xc1.出车单号=cd.出车单号
```

该连接则称为自然连接，是使用最多的一种连接。

可以在 WHERE 子句中指定更多的条件，进一步筛选两个表的连接行。

例 4.27 查询由 0112 号调度员调度的 AX1320 车的驾驶员情况。

```
SELECT jsy.驾照号, jsy.姓名, jsy.所学专业, jsy.积分
FROM xc1, jsy
WHERE jsy.驾照号=xc1.主驾 AND xc1.调度号='0112'
                        AND xc1.车牌号='AX1320'
```

执行结果如图 4.27 所示。

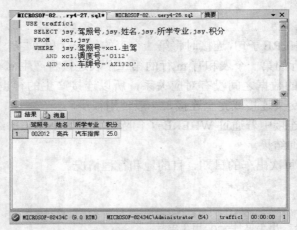

图 4.27　例 4.27 执行结果

连接也可以不使用等号进行列的比较运算，而使用其他比较操作符进行列的比较运算。

例 4.28 在 jsy 表和 ddy 表中查询驾驶员年龄大于调度员年龄的情况。假设 ddy 表中已有"出生时间"字段且每个记录已有相应的字段值。

```
SELECT jsy.姓名, jsy.出生时间, ddy.姓名, ddy.出生时间
FROM jsy, ddy
WHERE jsy.出生时间<ddy.出生时间
```

执行结果如图 4.28 所示。

连接的两个表也可以是同一个表，在这种情况下表与其本身进行连接，必须使用表的别名来完成，同时列也使用限定名。

SELECT 语句还可以在两个以上的表中查询，此时需要在 WHERE 子句中用到多个比较运算符来实现表的两两连接。在 SQL Server 中，理论上使用 SELECT 语句可以连接的表的最大数目为 64，但通常实际上，5 到 8 个表是 SELECT 语句所能连接的极限数目。如果必须连接 8 个以上的表，则该数据库的设计可能没有优化，需要考虑重新设计

数据库本身。

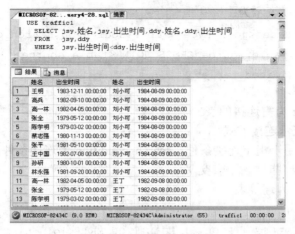

图 4.28 例 4.28 执行结果

例 4.29 查询每个驾驶员的姓名、出车记录及调度员姓名。

```
SELECT t1.姓名, t3.日期,t4.车牌号,t3.实际行程, t2.姓名
FROM jsy t1, ddy t2, cd t3, xc1 t4
WHERE t4.主驾=t1.驾照号
        AND t4.出车单号=t3.出车单号
        AND t4.调度号=t2.调度号
```

执行结果如图 4.29 所示。

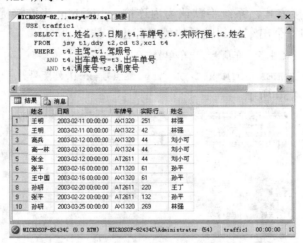

图 4.29 例 4.29 执行结果

例 4.29 中 FROM 子句定义 t1、t2、t3 和 t4 分别为表 jsy、ddy、cd 和 xc1 的别名。当表定义了别名,在语句中限定字段名时即用别名代替表名,以简化命令的书写。

2. JOIN 连接

在 FROM 子句中使用 JOIN 关键字可以进行指定的连接,格式为:

```
    FROM joined_table
```
其中 joined_talbe 可以表示为：

```
    <table_source><join_type><table_source>ON<search_condition>
        |<table_source>CROSS JOIN <table_source>
        |<joined_table>
```

参数说明如下。

1）table_source 为需连接的表。

2）join_type 表示连接方式。

3）ON 关键字用于指定连接条件，search_condition 为连接条件。

4）CROSS JOIN 指定两个表交叉连接。

5）joined_table 为连接表

join_type 格式为：

```
    [INNER | {LEFT | RIGHT | FULL}][OUTER][<join_hint>]JOIN
```

其中，INNER 指定内连接，用于合并两个表，返回满足条件的行；OUTER 指定外连接，不但包含满足条件的行，还包含相应表中的所有行。外连接可以分三种情况。

· LEFT OUTER：左外连接。结果表中除了包含满足条件的行，还包含左表的所有行。

· RIGHT OUTER：右外连接。结果表中除了包含满足条件的行，还包含右表的所有行。

· FULL OUTER：完全外连接。结果表中除了包含满足条件的行，还包含左右两个表所有行。

如果未指定连接方式，系统将默认为内连接。join_hint 为连接提示信息。

例 4.30　查询每个出车的驾驶员的姓名和出车情况。

```
    SELECT jsy.姓名, 车牌号, 出车单号
    FROM jsy INNER JOIN xc1 ON jsy.驾照号=xc1.驾照号
```

执行结果如图 4.30 所示。

图 4.30　例 4.30 执行结果

该例中可以省略 INNER 关键字，结果是一样的。

在 FROM 子句中指定连接方式后，仍可以用 WHERE 子句指定条件，进一步筛选结果集。

例 4.31　查询由 0111 号调度员指派驾驶 AX1320 车的驾驶员姓名和积分。

```
SELECT 姓名，积分
FROM jsy JOIN xc1
ON jsy.驾照号=xc1.主驾
WHERE 车牌号='AX1320' AND 调度号='0111'
```

执行结果如图 4.31 所示。

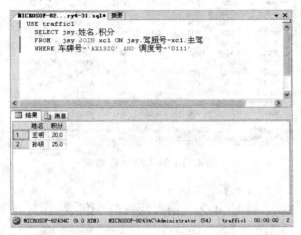

图 4.31　例 4.31 执行结果

例 4.32　查询所有调度员的姓名、职务及派车情况，若未派车，也要包括其有关信息。

```
SELECT 姓名，职务，出车单号
FROM ddy LEFT OUTER JOIN xc1 ON xc1.调度号=ddy.调度号
```

执行结果如图 4.32 所示。

图 4.32　例 4.32 执行结果

例 4.33　查询被派出车辆的出车情况和所有车辆的车牌号。

```
SELECT xc1.*,  cl.车牌号
FROM  xc1 RIGHT JOIN cl ON xc1.车牌号=cl.车牌号
```

执行结果如图 4.33 所示。

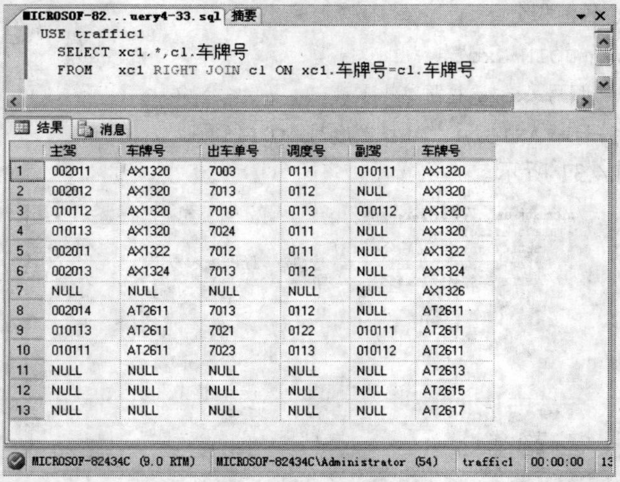

图 4.33　例 4.33 执行结果

4.2　高 级 查 询

前面介绍了数据库的一般查询，使用一般查询方法，能够从数据库中到查询我们所需要的一些基本数据。但实际应用中，这些数据往往不能满足用户需求。通常大型的数据库中可能有上百万条数据，存储在许多台大型计算机中，要从这样庞大的数据资源中查询到我们所需的精确的和综合的数据，数据库的一般查询操作就不能胜任了，需要使用功能更强的高级的查询操作。SELECT 语句除前面讲到的主要子句的基本选项外，还有其他子句和更丰富的选项，这些子句和选项提供了功能更强的查询操作。下面讲解 SELECT 语句的数据汇总功能和子查询操作。

4.2.1　分组统计查询

对数值型数据进行检索时，常常需要得到数据的统计结果，SQL Server 提供了一些统计函数，以便对数据做统计和汇总的处理。

1. 统计函数

常用的统计函数有以下几种。

1）SUM：返回表达式中所有值的和。

2）AVG：返回表达式中所有值的平均值。

3）MIN：返回表达式中所有值的最小值。

4）MAX：返回表达式中所有值的最大值。

5）COUNT：返回组中满足条件的行数或总行数。

其函数格式分别为。

```
SUM/AVG/MIN/MAX ([ALL | DISTINCT]expression)
COUNT({[ALL | DISTINCT]expression} | * )
```

参数说明如下。

1）ALL 表示对所有值运算，DISTINCT 表示去掉重复的值，忽略 NULL 值，ALL 关键值为默认。

2）COUNT 函数中*号表示统计总行数。

3）SUM、AVG、MIN 和 MAX 函数中的表达式数据类型是数值型和货币型。

4）MIN 和 MAX 函数中的表达式数据类型可以是数值、字符和时间日期型。

5）COUNT 函数中的表达式数据类型可以是除 uniqueidentifier、text、image 和 ntext 之外的任何类型。

下面举例说明统计函数的应用。

例 4.34　统计车辆表 cl 中小轿车总的维修费用。

```
SELECT '小轿车总维修费用'=SUM (维修费用)
FROM cl
WHERE 类别='小轿车'
```

执行结果如图 4.34 所示。

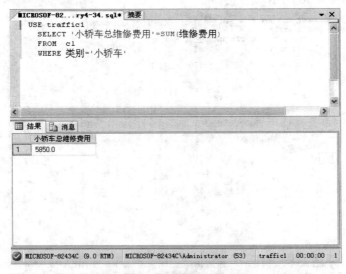

图 4.34　例 4.34 执行结果

例 4.35　统计驾驶员表 jsy 中汽车指挥专业的最高积分。

```
SELECT '汽车指挥最高积分'=MAX (积分)
FROM jsy
WHERE 所学专业='汽车指挥'
```

执行结果如图 4.35 所示。

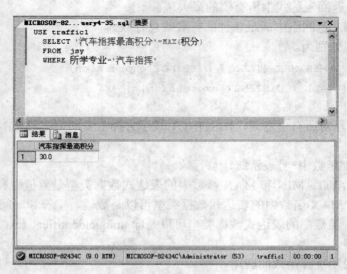

图 4.35　例 4.35 执行结果

例 4.36　统计已出车的驾驶员人数。

```
SELECT  COUNT(DISTINCT 主驾) AS '出车人数'
FROM xc1
```

执行结果如图 4.36 所示。

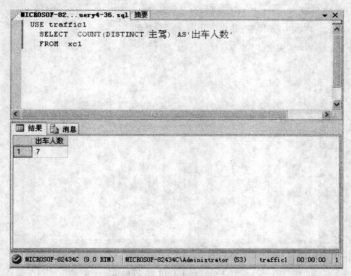

图 4.36　例 4.36 执行结果

例 4.37　统计 cl 表中车辆总数。

```
SELECT  COUNT(*) AS '车辆总数'
FROM cl
```

执行结果如图 4.37 所示。

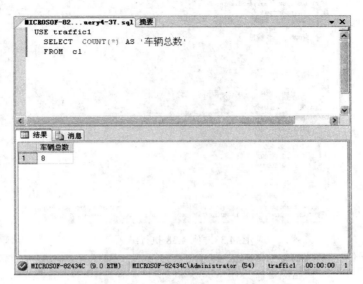

图 4.37　例 4.37 执行结果

2. GROUP BY 子句

GROUP BY 子句用于指定对某一列的值分组，使该列相同值的行为一组，其格式为：

```
[GROUP BY [ALL] | group_by_expression[,…n]
[WITH{CUBE | ROLLUP}]]
```

参数说明如下。

1）group_by_expression 为分组表达式，通常包含列名。

2）ALL 关键字指定显示所有组。

3）CUBE 关键字表示产生所有列组合的汇总行。

4）ROLLUP 关键字表示顺序产生汇总行。

例 4.38　按籍贯分组统计平均积分。

```
SELECT 籍贯,'平均积分'=AVG(积分)

FROM jsy

GROUP BY 籍贯
```

执行结果如图 4.38 所示。

例 4.39　查询车辆表 cl 中各类别的车有多少辆。

```
SELECT 类别, COUNT(*) AS '数量'

FROM cl

GROUP BY 类别
```

执行结果如图 4.39 所示。

在有 GROUP BY 子句的 SELECT 语句中，SELECT 语句中的输出列表只能是 GROUP BY 子句中的列表或是计算列。GROUP BY 子句不支持对列的别名，也不支持任何使用了统计函数的集合列。

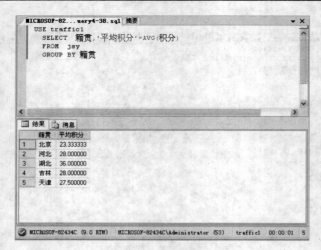

图 4.38　例 4.38 执行结果

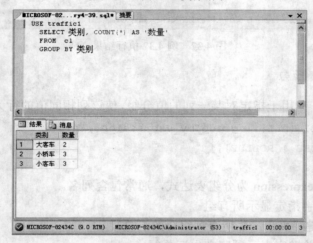

图 4.39　例 4.39 执行结果

例 4.40　查询车辆表 cl 中按类别和启用年代分组统计平均维修费用和总里程，并将输出数据按总里程升序排列。

```
SELECT  类别,启用年代,'平均维修费用'=AVG(维修费用),'总里程'=SUM(累计里程)
FROM cl
GROUP BY 类别, 启用年代
ORDER BY '总里程'
```

执行结果如图 4.40 所示。

例 4.41　按类别和启用年代统计累计里程。

```
SELECT  类别, 启用年代, '总里程'=SUM (累计里程)
FROM cl
GROUP BY 类别, 启用年代
WITH CUBE
```

执行结果如图 4.41 所示。

CUBE 关键字对类别和启用年代的各种组合进行汇总，产生 7 个汇总行。

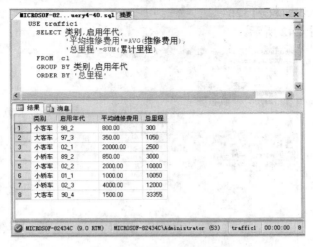

图 4.40　例 4.40 执行结果

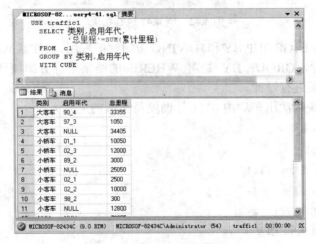

图 4.41　例 4.41 执行结果

3. HAVING 子句

用统计函数和 GROUP BY 子句完成数据的查询和统计后，可以使用 HAVING 关键字来对查询和计算的结果进行进一步的筛选过滤。HAVING 子句对结果的筛选作用与 WHERE 条件子句对每行的筛选作用是一样的。HAVING 子句的格式为：

```
[HAVING<search_condition>]
```

其中 search_condition 为查询条件，通常包含统计函数或常量。

例 4.42　在 jsy 表中，对于天津籍驾驶员按所学专业统计平均积分，查询平均积分在 25 分以上的专业和其平均积分。

```
SELECT 所学专业, '平均积分'=AVG(积分)
FROM jsy
```

```
WHERE  籍贯='天津'
GROUP BY  所学专业
HAVING  AVG(积分)>25
```

执行结果如图 4.42 所示。

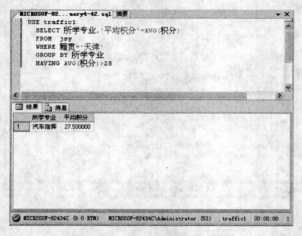

图 4.42　例 4.42 执行结果

该例中 WHERE、GROUP BY 和 HAVING 子句都被使用，要注意 WHERE 是从 FROM 指定的表中筛选行，GROUP BY 是对 WHERE 的结果进行分组统计，HAVING 是对 GROUP BY 的结果进行过滤。

例 4.43　查找两次出车均由 0111 号调度员指派的主驾人员。

```
SELECT  主驾
FROM  xc1
WHERE  调度号='0111'
GROUP BY 主驾
HAVING COUNT(*)>=2
```

执行结果如图 4.43 所示。

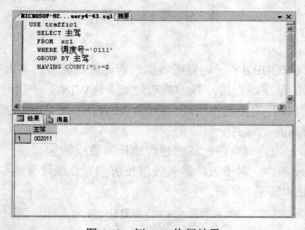

图 4.43　例 4.43 执行结果

4. COMPUTE 子句

使用 GROUP BY 子句可以对数值列做分组统计运算，但只能在结果中显示统计的结果而看不到被统计的具体的源数据。使用 COMPUTE 子句就能既浏览数据源又能看到这些数据的统计结果，使输出数据更加清晰。COMPUTE 子句的格式为：

```
[COMPUTE(expression)[,…n][BY colume_name[,…n]]
```

参数说明如下。

1）expression 为包含统计函数的表达式，在产生汇总行中显示统计结果。

2）BY 关键字指定对查询出的结果进行分类统计。在结果中先显示一个类别的数据和这一类数据的统计结果，然后再显示下一类数据和统计结果。

例 4.44 统计天津籍和北京籍驾驶员的平均积分。

```
SELECT 籍贯，所学专业，积分
FROM jsy
WHERE 籍贯 IN ('天津','北京')
COMPUTE AVG(积分)
```

执行结果如图 4.44 所示。

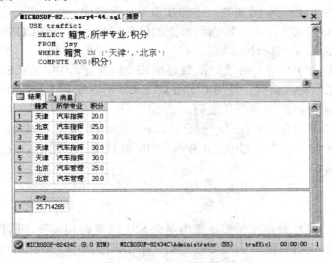

图 4.44 例 4.44 执行结果

例 4.45 统计天津籍和北京籍驾驶员的平均积分。

```
SELECT 籍贯，积分
FROM jsy
WHERE 籍贯 IN ('天津','北京')
ORDER BY 籍贯
COMPUTE AVG(积分) BY 籍贯
```

执行结果如图 4.45 所示。

对照例 4.44 和例 4.45 可以看到 COMPUTE 与 COMPUTE BY 的区别。COMPUTE BY 子句的作用是将结果集分组显示。COMPUTE BY 子句需要与 ORDER BY 子句同时使用。

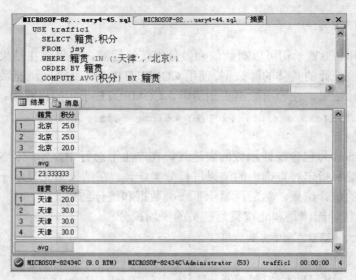

图 4.45　例 4.45 执行结果

对照例 4.45 和例 4.38 可以看到使用 COMPUTE BY 子句与使用 GROUP BY 子句的结果很相似，但它们还是有区别的，主要在于以下几方面。

1）使用 GROUP BY 子句只能看到数据的统计结果，而使用 COMPUTE BY 在看统计结果的同时还能浏览被统计的数据。

2）使用 GROUP BY 子句时统计函数写在 SELECT 子句中，SELECT 子句只能查询在 GROUP BY 之后的数据列；使用 COMPUTE BY 时，统计函数写在 COMPUTE 子句中，SELECT 子句可以查询表中任意列。

3）使用 COMPUTE BY 按某一列分类时，这一列要求在 ORDER BY 后出现，即 COMPUTE BY 子句一定要与 ORDER BY 子句同时使用；而使用 GROUP BY 子句时可以不用 ORDER BY。

4.2.2　子查询

前面所介绍的多种查询操作都是使用单个 SELECT 语句实现，即单层查询操作，也就是说只需要一次查询就能得到所要的数据。在实际应用中，情况不总是这么简单，经常会需要先通过一个查询得到一个结果集，再在这个结果集中进行进一步的查询，这样的查询称为嵌套查询。

嵌套查询就是在查询语句中包含了用括号括起来的另一个查询，这另一个查询通常是出现在查询条件中，其查询结果作为查询条件的一部分，称之为子查询。T-SQL 语言中 SELECT 语句可以多层嵌套，以实现复杂的查询操作。

子查询通常使用 IN、EXISTS 关键字和比较运算符。

1. 使用 IN 关键字

IN 关键字用于判断一个值是否在子查询结果集中，格式为：

```
expression [NOT] IN (subquery )
```

其中 subquery 为子查询,当 expression 的值与其子查询结果集中的某个值相等时,IN 关键字返回 TRUE,否则返回 FALSE。若使用了 NOT 选项,则返回值相反。

嵌套查询的执行顺序是首先执行括号中的子查询即内查询,产生一个结果集,然后在结果集中再执行外查询,因此子查询要放在括号中。

例 4.46　查询调度过 AX1320 车的所有调度员的姓名、职务和电话。

```
SELECT 姓名, 职务, 电话
FROM ddy
WHERE 调度号 IN
        (SELECT DISTINCT 调度号
        FROM xc1
        WHERE 车牌号='AX1320')
```

执行结果如图 4.46 所示。

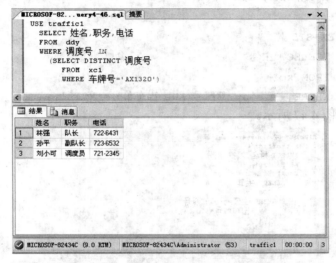

图 4.46　例 4.46 执行结果

执行该查询操作时,系统首先执行内查询,即

```
SELECT DISTINCT 调度号
FROM xc1
WHERE 车牌号='AX1320'
```

得到一个只包含调度号列的结果集,如下所示:

```
0111
0112
0113
```

该结果集传给外查询后开始执行外查询。外查询从 **ddy** 表第一行开始扫描,检查当前行的调度号,若调度号在该结果集当中,该行就被选择,取出相应列的数据。若调度号不在该结果集中,则扫描下一行。直到扫描 **ddy** 表的所有行后,得到最终的查询结果集。

IN 关键字子查询只能返回一列数据，不能在子查询中选择多列数据。

2. 使用 EXISTS 关键字

在包含 IN 关键字子查询的外查询中，外查询要根据子查询的结果来进行，但有时对子查询的要求较为宽松，只要知道子查询是否有结果集，而不用确定子查询结果集是哪些行集，外查询就可以进行查询了。此时外查询条件中可以使用 EXISTS 关键字，EXISTS 关键字用于测试子查询的结果是否为空表，其格式为：

```
[NOT] EXISTS  (subquery)
```

若 subquery 子查询结果不为空，EXISTS 关键字返回 TRUE，否则返回 FALSE，使用 NOT 选项时，则返回值相反。

例 4.47　查询出车单号为 7013 的主驾驶员的姓名、籍贯和积分。

```
SELECT 姓名, 籍贯, 积分
FROM jsy
WHERE EXISTS
        (SELECT 主驾
        FROM xc1
        WHERE 主驾=jsy.驾照号 AND 出车单号='7013')
```

执行结果如图 4.47 所示。

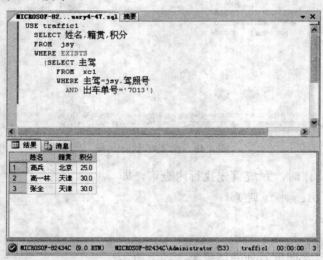

图 4.47　例 4.47 执行结果

该例子查询的条件表达式里使用了外查询的列值，查询过程是这样的：外查询从 jsy 表第一行开始扫描，子查询用外查询表第一行的列值计算其条件表达式，得到一个子查询结果为空，外查询根据这个结果计算自己的条件表达式值，得到结果为 FALSE，再根据这个结果判断第一行是否被选择。然后扫描外查询表 jsy 表的第二行，扫描第二行的情况与第一行一样。当扫描外查询表 jsy 表的第三行时，子查询用外查询表第三行的列值计算其条件表达式，得到一个子查询结果为非空，外查询根据这个结果计算自己的条件表达式值,得到结果——TRUE,再根据这个结果判断第三行是否被选择。然后扫描外查询表 jsy 表的第四行,同样的过程依次进行,直至外查询表最后一行扫描完毕。可以看出在 EXISTS 关键字子查询中,子查询要进行多次,与 IN 关键字子查询只进行一次的情况不同,这种子查询也称相关子查询。

IN 关键字连接的是列与列,而 EXISTS 关键字连接的是表与表,IN 关键字要指定一个列名,EXISTS 关键字通常不需要特别指出列名,可以直接使用"*"表示。

子查询既可以在不同表中进行,也可以在同一表中进行,但表需要定义别名,列名则需要使用别名限定。

例 4.48 查询驾驶过两辆车以上的所有驾驶员。

```
SELECT DISTINCT 主驾
FROM xc1 t1
WHERE EXISTS
        (SELECT *
        FROM xc1 t2
        WHERE t1.主驾=t2.主驾 AND t1.车牌号!=t2.车牌号)
```

执行结果如图 4.48 所示。

该相关子查询使用与外查询相同的表,通过定义不同的别名,相当于两个不同表。查询时从 t1 表第一行开始,在 t2 表做子查询,根据子查询结果判断 t1 表第一行是否被选择;然后对于 t1 表第二行,在 t2 表做子查询,依次进行,直至 t1 表最后一行。

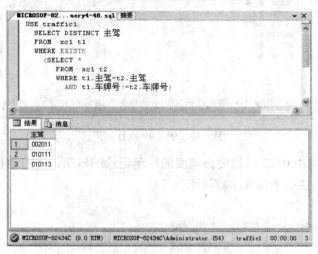

图 4.48 例 4.48 执行结果

3. 使用比较运算符

使用比较运算符可以将表达式的值与子查询结果进行比较运算,其格式为:

```
expression{< | > | = | <= | >= | <> | !> | !< | != } | {ALL | SOME
| ANY }(subquery)
```

其中 ALL、SOME 和 ANY 关键字表示对比较运算的限制,含义如下。

1）ALL 关键字指定子查询结果集中每个值都满足比较条件时才返回 TURE，否则返回 FALSE。

2）SOME、ANY 关键字指定子查询结果集中某个值满足比较条件时就返回 TURE，否则返回 FALSE。

例 4.49　查询积分不低于王明、高兵和刘可的所有驾驶员的驾照号和姓名。

```
SELECT 驾照号,姓名
FROM jsy
WHERE 积分> ALL
   (SELECT 积分
           FROM jsy
           WHERE 姓名 IN ('王明','高兵','刘可'))
```

执行结果如图 4.49 所示。

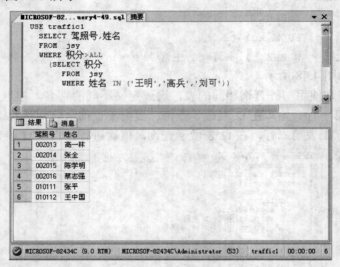

图 4.49　例 4.49 执行结果

例 4.50　查询由 0122 号调度员调度的行车记录的日期、目的地和实际行程。

```
SELECT 日期, 目的地, 实际行程
FROM cd
WHERE 出车单号= (SELECT 出车单号
                 FROM xc1
                 WHERE 调度号= '0122')
```

执行结果如图 4.50 所示。

注意：当子查询结果不能确定只有一行时，条件表达式最好不用"="进行关系比较，否则可能出错，此时改用 IN 关键字即可。

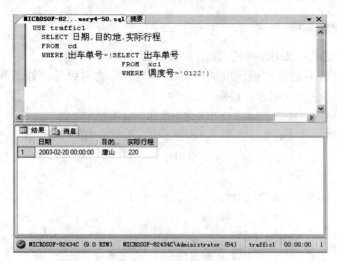

图 4.50 例 4.50 执行结果

当查询条件中要使用统计函数时，不能直接在 WHERE 子句中表示统计查询。如查询维修费用大于平均维修费用的车牌号，不能用下面的命令：

```
SELECT 车牌号, 维修费用
FROM cl
WHERE 维修费用> AVG(维修费用)
```

但可以用子查询来实现。

例 4.51 查询维修费用大于平均维修费用的车牌号。

```
SELECT 车牌号, 维修费用
FROM cl
WHERE 维修费用> (SELECT  AVG(维修费用)
                FROM  cl)
```

执行结果如图 4.51 所示。

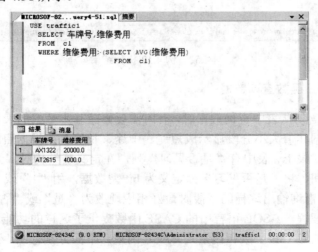

图 4.51 例 4.51 执行结果

4. 多层嵌套子查询

对于较复杂的查询要求，可以使用多层嵌套子查询。

例 4.52　查询不是由林强调度的所有出车驾驶员的驾照号、姓名和积分。

```
SELECT 驾照号, 姓名, 积分
FROM jsy
WHERE 驾照号 IN
        (SELECT DISTINCT 驾照号
        FROM xc1
        WHERE 调度号 NOT IN
            (SELECT 调度号
            FROM ddy
            WHERE 姓名='林强'))
```

该查询使用了 IN 关键字子查询和 NOT IN 关键字嵌套子查询。执行结果如图 4.52 所示。

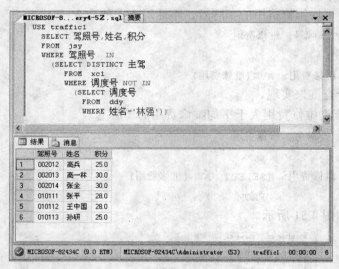

图 4.52　例 4.52 执行结果

4.2.3　使用 CASE 函数查询数据

用 SELECT 语句从表中查询数据时，有时需要修改基本数据的表示。如将查询到的大约行程数据根据其值大小分段显示成短途、中途、长途等；根据启用年代显示新车、半新和旧车等。如果 jsy 表中有"是否见习"列，在定义表结构时，为了缩短数据录入和程序实现的时间，将"是否见习"列定义为 bit 型数据，用"1"或"0"来表示"是"或"否"，那么在查询输出这样的字段时最好相应地改为"是"或"否"，以便使输出数据更易于浏览和理解。T-SQL 语言中的 CASE 函数提供了这样的功能。CASE 函数有两种形式，即简单的 CASE 函数和搜索式 CASE 函数，下面分别介绍。

1. 简单的 CASE 函数

简单的 CASE 函数的格式为：

```
CASE input_expression
    {WHEN when_expression THEN result_rxpression}[,…n]
    [ELSE else_result_expression]
END
```

函数执行过程为：首先计算 input_expression 表达式的值，并与每一个 when_expression 表达式的值比较，若相等则返回对应的 result_rxpression 表达值；否则返回 else_result_expression 表达式的值。

例 4.53　查询所有车辆的累计里程和车况，车况按启用年份分为新车、半新和旧车。

```
SELECT 车牌号, 累计里程,'车况'=
CASE 启用年份
    WHEN 1989 THEN '旧车'
    WHEN 1998 THEN '半新'
    WHEN 2002 THEN '新车'
END
FROM cl
```

执行结果如图 4.53 所示。

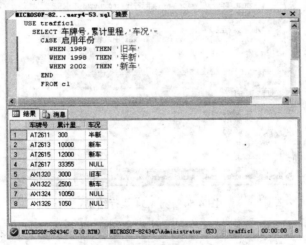

图 4.53　例 4.53 执行结果

2. 搜索式 CASE 函数

搜索式 CASE 函数格式为：

```
CASE
    WHEN boolean_expression THEN result_rxpression}[,…n]
    [ELSE else_result_expression]
END
```

其中 boolean_expression 为布尔表达式。函数执行过程为：按顺序对每个 WHEN 子句的 boolean_expression 表达式求值，返回第一个取值为 TRUE 的 WHEN 子句中的 result_rxpression 表达式的值；如果没有取值为 TRUE 的 boolean_expression 表达式，则当指定 ELSE 子句时，返回 else_result_expression 的值；若没有指定 ELSE 子句，则返回 NULL。

例 4.54　查询车牌号为 AX1320 的车所有出车的出车单号和行程，行程分为长途、中途和短途。

```
SELECT xc1.出车单号, 主驾, '行程'=
CASE
    WHEN 实际行程>=200 THEN '长途'
    WHEN 实际行程>=100 AND 实际行程<200 THEN '中途'
    WHEN 实际行程<100 THEN '短途'
END
FROM  xc1, cd
WHERE  xc1.车牌号='AX1320' AND xc1.出车单号=cd.出车单号
```

执行结果如图 4.54 所示。

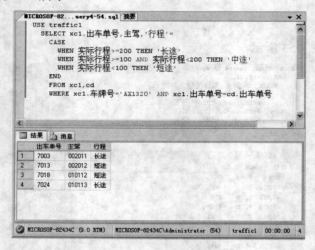

图 4.54　例 4.54 执行结果

注意：CASE 不是语句而是函数，可以用于 T-SQL 语言允许使用表达式的任何地方。

4.2.4　使用 INTO 子句保存查询结果

用 INTO 子句可以将 SELECT 查询所得的结果保存到一个新建的表中，以便以后直接作为表数据使用。INTO 子句的格式为：

```
[INTO new_table]
```

其中 new_table 为新建表的表名。该新建表的表结构与 SELECT 所选择的列的定义相同，表中的行为 SELECT 语句查询的结果集。若查询结果为空，则创建一个只有结构而没有记录的空表。

当 SELECT 语句中有 COMPUTE 子句时，不能使用 INTO 子句，其查询结果不能创建新的表。

例 4.55　由 jsy 表创建一个汽车指挥专业驾驶员表，包含驾照号、姓名和积分，并查询其中数据。

```
SELECT  驾照号, 姓名, 积分
INTO jsy_zh1
FROM  jsy
WHERE  所学专业='汽车指挥'
```

查询结果如图 4.55 所示。

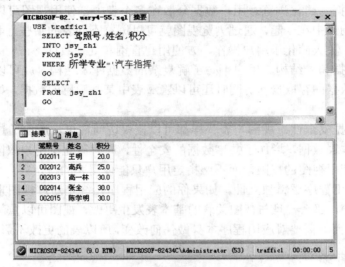

图 4.55　例 4.55 执行结果

4.3　视　　图

在 SQL Server 中，视图是一个与表同样重要的数据库对象，它是根据用户思想，从一个或多个表（或视图）导出的表，反映了数据库系统的用户视角。一个数据库中数据资源非常丰富，数据量庞大，但一般用户往往只关心和使用部分数据，如对于交通运输管理系统来说，运输业务部门使用驾驶员调配和车辆调度等有关数据，维修保障部门使用车辆耗损和配件供给等有关数据，人事或劳资部门使用本系统人员基本情况数据。由于不同的用户所关心的数据不同，所以数据库管理系统需要按用户的特定需求，将某些数据集中起来提供给特定的用户。SQL Server 支持视图概念，提供了创建视图和使用视图的操作，极大地方便了数据的使用和管理。

4.3.1　视图的概念

视图来源于表，它是由从一个表或多个表中导出的数据集合而成。视图与表既有相同点，也有不同点。

相同点：视图与表一样具有表结构和表数据，视图一经定义后，就可以像表一样被查询、修改、删除和更新。许多对表的操作同样适用于视图，如可以查询和授权访问许可等。

不同点：视图不是真正意义上的表，而是一个虚表。虽然视图与表同样有表结构和表数据，可以进行查询、修改、删除和更新等操作，但视图中的数据并不进行实际存储。数据库只存储视图的定义，也就是存储视图与表的关联关系，对视图中数据的操作，是通过对与视图相关联的基本表的操作来实现的。

有时为了区别于视图，也称表为基本表 Base Table。使用视图有下列优点。

1）集中数据，简化浏览。用户数据分散在多个表中，使用视图可以将从不同表中选择出的行和列集中在一起，通过浏览视图就可以浏览不同表的某些行和列，就如同浏览一个表一样，大大简化了用户操作，方便用户查询和处理数据。

2）屏蔽数据和表结构。用户不必了解复杂的数据库表结构，就可以通过视图很方便地进行表中数据的存取操作。同时还可以隐藏表中某些敏感的数据，如限止使用表的某些特定列。

3）增加数据安全性。视图与表一样都可以授权访问许可，所以通过视图权限可以进一步保护基本表数据，增加了共享数据的安全性，同时简化了用户权限的管理。因为只需授予用户使用视图的权限，而不必指定用户只能使用表的特定列。

4）提高应用程序逻辑独立性。如果你的应用程序始终是通过视图来存取数据，而不是直接通过表，那么一旦与视图关联的基本表发生更改，视图可以重新组织数据输出到应用程序中，而不需要对应用程序本身做任何改变，所以表的更改不影响用户的使用。

4.3.2　创建视图

与创建数据库和表一样，SQL Server 中创建视图也可以用命令操作方式或用界面操作方式在对象资源管理器中操作完成。

创建视图就是定义视图与表的关联关系。创建视图前，要保证创建者已被数据库所有者授权使用 CREATE VIEW 语句，并且有权操作视图所涉及的表或其他视图。

1. 命令操作方式

T-SQL 语言中使用 CREATE VIEW 语句来创建视图，其基本语法格式为：

```
CREATE VIEW[<database_name>.][<owner>.]view_name[(column_
name[,…n])]
    AS select_statement
    [WITH CHECK OPTION]
```
参数说明如下。

1）select_statement 表示用来创建视图的 SELECT 语句。对 SELECT 语句有以下限制。

• 必须对语句中所参照的表或视图有查询权限，即可执行 SELECT 语句。

- 不能使用 COMPUTE、COMPUTE BY、ORDER BY 和 INTO 子句。
- 不能在临时表上创建视图。

2）WITH CHECK OPTION 关键字指定在视图上所进行的修改都要符合 select_satatemen 所指定的限制条件，这样可以确保视图创建后，对视图中数据的修改仍符合视图的定义，可通过视图看到修改的数据。

例 4.56　创建汽车指挥专业驾驶员的基本情况视图。

```
CREATE  VIEW  jsy_02v
AS
SELECT 驾照号，姓名，所学专业，籍贯，出生时间，积分
FROM jsy
WHERE  所学专业='汽车指挥'
WITH  CHECK  OPTION
```

执行结果如图 4.56 所示。

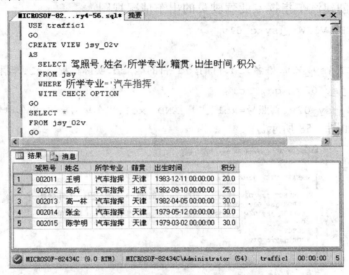

图 4.56　例 4.56 执行结果

当修改 jsy_02v 视图时，必须要符合所学专业为"汽车指挥"这个条件。当 jsy 表数据发生变化，查询 jsy_02v 视图时会自动反映出来。但若 jsy 表结构发生变化，则需要重新创建视图 jsy_02v。视图的数据还可以来源多个表或视图。

例 4.57　创建出车驾驶员的出车基本情况视图。

```
CREATE  VIEW  jsy_xcv
AS
SELECT jsy.姓名，jsy.驾照号，xc1.车牌号，xc1.调度号
FROM jsy, xc1
WHERE jsy.驾照号=xc1.主驾
```

执行结果如图 4.57 所示。

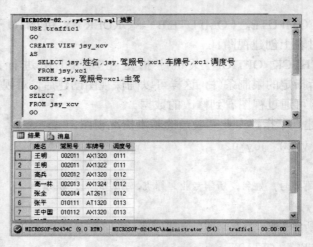

图 4.57　例 4.57 执行结果

例 4.58 创建汽车指挥专业驾驶员的出车情况视图。

```
CREATE  VIEW  jsyxc_01v
AS
SELECT jsy_02v.姓名,cd.日期,cd.目的地,cd.实际行程,xc1.车牌号, xc1.调度号
FROM jsy_02v, cd, xc1
WHERE jsy_02v.驾照号=xc1.主驾 AND  xc1.出车单号=cd.出车单号
```

执行结果如图 4.58 所示。

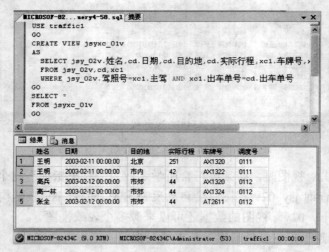

图 4.58　例 4.58 执行结果

使用视图 jsyxc_01v 可以同时浏览驾驶员表 jsy、行车表 xc1 和出车单表 cd，大大简化了基于多表的数据查询操作。

用户也可以在视图中使用统计数据。

例 4.59 按所学专业和是否见习创建统计的驾驶员平均积分视图。

```
CREATE  VIEW  jsy_avg
```

AS

SELECT 所学专业，是否见习，'平均积分'=AVG(积分)

FROM jsy

GROUP BY 所学专业，是否见习

执行结果如图 4.59 所示。

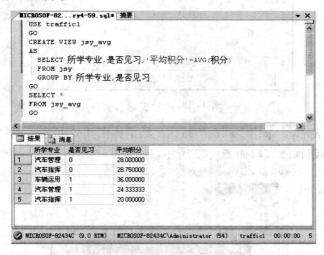

图 4.59　例 4.59 执行结果

2. 界面操作方式

下面以例 4.57 创建出车驾驶员的基本情况视图为例，说明在 SQL Server Management Studio 的"对象资源管理器"中创建视图的步骤。

1）打开 SQL Server Management Studio，展开对象资源管理器层次结构，在数据库 traffic1 的"视图"对象上单击鼠标右键，在弹出的快捷菜单上选择"新建视图…"，如图 4.60 所示。此时出现"添加表"对话框窗口，如图 4.61 所示。

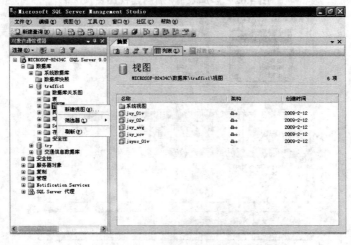

图 4.60　新建视图快捷菜单

图 4.61　添加表对话框

2）选择基本表 jsy，单击"添加"按钮，结果如图 4.62 所示。同样用此方法添加行车表 xc1。此时新建视图窗口如图 4.63 所示。

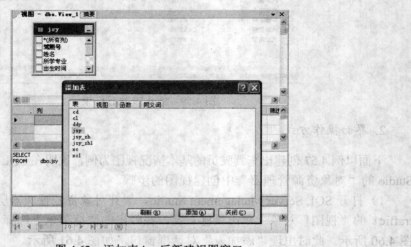

图 4.62　添加表 jsy 后新建视图窗口

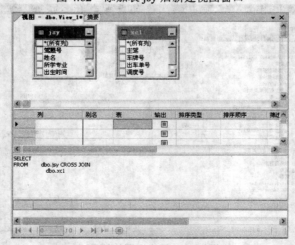

图 4.63　添加表 xc1 后新建视图窗口

3）在第二个子窗口中选择创建视图所需的字段，在此选择 jsy 表中的驾照号、姓名，选择 xc1 表中的车牌号、调度号。在驾照号这一行的"筛选器"列位置输入"xc1.主驾"，回车后该准则即出现在 SELECT 语句中的连接方式中，如图 4.64 所示。可以指定列的别名、排序类型和更多的准则。如果当视图中有计算列，必须指定别名。也可以直接在第三个子窗口中输入 SELECT 语句。

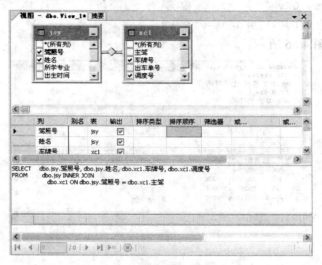

图 4.64　在新建视图窗口选择列

4）所有设定完成后，单击窗口工具栏中运行按钮，即图标，运行 SELECT 命令建立视图，在该窗口的第四个子窗口即视图窗口可以看到该新建视图的数据，如图 4.65 所示。

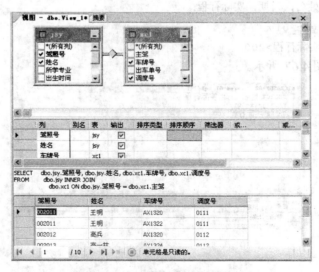

图 4.65　运行后的新建视图数据

5）若要保存该视图，单击"保存"按钮，出现保存视图对话框。在其中输入视图名，单击"确定"按钮，完成视图的创建。

4.3.3　查询视图数据

查询视图与查询基本表的命令格式相同，只是将命令中的表名换成视图名。

例 4.60　查询 jsy_02v 中 1980-01-01 以前出生的人员姓名和出生时间。

```
SELECT 姓名,出生时间
FROM  jsy_02v
WHERE 出生年月>'1980-01-01'
```

执行结果如图 4.66 所示。

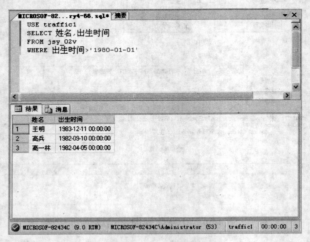

图 4.66　例 4.60 执行结果

例 4.61　在视图 jsyxc_01v 中查询实际行程在 200 公里以上的驾驶员姓名。

```
SELECT 姓名, 日期, 实际行程
FROM jsyxc_01v
WHERE  实际行程>200
```

执行结果如图 4.67 所示。

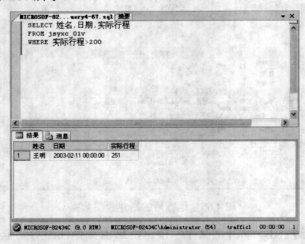

图 4.67　例 4.61 执行结果

通过查询视图，用户可以不必进行复杂的表连接就可以得到所需数据，简化了用户操作。

4.3.4　更新视图数据

更新视图包括插入、修改和删除视图数据，更新视图实际上就是更新基本表的数据，但并不是所有的视图都可以更新，只有可更新视图的数据才可以更新。可更新视图可以是以下两种。

1）创建视图的 SELECT 语句中没有统计函数、计算列、TOP、GROUP BY、UNION 子句和 DISTINCT 关键字，并至少包含一个基本表，符合这些条件所创建的视图为可更新视图。

2）用 UNION ALL 联合运算符形成的分区视图，如果所联接的各基本表的表结构相同，每个基本表的分区列其键值范围通过 CHECK 约束强制，互不重叠，则联合后所形成的分区视图为可更新的分区视图。如若已用以下语句分别创建了表 jsyxc1 和 jsyxc2，并且其中已有若干记录，它们在分区列（即驾照号列）上的 CHECK 约束分别为 BETWEEN '0020100' AND '0020500' BETWEEN '0010100' AND '0010500'，两个表在键值约束上是不重叠的。

```
CREATE TABLE jsyxc1
        (驾照号 char(8),
        车牌号 char(8),
        实际行程int NULL)
 CREATE TABLE jsyxc2
        (驾照号 char(8),
        车牌号 char(8),
        实际行程int NULL)
```

那么，下面 CREATE 语句创建的分区视图 jsyxc_v 为可更新分区视图。

```
CREATE VIEW jsyxc_v
AS
SELETE *
FROM jsyxc1
UNION ALL
SELECT *
FROM  jsyxc2
```

可以通过视图向基本表插入数据，但当视图所依赖的基本表有多个时，不能向该视图插入数据。向可更新的分区视图中插入数据时，系统会按插入记录的键值所属的范围，将数据插入到相应的基本表中。

例 4.62　向视图 jsy_02v 中插入一条记录。

```
INSERT  INTO  jsy_02v
VALUES('0020109', '刘小舟', '汽车指挥', '北京', '1980-02-14', 30)
```

注意：插入的数据应符合该视图的定义。

可以通过视图修改基本表的数据，若一个视图依赖于多个基本表，则一次修改只能变动一个基本表。对于可更新的分区视图，则一次修改可以变动其依赖的多个基本表。

例 4.63　修改 jsy_02v 视图中积分数据。

```
UPDATE jsy_02v
SET 积分=积分-2
```

可以通过视图删除基本表中的数据。但当视图所依赖的基本表有多个时，不能使用 DELETE 语句。

例 4.64　删除 jsy_02v 视图中驾照号为"0020103"的驾驶员记录。

```
DELETE FROM  jsy_02v
WHERE 驾照号='0020103'
```

通过 SQL Server Management Studio 的"对象资源管理器"也可以对视图中数据进行更新。首先展开 traffic1 数据库对象，选择需更新数据的视图，在其上单击标上右键，在弹出的快捷菜单上选择"打开视图"，如图 4.68 所示。此时出现视图修改窗口，如图 4.69 所示。

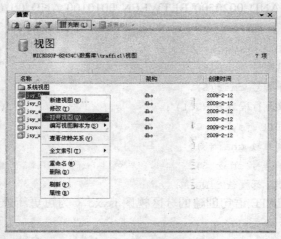

图 4.68　更新视图数据的快捷菜单

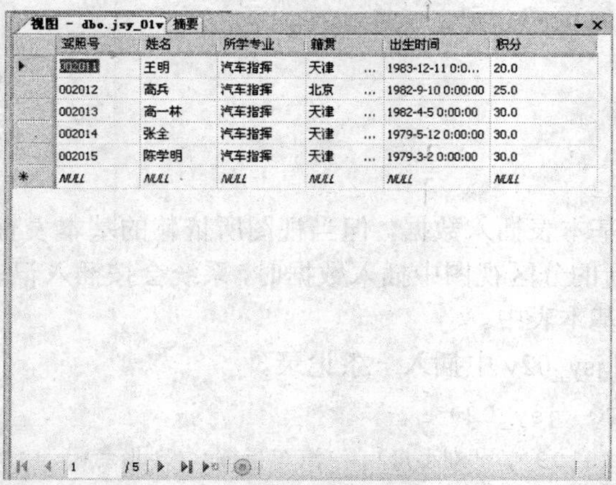

图 4.69　更新视图数据窗口

4.3.5　修改视图定义

修改视图定义也可以用命令操作方式和界面操作方式进行操作。

1. 命令操作方式

使用 ALTER VIEW 语句修改视图定义，其语法格式为：

```
ALTER VIEW[<database_name>.][<owner>.]view_name[(column_name
[,…n])]
AS select_statement
[WITH CHECK OPTION]
```

其中关键字的含义与 CREATE VIEW 语句相同。

例 4.65　将 jsyxc_01v 改为驾照号、姓名、车牌号、日期、出车单号、实际行程。

```
ALTER  VIEW  jsyxc_01v
AS
SELECT jsy_02v.姓名, jsy_02v.驾照号, cd.出车单号, cd.日期,cd.实际行程
FROM jsy_02v, xc1, cd
WHERE jsy_02v.驾照号=xc1.主驾 AND cd.出车单号=xc1.出车单号
```

2. 界面操作方式

用界面操作方式修改视图定义同新建视图类似，可按以下步骤操作。

1）打开 SQL Server Management Studio，展开"对象资源管理器"层次结构，选择 traffic1 数据库下的"视图"对象，在右边窗口中需修改的视图上单击鼠标右键，在弹出的快捷菜单上选择"修改"，出现定义视图窗口。

2）在定义视图窗口中对视图定义进行修改，可以在网格窗口修改列内容，也可以在第三个子窗口修改 SELECT 语句，修改完后单击工具栏上保存图标即可。

4.3.6　删除视图

删除视图的语句与删除表一样简单，其语法格式为：

```
DROP  VIEW{view_name}[,…n]
```

其中 view_name 为要删除的视图名，可以一次删除多个视图。

同样可以使用 SQL Server Management Studio 的"对象资源管理器"面板中删除视图，其步骤与删除表的操作相似，读者可以自行练习。

小　　结

本章介绍了数据库查询的主要方法即一般查询、高级查询和视图查询，作为查询基础，首先介绍了 SQL Server 的语法元素，包括变量、运算符和函数等概念，以及 SELECT 语句的基本格式，然后讲解了使用 SELECT 语句的基本子句进行简单查询的方法，如输

出指定列、计算列、限止输出行数和输出数据排序。通常查询的关键在于筛选行，筛选行的方法很多，本章讲解了如何使用比较运算符设定查询条件，使用关键字限止输出范围，以及如何通过字符匹配进行模糊查询等。

本章介绍了如何实现多个表的自然连接以及指定的 JION 连接。还介绍了使用 GROUP BY 子句、HAVING 子句和 COMPUTE 子句进行分组统计查询的方法。

子查询是在一个查询的结果集中继续进行查询,本章介绍了使用 IN 关键字、EXISTS 关键字和比较运算符实现子查询的方法，还介绍了使用 CASE 函数显示查询结果，以及使用 INTO 子句将查询结果保存至新建表中。

视图是与表同样重要的数据库对象，在视图中查询数据与在表中查询数据方法是一样的。本章讲解了视图的概念、介绍了有关视图的操作及可更新视图的定义和更新视图数据的方法。

习　　题

一、思考题

（1）SELECT 语句的基本格式中包含哪些子句，各有什么作用?

（2）逻辑运算符 AND 和 OR 在连接多个条件的表达式中有什么不同?

（3）一个表能否和自身进行连接?

（4）视图与表有何相同与不同之处?

二、练习题

1. 选择题

（1）下面不是 SELECT 语句子句的有（　　　）。

    A. FROM 子句　　　　　　　　　B. ORDER　BY 子句

    C. INTO 子句　　　　　　　　　　D. UPDATE 子句

（2）T-SQL 提供了不同类型的运算符，在所有运算符中，优先级最低的是（　　　）。

    A. 算术运算　　　B. 逻辑运算　　　C. 关系运算　　　D. 赋值运算

（3）使用 SELECT 语句查询，需要指定当前数据库，在查询窗口中，以下不能确定当前数据库为 mydb 的操作是（　　　）。

    A. 在查询窗口输入 USE mydb/GO 后执行

    B. 打开工具栏中数据库下拉列表选择 mydb

    C. 单击菜单栏 "文件 | 打开…"

    D. 单击菜单栏 "查询 | 更改数据库…"

（4）SELECT 语句中的 WHERE 子句的基本功能是（　　　）。

    A. 指定需查询的表的存储位置

    B. 指定输出列的位置

    C. 指定行的筛选条件

    D. 指定列的筛选条件

（5）SELECT 语句中的 FROM 子句指定输出数据的来源之处，以下说法不正确的是

（　　　）。

    A. 数据源可以是一个或多个表

    B. 数据源必须是有外键参照的多个表

    C. 数据源可以是一个或多个视图

    D. 数据源不能为空表

（6）T-SQL 语法中，比较运算的结果可以有（　　　）情况。

    A. 一种　　　　B. 两种　　　　　C. 三种　　　　　　D. 以上都不是

（7）查询"积分"情况，条件表达式"积分!>25 AND 积分!<30"代表（　　　）。

    A. 积分不在 25~30 之间　　　　B. 积分在 25~30 之间

    C. 积分不确定　　　　　　　　D. 表达式有错误

（8）以下能够进行模糊查询的关键字为（　　　）。

    A. GROUP　　B. LIKE　　　C. AND　　　　D. ESCAPE

（9）使用 ORDER BY 子句对输出数据时，以下说法正确的是（　　　）。

    A. 不能对计算列排序输出

    B. 当不指定排序方式，系统默认升序

    C. 可以指定对多列排序，按优先顺序列出需排序的列，用空格隔开

    D. 当对多列排序时，必须指定一种排序方式

（10）以下对输出结果的行数没有影响的关键字是（　　　）。

    A. GROUP BY　　　B. WHERE　　　C. HAVING　　　D. ORDER BY

（11）以下关于 GROUP BY 子句与 COMPUTE BY 子句的说法，不正确的是（　　　）。

    A. 使用 GROUP BY 子句时 SELECT 只能查询用于分组的列，即在 GROUP BY 之后的数据列

    B. COMPUTE BY 子句中包含统计函数，SELECT 只能查询被统计的数值列

    C. COMPUTE BY 子句一定要与 ORDER BY 子句同时使用

    D. 使用 GROUP BY 子句的输出只有统计结果，没有被统计的数据清单

（12）以下不是比较运算符的是（　　　）。

    A. ALL　　　B. AND　　　　C. ANY　　　　D. SOME

（13）关于视图，以下说法正确的是（　　　）。

    A. 视图与表都是一种数据库对象，查询视图与查询基本表的方法是一样的

    B. 与存储基本表一样，系统存储视图中每个记录的数据

    C. 视图可屏蔽数据和表结构，简化了用户操作，方便用户查询和处理数据

    D. 视图数据来源于基本表，但独立于基本表，当基本表数据变化时，视图数据不变，当基本表被删除后，视图数据仍可使用

（14）创建视图时，以下不能使用的关键字是（　　　）。

    A. ORDER BY　　　　　　　　B. COMPUTE

    C. WITH　CHECK　OPTION　　D. WHERE

2. 操作题

（1）查询 jsy 表中所有的专业名称。

（2）查询 jsy 表中前 50%行数据，输出姓名、出生年月和籍贯列，将籍贯列改为"出生地"。

（3）查询 jsy 表中 1980 年 1 月 1 日前出生的所有驾驶员的姓名、出生年月和籍贯。

（4）查询所有车牌号以 AX 开头的车辆的车牌号、类别。

（5）查询所有驾驶员的姓名，出生年月和籍贯，按年龄从大到小排列。

（6）查询出车详情记录，要求输出主驾驶员的驾照号、车牌号、出车日期、目的地和实际行程。

（7）查询 2003 年 2 月 15 日前车辆的出行情况，包括车牌号、日期、目的地和驾驶员姓名。

（8）查询小客车的出车单号、调度号、车牌号和所有小客车牌号。

（9）查询 cl 表中最大维修费用、最大累计里程和所有车辆的总维修费用。

（10）按类别统计 cl 表中维修费用总额。

（11）统计 cl 表中各类车辆的平均维修费用，结果行按降序排列。

（12）统计行车表 xc1 中各车的出车次数。

（13）查询所有驾驶员的驾照号、姓名和出车次数。

（14）按所学专业和是否见习统计驾驶员人数。

（15）统计各专业的最大积分，输出最大积分在 25 分以上的专业和最大积分。

（16）查询籍贯与王明相同的驾驶员的姓名和所学专业。

（17）查询所有被调度的车辆的车牌号、类别和累计里程。

（18）查询 2003 年 2 月 11 日这天出车的驾驶员的姓名、车牌号和目的地。

（19）查询积分低于平均积分的驾驶员的姓名、所学专业和积分。

（20）查询从未出过车的驾驶员的姓名。

（21）使用 CASE 函数，查询所有驾驶员的姓名和驾车能力，驾车能力根据积分大小强、中、弱，积分为 30 为强，积分在 23～29 之间为中，积分在 22 以下为弱。

（22）将所有小轿车和小客车的信息保存到一个新建的小车表 mini_cl 中。

（23）创建名为 view1 各类车平均维修费用视图，包括类别和平均维修费。

（24）在视图 view1 中查询小轿车的维修费用。

第 5 章　SQL Server 编程概念

📖 **知识点**

- 事务的概念
- 局部变量和全局变量
- 流程控制

✍ **难点**

- 事务回滚操作
- 在查询中使用局部变量
- 嵌套的分支与循环

📢 **要求**

熟练掌握以下内容：

- 事务控制语句
- 局部变量的定义和赋值
- 分支与循环语句控制

了解以下内容：

- 常用的系统变量
- 返回与等待语句

　　SQL Server 2008 使用 Transact-SQL 语言进行编程，Transact-SQL 提供了类似 C、Visual Basic 等第三代语言的基本功能，如变量声明、程序流程控制、功能函数等。但是由于 SQL Server 作为数据库引擎，担任数据库服务器角色，侧重于数据库的管理功能，如保存数据、快速查询数据、备份数据、数据访问控制等，在数据库应用程序设计即客户端程序设计方面，Transact-SQL 和其他数据库系统所提供的语言比较起来功能上比较逊色，如没有数组处理功能，没有界面设计功能和报表设计功能等。SQL Server 中的编程概念是指用 Transact-SQL 语言可以设计一些过程，如在 SQL Server Management Studio 查询窗口执行 SELECT、UPDATE、INSERT、DELETE 等命令来查询和维护数据库中数据；设计存储过程供用户调用；设计触发器保护数据表，以及设计脚本文件提高运行率等。在此仍使用程序设计的概念来描述过程设计。

5.1　批处理与事务

　　要完成一个特定操作通常需要多条语句，SQL Server 对 T-SQL 语句有两种不同的处理方式：既可以将多条语句集合作为批处理执行，也可以使用事务控制语句执行，两种方式对编程结构有很大的影响。

5.1.1　批处理

批处理是将一组 T-SQL 语句作为一个整体进行编译和执行。一组语句可以是多条语句，也可以只有一条语句，以 GO 为结束标志。当编译器读到 GO 时，就会把它以前直到上一个 GO 之间的语句当做一组批处理语句，发给服务器执行。GO 是一个标志语句，本身并不被执行。

如果批处理时中间有语句出错，整个批处理语句都将无法编译通过。如果批处理语句通过编译，但执行时其中有语句出错，则出错语句前的语句执行，出错后的语句是否执行，系统视出错情况而定，即使还能继续执行，也可能由于出错产生一些垃圾数据，使批处理的最终结果变得不可靠了。如果想避免这种情况，可以使用事务来控制语句执行。

5.1.2　事务控制

事务是将一系列操作变成独立的逻辑工作单元，其中任何一个语句执行时出错，系统都会自动回滚到事务开始前的状态，避免垃圾数据的产生。事务具有以下几种属性。

1）原子性：意味着对数据的修改，要么全都执行，要么全都不执行。

2）一致性：完成事务后，所有的数据都必须保持一致状态。

3）隔离性：在并发环境中，各个事务是独立的。如果进行事务回滚操作，它能够重新装载起始数据，回到开始事务时刻的状态。

4）持久性：提交事务后，它对于系统的影响是永久性的。即使出现系统故障，事务对数据的修改也将一直保持。

事务控制语句主要有以下几种。

1. BEGIN TRAN 语句

BEGIN TRAN 语句表示事务开始，其语法格式为：

```
BEGIN TRAN [transaction_name | @tran_name_variable
    [WITH MARK ['description']]
```

其中 transaction_name 为事务名，@tran_name_variable 是用户定义的事务名称变量，WITH MARK 关键字指定在日志中标记事务，description 是描述该标记的字符串。

2. COMMIT 语句

COMMIT 语句表示提交事务，它使得自从事务开始以来所执行的所有数据修改成为数据库的永久部分，也标志一个事务的结束，其语法格式为：

```
COMMIT [TRAN [SACTION] [transaction_name | @tran_name_variable]]
```

其中 transaction_name 和@tran_name_variable 的含义同上。

3. ROLLBACK 语句

ROLLBACK 语句表示事务回滚到起点或指定的保存点处，清除自事务开始点或到某个保存点所做的所有数据修改，并且释放由事务控制的资源，也标志一个事务的结束，将其语法格式为：

```
ROLLBACK [TRAN[SACTION]
    [ transaction_name | @tran_name_variable
    | savepoint_name | @savepoint_variable]]
```

其中 transaction_name 和 @tran_name_variable 的含义同上，savepoint_name 为保存点名，@savepoint_variable 为含有保存点名的变量名，它们可用 SAVE TRAN 语句设置。

4. SAVE TRAN 语句

SAVE TRAN 语句表示设置保存点，其语法格式为：

```
SAVE TRAN[SACTION][ savepoint_name | @savepoint_variable]
```

其中 savepoint_name 为保存点名，@savepoint_variable 为含有保存点名的变量名。

用事务处理多条语句的编程思想是，事务开始后执行事务中一系列语句，如果全部成功，则最后提交事务。如果有一个语句执行时出错，则回滚到事务开始前的状态，出错前事务中执行的语句全部被撤销。如果事务中设置了保存点，在回滚时只是撤销出错点到保存点之间的语句，然后接着执行出错点下面的语句。

例 5.1　给所有小轿车的维修费用全部增加 1000 元。

```
BEGIN TRAN mytran1                          /*开始事务*/

USE traffic1

GO

UPDATE c1
    SET 维修费用=维修费用+1000
    WHERE 类别='小轿车'

GO

COMMIT TRAN mytran1                          /*提交事务*/

GO
```

程序中修改操作的结果在事务提交后永久保留。

例 5.2　在车辆表 c1 中插入两个新行，保存正确的插入结果。

```
BEGIN TRAN mytran2                          /*开始事务*/

USE traffic1

GO

INSERT INTO c1 (车牌号, 类别, 发动机号, 启用年代, 累计里程)   /*在c1表插
入新行*/

    VALUES ('AX6666','小轿车','666666','06_06','6666')
```

```
GO
SAVE TRAN insersave1                    /*保存前面执行结果*/
INSERT INTO  cl (车牌号,类别,发动机号, 启用年代) /*插入一行但无发动机号列*/
VALUES ('AT2619','小客车','02_02')
GO
IF @@error<>0                           /*如果出错则回滚到保存点*/
    ROLLBACK TRAN insersave1
GO
PRINT'继续执行程序'                      /*继续执行，并提交事务*/
COMMIT TRAN mytran2
GO
SELECT 车牌号, 类别, 发动机号, 启用年代  /*查询修改结果*/
FROM cl
GO
```

　　执行结果如图 5.1 所示，系统消息提示 INSERT 语句执行有错。若单击窗口下面的"结果"标签卡，则显示 cl 表记录如图 5.2 所示。可发现车牌号为"AX6666"的车辆已插入表中，但车牌号为"AT2619"的车辆并未插入表中。这是由于程序中第 1 次插入新行成功，但第 2 次插入新行失败，失败后回滚到保存点即第 2 次插入前状态，提交事务后第 1 次插入的结果保留下来。

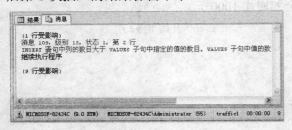

图 5.1　例 5.2 执行后的系统消息　　　　　　图 5.2　例 5.2 执行后的 cl 表记录

　　例 5.3　在 cl 表中将车牌号为"AT2615"的车的类别修改为"大客车"，然后删除这条记录。

```
BEGIN TRAN mytran3                      /*开始事务*/
USE traffic1
GO
UPDATE cl
SET 类别='大客车'
WHERE 车牌号='AT2615'
GO
SAVE TRAN updsav                        /*保存前面执行结果*/
DELETE FROM cl
WHERE 车牌号='AT2615'
```

```
ROLLBACK TRAN updsav
COMMIT TRAN mytran3
GO
SELECT 车牌号, 类别, 发动机号, 启用年代        /*查询修改结果*/
FROM cl
GO
```

执行结果如图 5.3 所示。

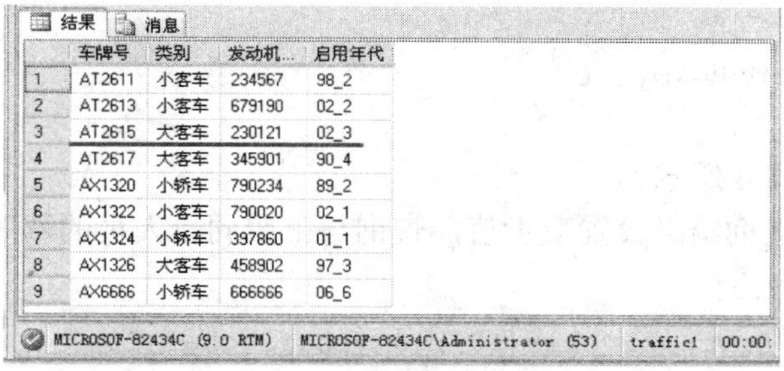

	车牌号	类别	发动机...	启用年代
1	AT2611	小客车	234567	98_2
2	AT2613	小客车	679190	02_2
3	AT2615	大客车	230121	02_3
4	AT2617	大客车	345901	90_4
5	AX1320	小轿车	790234	89_2
6	AX1322	小客车	790020	02_1
7	AX1324	小轿车	397860	01_1
8	AX1326	大客车	458902	97_3
9	AX6666	小轿车	666666	06_6

图 5.3　例 5.3 执行结果

从结果可以看到系统并未删除车牌号为“AT2615”的车辆记录，这是因为在提交事务前的回滚语句取消了删除操作。

5.2　局部变量与全局变量

SQL Server 有两种变量即局部变量和全局变量。局部变量是在批处理中用户声明、定义、赋值和使用的变量，批处理结束后自动消失。全局变量是系统用来记录服务器活动状态的一组数据，已经被事先定义好，用户可以在批处理或事务中的任何一个语句中引用它们，只要系统运行着，全局变量就存在。

1. 局部变量

局部变量是一个可以保存单个数据值的对象，常用于计数器记录循环次数，保存运算的中间结果，保存控制语句所需的测试值，或保存由存储过程返回的数据值以便后续处理等。局部变量用首字母“@”为标识，需要先声明，再引用。

声明局部变量使用 DECLARE 语句，其语法格式为：

```
DECLARE  {@local_varibale data_type} [,…n]
```

其中 local_varibale 为局部变量名，data_type 为数据类型，可一次声明多个局部变量。

局部变量声明后，就可以使用 SET 语句或 SELECT 语句给其赋值，其语法格式为：

```
SET @local_variable=expression
```

或

```
SELECT { @local_variable=expression}[,…n]
```

其中 expression 为任何有效的 SQL Server 表达式，也可为返回单个数据的子查询结果。若子查询无结果，则为 NULL。

例 5.4 使用变量值查询指定维修费用值的车辆的车牌号、类别和启用年代。

```
USE traffic1
DECLARE @myint int
SET @myint=20000
SELECT 车牌号, 类别, 启用年代
FROM cl
WHERE 维修费用=@myint
GO
```

执行结果如图 5.4 所示。

例 5.5 用子查询结果设置变量值，查询与王明同籍人员的驾照号和姓名。

```
USE traffic1
DECLARE @mychar1 char(10), @mychar2 char(20)
SET  @mychar1='王明'
SET @mychar2 = (SELECT 籍贯 FROM jsy WHERE 姓名=@mychar1)
SELECT 驾照号, 姓名
FROM jsy
WHERE 籍贯=@mychar2
GO
```

执行结果如图 5.5 所示。

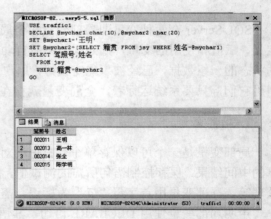

图 5.4　例 5.4 执行结果　　　　　　　　图 5.5　例 5.5 执行结果

2. 全局变量

全局变量由系统提供，以名称前头两字符"@@"为标识，区别于局部变量。T-SQL 语言中的全局变量作为函数来引用，以下是常用的全局变量。

1）@@CONNECTION：返回试图连接到本服务器的连接数目。

2）@@ERROR：返回上一条 T-SQL 语句执行后的错误号。

3）@@PROCID：返回当前存储过程的 ID 标识。

4）@@REMSERVER：返回登录记录中远程 SQL Server 服务器的名字。

5）@@ROWCOUNT：返回上一条 T-SQL 语句影响到的数据行数。使用它可以了解插入或修改数据的操作是否成功。

6）@@VERSION：返回当前 SQL Server 服务器的安装日期、版本和处理器的类型。

更多的全局变量可以查看联机帮助。如在例 5.2 中用@@ERROR 测试上一条 INSERT 语句是否成功，根据函数值确定是否回滚事务。

5.3　分支和循环流程控制

程序设计中常常需要根据不同条件进行流程控制，以实现应用程序的多种功能。常用的流程控制语句有分支选择、循环和无条件转移等。

1. IF…ELSE 语句

IF…ELSE 语句对给定条件进行判定，当条件为真或假时分别执行不同的 T-SQL 语句，其语法格式为：

```
IF boolean_expression
    {sql_statement | statement_bolck}        /*条件为真时执行*/
[ELSE
    { sql_statement | statement_bolck}]      /*条件为假时执行*/
```

其中 sql_statement 为一条 T-SQL 语句，statement_bolck 为一组 T-SQL 语句组成的语句块。语句块用 BEGIN….END 定义，其中可以包含多条独立的语句或流程控制语句。

例 5.6　查询车辆累计里程情况，如果有累计里程在 10000 以上的车辆，提示需要大修。

```
USE traffic1
GO
IF (SELECT COUNT(*)  FROM  cl  WHERE 累计里程>10000 )<>0
BEGIN
PRINT '以下车辆已跑里程较大，可能需要大修。'
SELECT 车牌号，类别，启用年代，累计里程
FROM cl
WHERE 累计里程>10000
END
GO
```

其执行结果如图 5.6 所示。

以上程序中 PRINT 语句指定系统消息窗口显示字符串常量，单击图 5.6 中窗口下面的消息标签卡，显示如图 5.7 所示。

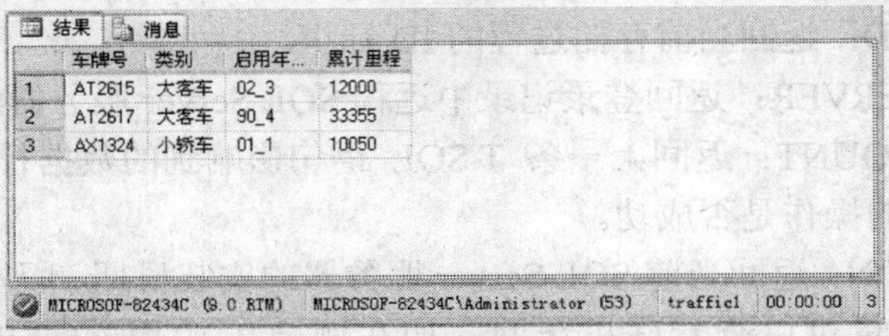

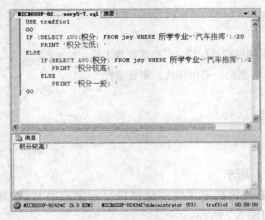

图 5.6　例 5.6 执行结果

图 5.7　例 5.6 执行后的系统消息

IF…ELSE 语句也可以嵌套使用，但要注意在逻辑上不能交叉。

例 5.7　查询所有"汽车指挥"专业驾驶员的平均积分情况，提示积分高低。

```
USE traffic1
GO
IF (SELECT AVG(积分) FROM jsy WHERE 所学专业='汽车指挥' )<20
        PRINT'积分太低！'
ELSE
IF(SELECT AVG(积分) FROM jsy WHERE 所学专业='汽车指挥' )>25
    PRINT '积分较高！'
ELSE
        PRINT '积分一般！'
GO
```

执行结果如图 5.8 所示。

图 5.8　例 5.7 执行结果

2. WHILE 语句

WHILE 语句表示一个循环结构，当条件为真时，重复执行某些语句，其语法格式为：

```
WHILE boolean_expression
    { sql_statement | statement_bolck}    /*条件为真时的循环体*/
```

其中 sql_statement 和 statement_bolck 的含义同上。

在循环中常需要根据循环的进行情况来控制循环的中途退出和重新开始，可使用 BREAK 语句和 CONTINUE 语句实现循环控制，其语法格式分别为：

```
BREAK
CONTINUE
```

两条语句中均无选项。其中 BREAK 语句的作用为退出循环，当循环嵌套时，BREAK 退出本层循环到上一层循环。CONTINUE 语句的作用为结束本次循环，开始下一次循环条件的判断。

例 5.8   给实际行程平均在 100 公里以上的驾驶员的积分增加 2 分，直到所有驾驶员的平均积分大于 30 为止。

```
USE traffic1
GO
WHILE (SELECT AVG(积分) FROM jsy )<30
UPDATE  jsy
SET 积分=积分+2
WHERE 驾照号 IN
( (SELECT 主驾
   FROM xc1,cd
   WHERE xc1.出车单号=cd.出车单号
   GROUP BY 主驾
   HAVING AVG(实际行程)>100)
GO
```

比较该程序运行前后的积分数据如图 5.9 所示，可以看到，程序所影响的两行是驾照号为 "002011" 和 "010113" 的两行。上例中若要求当驾驶员的最大积分超过 40，则不再增加积分，程序可修改为：

```
USE traffic1
GO
WHILE (SELECT AVG(积分) FROM jsy )<30
BEGIN
UPDATE jsy
SET 积分=积分+2
WHERE 驾照号 IN (SELECT 主驾
                FROM xc1,cd
```

```
              WHERE xc1.出车单号=cd.出车单号
              GROUP BY 主驾
              HAVING AVG(实际行程)>100)
IF(SELECT MAX(积分) FROM jsy )<40
      CONTINUE
ELSE
      BREAK
END
GO
```

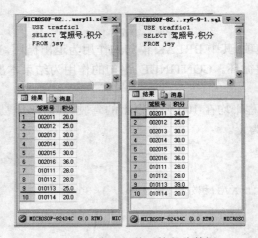

图 5.9　程序运行前后的积分数据

3. 无条件转移语句

当语句的执行顺序需要实现无条件转移时，使用 GOTO 语句，其语法格式为：

```
GOTO  lable
```

其中 lable 为语句标号，可以用数字或字符表示，用以下形式定义：

```
label: 语句
```

使用 GOTO 语句需要谨慎，如果程序中过多地出现 GOTO 语句，会使得程序结构不够清晰，还可能造成逻辑上的混乱。

5.4　返回和等待流程控制

程序的运行有时需要在某处控制其返回，或控制触发器、存储过程或事务的启动，此时可以使用 RETURN 与 WAITFOR 语句。

1. RETURN 语句

RETURN 语句用于从过程、批处理或语句块中退出，其语法格式为：

```
    RETURN [integer_expression]
```
其中 integer_expression 为整型表达式，其值为 RETURN 语句的返回值。当用于存储过程时，RETURN 语句不能无返回值。当调用系统存储过程时，如果返回值为零表示成功，返回值为非零表示调用失败。

例 5.9　查询某车辆的维修费用，如果在 100 与 2000 之间返回 1，否则返回 2。

```
USE traffic1
GO
CREATE PROCEDURE wx @bkname
AS
IF (SELECT 维修费用 FROM cl WHERE 车牌号=@bkname) BETWEEN (100,2000)
    RETURN 1
ELSE
    RETURN 2
GO
```

用以下语句调用该存储过程：

```
EXEC  wx  'AX1320'
```

返回值可用于程序后续处理。

2. WAITFOR 语句

WAITFOR 语句用于指定运行时间或等待时间，其语法格式为：

```
WAITFOR{DELAY 'time' |TIME 'time'}
```

其中 DELAY 关键字用于指定系统必须等待的时间，最长可达 24 小时，TIME 关键字指定系统等待到某一时刻，time 为 datetime 数据类型的数据，但不含有日期部分。

例 5.10　设定在早上八点执行存储过程 manager。

```
BEGIN
    WAITFOR TIME '8:00'
    EXECUTE  sp_addrole 'manager'
END
```

运行结果是在早上八点之前，用户将无法使用与 SQL Server 的连接，八点以后才可使用 SQL Server 服务器。

小　　结

作为 SQL Server 的编程基础，本章首先介绍了批处理和事务的概念，讲解了事务控制语句 BEGIN TRAN、COMMIT、ROLLBACK 和 SAVE TRAN 的语法格式，并通过实例讲解了数据更新的事务操作。本章还介绍了 SQL Server 中局部变量和全局部变量的特点，说明在查询中如何通过局部变量提高查询功能，以及如何通过全局变量了解系统信息。本章还讲解了程序分支、循环、返回和等待的流程控制语句，以及在查询和修改数据时，分支和循环控制的作用和功能。

习　　题

一、思考题

（1）在 SQL Server 中，T-SQL 语句有哪两种执行方式？

（2）什么是事务？事务具有哪些属性？

（3）事务控制语句有哪些？

（4）变量的分类及各类变量的特点是什么？

（5）T-SQL 语言的程序流程控制语句有哪几种？

二、练习题

1. 选择题

（1）SQL Server 使用 T-SQL 语言进行编程，用 T-SQL 语言可以设计（　　　）。

  A. 存储过程　　　　　B. 报表程序　　　　　C. 触发器　　　　D. 脚本文件

（2）关于批处理方式，以下说法正确的是（　　　）。

  A. 批处理以 GO 为结束标志

  B. 批处理语句编译通过后，就能正确执行

  C. 批处理语句必须是多条语句

  D. 批处理语句的可靠性比事务控制语句高

（3）一个事务提交后，如果出现系统故障，事务对数据的修改将（　　　）。

  A. 无效　　　　　　　　　　　B. 有效

  C. 在一定条件下有效　　　　　D. 以上都不是

（4）以下与事务控制无关的关键字是（　　　）。

  A. ROLLBACK　　　　B. COMMIT　　　　　C. GO　　　　　D. DECLARE

（5）SAVE TRAN 语句在某事务中设置保存点，在保存点后的语句一旦出现错误，在回滚时将撤销出错点到保存点之间的语句，然后（　　　）。

  A. 重新开始执行该事务　　　　B. 执行 COMMIT 语句的后一条语句

  C. 执行出错点下面的语句　　　　D. 中止程序

（6）关于局部变量与全局变量，以下说法正确的是（　　　）。

  A. 局部变量需先声明再赋值，全局变量可直接使用

  B. 首标识不一样

  C. 局部变量可用于子查询中，全局变量不能

  D. 局部变量可用于批处理中，全局变量只能用于事务中

（7）以下局部变量正确的是（　　　）。

  A. @vary_1　　　　B. @1_vary　　　　C. @local.vary_1　　　D. @local_vary

（8）关于流程控制语句 IF…ELSE 与 WHILE，以下说法不正确的是（　　　）。

  A. 可嵌套使用，但在逻辑上不能交叉

  B. 需给定判定表达式，其值只能是 TRUE、FALSE 或 NULL

  C. 可以包含一条语句或多条语句

　　D. 多条语句时用 BEGIN…END 表示语句块

（9）关于 BREAK 和 CONTINUE 语句，以下说法正确的是（　　　）。

　　A. BREAK 语句的作用是退出循环，结束程序

　　B. BREAK 语句的作用是退出本层循环到上一层循环

　　C. CONTINUE 语句的作用是回到循环头，检查下一次循环判定条件

　　D. BREAK 和 CONTINUE 语句一般放在 IF…ELSE 语句中执行

（10）关于 RETURN 语句的作用，以下说法正确的是（　　　）。

　　A. 从过程、批处理或语句块中退出

　　B. 中止非法操作

　　C. 返回一个整型数值用于判断某个调用是否成功

　　D. 返回一个整型数值用于后继处理

2．操作题

（1）在 jsy 表中插入两条记录，确保正确的插入结果，用事务处理进行操作。

（2）将 jsy 表驾照号 "002011" 的记录其所学专业改为 "汽车维修"，然后删除所有 "汽车维修" 专业的驾驶员记录，用事务处理进行操作。

（3）使用变量值查询指定姓名为 "王明" 的驾驶员驾照号、所学专业，积分情况。

（4）查询与王明同生日的所有驾驶员的姓名和籍贯。

（5）查询所有驾驶员的积分，提示积分 20 以下的人员需要增加积分。

（6）分段查询累计里程在 10000 公里以下、10000～19999 公里、20000～29999 公里、30000～39999 公里和 40000 公里以上的车辆牌号、类别和累计里程。

第6章　使用函数辅助查询

📖 **知识点**

- 函数功能、函数参数及返回值
- 系统函数的分类
- 数学函数、字符串函数、日期函数
- 转换函数、判定函数
- 用户自定义函数

✍ **难点**

- 函数参数类型、个数及返回值类型
- SUBSTRING、STR、STUFF 函数的使用
- DATEPART、DATENAME、DATEADD、DATEDIFF 函数的使用
- 用户自定义标量函数和表型函数

📢 **要求**

熟练掌握以下内容：
- 常用数学函数的使用
- 常用字符串函数的使用
- 常用日期函数的使用

了解以下内容：
- 常用转换函数的使用
- 常用判定函数的使用
- 用户自定义函数的创建和使用

　　函数是具有内部运算功能的语法元素，在数据查询和程序设计过程中，常常需要调用函数实现一些复杂运算，或扩展查询功能。SQL Server 内置了许多函数，用以简化大量复杂的数据查询和修改操作，巧妙地利用系统函数或自定义函数，可以实现复杂的数据查询功能，简化程序设计的复杂性，减少代码长度，提高数据查询的效率。

　　函数可以用在 SELECT 语句的输出列表中，可用于 SQL 语句 WHERE 子句搜索条件中，以限制合乎查询条件的行，可以用在任一表达式中。函数还可以嵌套使用，即一个函数用于另一个函数的参数。使用函数时要注意函数参数的数量、类型和返回值的类型。函数总是带有圆括号，即使没有参数也是如此。

　　SQL Server 内置函数十分丰富，可分为聚合函数、配置函数、游标函数、日期与时间函数、数学函数、行集函数、安全性函数、系统统计函数和文本图像函数等，本章中

将介绍一些常用系统函数的特点和使用方法。

6.1　数　学　函　数

数学函数对表达式进行数学运算，用于数据运算的表达式多为数值型数据，可以是数值常量、变量或数值型的列值。前面所介绍的统计函数是数学函数的一部分，用于对表中数值列进行数学统计运算。下面是 SQL Server 中常用的数学函数，在函数参数中 numeric_expression 表示数值型数据，包括整数型、精确数值型、浮点型和货币型数据类型。float_expression 表示浮点型数据类型，int_expression 表示整型数据类型，character_expression 表示字符型数据类型。

1. ABS(numeric_expression)

该函数返回表达式值（bit 型除外）的绝对值，返回值的数据类型与原数据类型一致。例如：

```
SELECT ABS(-3.0), ABS(2.0), ABS(0.0)
```
语句执行后在查询窗口的结果子窗口中，单击结果标签将看到以下返回结果：

　（无列名）　　　（无列名）　　　（无列名）
　　3.0　　　　　 2.0　　　　　　 0.0

单击消息标签将看到以下消息：

　（1 行受影响）

所影响的行数指输出结果的行数。

2. AVG([ALL | DISTINCT] numeric_expression)

该函数返回查询出的一组数据的平均值。例如：

```
SELECT AVG(积分)
FROM jsy
WHERE 所学专业='汽车指挥'
```
返回结果为：

　（无列名）
　27.000000

3. COUNT([ALL | DISTINCT]expression | *)

该函数返回查询出的表达式数据的个数。例如：

```
SELECT COUNT (*)
    FROM cl
    WHERE 类别='小轿车'
```
返回结果为：

　（无列名）

3

4. CEILING(numeric_expression)

该函数返回最小的大于或等于表达式值的整数值。返回值的数据类型与原数据类型一致。例如：

```
SELECT CEILING($99.99), CEILING($-99.99) ,CEILING($0.0)
```

返回结果为：

(无列名)	(无列名)	(无列名)
100.00	-99.00	0.00

5. FLOOR(numeric_expression)

该函数返回最大的小于或等于表达式值的整数值。返回值的数据类型与原数据类型一致。例如：

```
SELECT FLOOR($99.99), FLOOR($-99.99) ,FLOOR($0.0)
```

返回结果为：

(无列名)	(无列名)	(无列名)
99.0000	-100.0000	.0000

6. RAND([integer_expression])

该函数返回一个位于 0 与 1 之间的随机数。表达式值作为产生随机数的起始值，返回值为浮点型数。例如：

```
DECLARE @number smallint
SET @number=1
WHILE (@number<=3)
BEGIN
    SELECT RAND(@number)
    SET @number=@number+1
END
GO
```

返回结果为：

```
0.71359199321292355
0.7136106261841817
0.71362925915543995
```

7. ROUND(numeric_expression, int_expression1, [integer_expression2])

该函数无整数表达式 2 时，返回由整数表达式 1 表示的精度对数值型表达进行四舍五入后的值；有整数表达式 2（非零）时，表示用整数表达式 1 表示的精度对数值型表达式进行截短。例如：

```
SELECT ROUND (2456.12582,3)
```
返回结果为：
```
2456.12600
```
下面语句：
```
SELECT ROUND (2456.12582,3,1)
```
返回值为：
```
2456.12500
```
而下面语句：
```
SELECT ROUND (2456.12582,-3)
```
返回值为：
```
2000.00000
```

6.2　字符串函数

字符串函数用于对字符型数据进行处理，如对字符进行变换或从串中选取子串等。字符型数据和数值型数据是数据库中最常用的数据类型，在大量的查询程序设计中，必须对字符串进行适当处理和变换才能实现复杂的数据查询功能。SQL Server 提供了许多处理字符串的函数，下面是一些常用的字符串函数。

1. ASCII（character_expression）

该函数返回字符的 ASCII 码值，返回值为整型数据。例如：
```
SELECT ASCII('a'), ASCII('Z')
```
返回结果为：
```
97        90
```

2. CHAR（inter_expression）

该函数返回 ASCII 码值代表的字符。例如：
```
SELECT CHAR(97), ASCII(90)
```
返回结果为：
```
a        Z
```

3. LEN(character_expression)

该函数返回字符串的长度，即字符的个数，1 个汉字计为一个字符。例如：
```
SELECT LEN（姓名）
FROM  jsy
WHERE 驾照号='002011'
```
返回结果为：
```
2
```

该例计算驾照号为"002011"的驾驶员的姓名字段值的长度，注意 LEN 函数计算字符长度时不包括字符尾部的空格。

4. DATALENGTH(expression)

该函数返回表达式值所占用的字节数，常用于查看变长数据类型的长度。例如：

```
SELECT DATALENGTH('100'),DATALENGTH(100)
```

返回结果为：

```
3          4
```

而下面语句：

```
SELECT DATALENGTH(姓名)
FROM jsy
WHERE 驾照号='002011'
```

返回结果为：

```
4
```

这是因为"100"为字符，长度为 3 字节，100 为数值，数据类型默认为 int 型，占用为 4 字节；表 jsy 中驾照号为"002011"的驾驶员姓名列的长度为 4 字节。

5. LEFT(character_expression,integer_expression)

该函数返回字符串从左边开始指定个数的字符。例如：

```
SELECT LEFT(姓名，1)+LEFT（职务，3）
FROM  ddy
```

返回结果为：

```
林队长
刘调度员
孙副队长
王调度员
王副队长
高副队长
```

6. RIGHT(character_expression, integer_expression)

该函数返回字符串从右边开始指定个数的字符。例如：

```
SELECT RIGHT(驾照号，4)，姓名
FROM jsy
WHERE 籍贯= '北京'
```

返回结果为：

```
           姓名
2012    高兵
0114    林水强
```

7. SUBSTRING(character_expression,begin_integer_expression, end_ integer_ expression)

该函数返回字符串在起始位置开始的指定长度的子串。例如：

```
SELECT SUBSTRING('traffic', 3, 4)
```

返回结果为：

```
affi
```

8. UPPER(character_expression)

该函数返回字符的大写形式。

9. LOWER(character_expression)

该函数返回字符的小写形式。

10. SPACE(integer_expression)

该函数返回指定长度的空格字符串。例如：

```
SELECT 姓名+SPACE(6)+职务
FROM ddy
WHERE 调度号='0111'
```

返回结果为：

```
林强          队长
```

11. REPLICATE(character_expression,integer_expression)

该函数将字符串复制指定的遍数。例如：

```
SELECT REPLICATE('SQL',3)
```

返回结果为：

```
SQLSQLSQL
```

12. STUFF(character_expression1,begin_integer_expression,end_integer_expression, character_expression2)

该函数将字符串 1 从开始位置到结束位置中的字符删去然后将字符串 2 填充进去。例如：

```
SELECT STUFF('SQlver',2,2,'L Ser')
```

返回结果为：

```
SQL Server
```

13. REVERSE(character_expression)

该函数返回字符串的反序字符串。例如：

```
SELECT REVERSE('SQL')
```

返回结果为 LQS。

14. LTRIM(character_expression)

该函数返回删除字符串左端空格后的字符串。例如：

```
SELECT LEN(' SQL') AS '原字符长', LEN(LTRIM(' SQL')) AS '现字符长'
```

返回结果为：

```
原字符长  现字符长
6              3
```

15. RTRIM(character_expression)

该函数返回删除字符串右端空格后的字符串。例如：

```
SELECT 'SQL            ',RTRIM('SQL            '),'SQL'
```

返回结果为：

```
SQL            SQL        SQL
```

16. STR(float_expression[,integer_expression1[,integer_expression2]])

该函数返回浮点表达式值的字符串形式。整数表达式 1 为字符串长度，整数表达式 2 为小数位数。若无整数表达式 2，默认为 0；若无整数表达式 1，默认为浮点数值的整数部分长度。例如：

```
SELECT STR(123.456), STR(123.456,4,1),STR(123.456,6,4)
```

返回结果为：

```
123  123123.46
```

6.3　日　期　函　数

日期函数用于处理日期时间型数据。日期时间型数据由年、月、日、时、分、秒几部分组成，在实际应用中，经常需要对其或其中某部分进行计算或转换。SQL Server 提供了丰富的日期函数，以便得到不同形式的日期与时间数值。常用的日期时间型函数如下。

1. GETDATE()

该函数返回当前系统日期时间。例如：

```
SELECT GETDATE()
```

返回结果为：

```
2009-02-22 23:05:52.483
```

2. DATEPART(datepart,date_expression)

该函数返回日期表达式值的指定部分，返回值为数值型数据。表 6.1 为 date 型数据日期部分的取值。

表 6.1　date 型数据日期部分的取值

datepart	缩　　写	说　　明
year	yy, yyyy	年
quarter	qq, q	季度
month	mm, m	月
day	dd, d	日
day of year	dy, y	一年中的第几天
week	ww	星期几
hour	hh	小时
minute	mi, n	分
second	ss, s	秒
millisecond	ms	千分之一秒

例如：

```
    SELECT 姓名, DATEPART(yy, 出生年月) AS'出生年', DATEPART(mm, 出生年月)
AS '出生月'
    FROM jsy
    WHERE 驾照号='002011'
```

返回结果为：

```
    姓名      出生年     出生月
    王明      1983      12
```

3. DATENAME(datepart,date_expression)

该函数返回日期表达式值的指定部分的名称，返回值为字符型数据。例如：

```
    SELECT 姓名, DATENAME(dw, GETDATE())
```

返回结果为：

```
    Thursday
```

4. DATEADD(datepart, interge_expression, date_expression)

该函数返回日期表达式值的指定部分加上整数表达式值后的日期时间。例如：

```
    SELECT DATEADD(day, 10, GETDATE())
```

返回结果为：

```
    2009-01-04 12:41:51.560
```

5. DATEDIFF(datepart,date_expression1, date_expression2)

该函数返回日期表达式 1 的值和日期表达式 2 的值在指定部分的差值。例如：

```
    SELECT 姓名, DATEDIFF(year, 出生年月,GETDATE()) AS '年龄'
```

```
    FROM jsy
    WHERE 驾照号='002011'
```
返回结果为：
```
    姓名 年龄
    王明 20
```

6. DAY(date_expression)

该函数返回日期表达式值的"日"部分。例如：
```
    SELECT DAY(GETDATE())
```
返回结果为：
```
    4
```

7. MONTH(date_expression)

该函数返回日期表达式值的"月"部分。例如：
```
    SELECT MONTH(GETDATE())
```
返回结果为：
```
    1
```

8. YEAR(date_expression)

该函数返回日期表达式值的"年"部分。例如：
```
    SELECT YEAR(GETDATE())
```
返回结果为：
```
    2004
```

6.4 转 换 函 数

转换函数是用以实现数据类型转换或数据表现形式转换的函数。数据类型的转换通常有数值型与字符型的相互转换和日期型与字符型的相互转换，需要注意的是，要被转换的数据在形式上应符合转换后的数据类型的要求。

1. CAST（expression, AS date_type）

将表达式值转换为指定的数据类型。例如：
```
    SELECT CAST('2009-2-20' AS datetime)
```
返回结果为：
```
    2009-02-20 00:00:00.000
```
语句
```
    SELECT CAST(GETDATE() AS char)
```
返回结果为：

```
12 25 2008 12:47PM
```

语句

```
SELECT CAST('123' AS real)
```

返回结果为：

```
123.0
```

再如，车辆表中启用年代字段的数据由两部分组成如"89_2"，其中"89"表示 89 年，"2"表示第二季度。现需将"89_2"形式用"89 年"表示，下面语句可实现该数据转换。

```
SELECT 车牌号，类别,'启用年'=CAST(LEFT(启用年代，2) AS char(2))+'年'
FROM cl
```

2. CONVERT（date_type[(length)],expression[,style]）

与 CAST 函数相似，只是 CONVERT 中可以设定数据类型的长度和格式。表 6.2 列出日期型与字符型转换时 style 的取值含义。

表 6.2　日期型与字符型转换时 style 的取值含义

style 取值 （无世纪值）	style 取值 （有世纪值）	标　准	输入/输出
	0 或 100	默认值	mm dd yyyy hh:miAM(或)PM
1	101	美国	mm/dd/yyyy
2	102	ANSI	mm dd yyyy hh:miAM(或)PM
	9 或 109	默认值＋毫秒	mm-dd-yy
10	110	美国	mmddyy
12	112	ISO	

例如语句：

```
SELECT  CONVERT(char, GETDATE(),101)
```

返回结果为：

```
12/25/2008
```

3. CASE 函数

CASE 函数有两种，即简单 CASE 函数和搜索 CASE 函数，其函数格式一种为：

```
CASE  input_expression
    WHEN when_expression THEN result_expression
    […n]
    [ELSE else_result_expression]
END
```

另一种格式为：

```
CASE
```

```
       WHEN boolean_expression THEN result_expression
       [...n]
       [ELSE else_resultexpression]
   END
```

该函数功能是根据判定条件返回相应的结果表达式值，使用该函数可将数据值转换成其他形式。

6.5　判　定　函　数

当数据在运算或变换处理前，常常需要判定数据本身是否合法，是否为某种数据类型，或是否为特定数据，两个表达式值是否相同等，这时可以使用 T-SQL 有关的判定函数进行判别。

1. ISDATE（expression）

该函数判断表达式是否为一个合法的日期型数据，是则返回 1，否则返回 0。

2. ISNUMERIC（expression）

该函数判断表达式是否为一个合法的数值型数据（包括整数型、数值型和浮点型），是则返回 1，否则返回 0。

3. ISNULL（expression1,expression2）

该函数判断表达式 1 的值是否为 NULL，是则返回表达式 2 的值，不是则返回表达式 1 的值。例如：

```
SELECT 主驾, 出车单号, ISNULL(副驾, '未配')
   FROM xc1
```

返回结果为：

主驾	出车单号	副驾
002011	7003	010111
002011	7012	未配
002012	7013	未配

4. NULLIF（expression1,expression2）

该函数判断表达式 1 的值是否与表达式 2 的值相等，是则返回 NULL，否则返回表达式 1 的值。例如：

```
SELECT NULLIF('AB','AB')
```

返回结果为：

```
NULL
```

语句：

```
SELECT NULLIF(启用年代,2001)
FROM cl
WHERE 车牌号='AX1320'
```

返回结果为：

```
1989
```

6.6　用户自定义函数

SQL Server 2008 允许用户自己定义函数，自定义函数的使用方法和系统函数相同，只是函数本身的内容是由用户自己编写的。用户自定义函数可以返回一标量值或一表型内容，也可返回一数据指针 cursor。自定义函数可在查询窗口中用 T-SQL 语句建立或在对象资源管理器中用"用户自定义函数"对象建立。

6.6.1　用户函数的定义

1. 标量函数的定义

标量函数定义的基本格式为：

```
CHEATE FUNCTION [所有者名.]函数名
    ([{形式参数[AS]类型[=默认值]}[,…n]])
RETURNS 返回值类型
[AS]
BEGIN
    函数体
    RETURN 标量表达式
END
```

参数说明如下。

1）形式参数的数据类型为系统的基本标量类型，不能为 timestamp 类型、用户定义数据类型和非标量类型（如 cursor 和 table）。

2）返回值类型为系统的基本标量类型，但 text、ntext、image 和 timestamp 除外。

3）函数体由 T-SQL 语句序列构成。

4）函数返回标量表达式的值。

下面举例说明标量函数的定义。

例 6.1　定义一个函数用于计算指定专业的平均积分。

```
CREATE  FUNCTION  average1 (@spec char(10)) RETURNS int
AS
BEGIN
  DECLARE @aver int
  SELECT @aver=
      (SELECT avg(积分)
```

```
        FROM jsy
        WHERE 所学专业＝@spec
        GROUP BY 所学专业
    )
    RETURN  @aver
END
GO
```

　　在"对象资源管理器"面板中选择服务器，展开"数据库"选项并选择 traffic1，单击"可编程性"选项并展开，单击"函数"选项并展开，最后再单击"标量值函数"选项并展开，这时可以看到刚建立的自定义函数 dbo.average1，如图 6.1 所示。

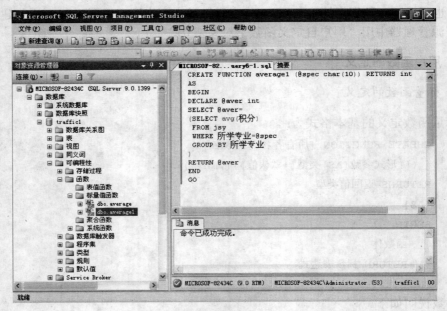

图 6.1　新建的用户自定义函数

2. 表型函数的定义

表型函数定义的语法格式为：

```
CHEATE  FUNCTION [所有者名.]函数名
    ([{{形式参数[AS]类型[=默认值]}}[,…n]])
RETURNS TABLE
[AS]
    RETURN [(select 语句)]
```

参数说明如下。

　　1）形式参数的数据类型为系统的基本标量类型，不能为 timestamp 类型、用户定义数据类型和非标量类型（如 cursor 和 table）。

　　2）TABLE 关键字指定此函数返回一个表。

3）函数返回 select 语句的结果。

下面创建一个表型函数 havejsy，它输入变量为城市名称，其返回值为来自该城市的所有驾驶员姓名和驾照号。

例 6.2　定义一个函数，用于查询来自指定城市的驾驶员的姓名和驾照号。

```
CREATE FUNCTION havejsy (@come char(10)) RETURNS TABLE
AS
RETURN
    (SELECT 姓名，驾照号
    FROM  jsy
    WHERE 籍贯＝@come
    )

    GO
```

在 SQL Server Management Studio 查询窗口输入上面语句，并执行查询，在"对象资源管理器"窗口中对应的函数对象上单击鼠标右键，在快捷菜单上选择"刷新"，可看到函数 havejsy()对象的图标。

在对象资源管理器中创建用户自定义函数，按以下步骤进行。

1）在"对象资源管理器"面板中选择服务器，展开"数据库"选项如 traffic1，单击"可编程性"选项并展开，右键单击"函数"选项，在快捷菜单上选择"新建/内联表值函数"，如图 6.2 所示。

图 6.2　创建用户定义函数的快捷菜单

2）在打开的用户函数定义查询窗口中输入相应定义语句，单击"验证 SQL 语法"按钮，如有错误则修改，直至语法检查成功，单击"执行 SQL"按钮，如图 6.3 所示。

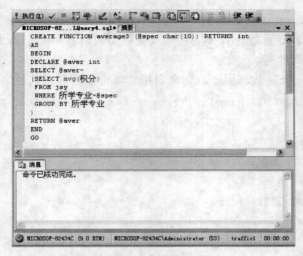

图 6.3　输入并执行用户定义函数语句

3）在 SQL Server Management Studio 的"对象资源管理器"右边窗口出现新建的用户定义函数 average3()图标，如图 6.4 所示。

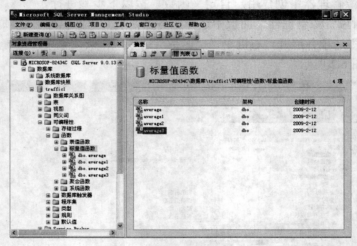

图 6.4　新建的用户定义函数

6.6.2　用户函数的调用

当调用用户自定义函数时，必须提供函数名和参数，标量函数可以在 SELECT 语句中调用，或用 EXEC 语句执行调用，调用形式分别为：

所有者名.函数名（实参 1，实参 2，…实参 n）

EXEC　所有者名.函数名　形参 1=实参 1，形参 2=实参 2，…形参 n=实参 n

其中用 EXEC 语句调用时参数次序可与定义时不同，表型函数只能通过 SELECT 语句调用。

例如调用 average3()函数查询"汽车管理"专业的平均积分，在 SQL Server Management Studio 的查询窗口输入下面语句：

```
SELECT dbo.average3 ('汽车管理')
```

执行结果如图 6.5 所示。

图 6.5　函数 average3 的运行结果

例如调用 havejsy()函数查询所有来自天津的驾驶员姓名和驾照号，在 SQL Server Management Studio 的查询窗口中输入下面语句：

```
SELECT  *  FROM dbo.havejsy('天津')
```

执行结果如图 6.6 所示。

图 6.6　函数 havejsy 的运行结果

6.6.3　用户函数的修改和删除

修改用户函数可在图 6.4 中双击需修改的用户函数对象，在打开的用户函数定义查询窗口中直接修改用户函数的定义。

可有两种方法删除用户已定义的函数，即用命令操作方式和界面操作方式，命令格式为：

```
DROP  FUNCTION{[owner_name]function_name}[,…n]
```

参数说明如下。

1）owner_name 为所有者名。

2）function_name 为用户自定义函数名。

3）n 表示可一次删除多个用户函数。

如删除用户函数 average3()和 havejsy()，输入下面语句：

```
DROP  FUNCTION  dbo.average3,  dbo.havejsy
```

在 SQL Server Management Studio 的"对象资源管理器"中删除用户函数的方法很简单，请读者自己练习。

小　　结

函数用以扩展数据查询功能，简化程序设计结构。函数作为语法元素，可以用在表达式中，也可以直接调用。使用函数要注意函数的参数类型、个数和返回值的特点。本章主要介绍了常用的 SQL Server 系统函数，如数学函数、字符函数、日期函数、转换函数和判定函数等不同函数的功能，还介绍了用户自定义函数的建立和调用方法，举例说明了标量函数和表型函数的定义和应用。

习　　题

一、思考题

（1）函数常用在什么场合？

（2）常用的系统内置函数有哪些类别？

（3）使用函数时要注意什么问题？

（4）日期时间型数据有哪几部分组成，各部分能否单独处理？

二、练习题

1. 单项选择题

（1）以下哪个函数返回字符串类型数据（　　　）。

    A. COUNT　　　　　　　B. SUM　　　　　　C. ROUND　　　　　　D. STR

（2）下面语句执行的结果为（　　　）。

```
SELECT COUNT（姓名）
FROM jsy
WHERE 所学专业='汽车指挥'
```

    A. jsy 表中记录总数

    B. jsy 表中"汽车指挥"专业的人数

    C. sy 表中"汽车指挥"专业的人员姓名

    D. 语句错误

（3）语句 SELECT ROUND（1203.12686,2）的执行结果是（　　）。

    A．1203.12　　　　B．1203.12000　C．1203.13000　D．1203.13

（4）语句 SELECT LEN（'1203.12686,2'）的执行结果是（　　）。

    A．12　　　　　　B．1203　　　　C．10　　　　　　D．语句错误

（5）下面语句执行结果是（　　）。

```
SELECT LEFT(姓名，1)+RIGHT（专业，2）
FROM  jsy
WHERE  姓名='王明'
```

    A．王明指挥　　　B．王指挥　　　C．王汽车 10　　　D．语句错误

（6）语句 SELECT SUBSTRING(sql_server_2000,4,7) 的执行结果是（　　）。

    A．server　　　　B．sql server　　C．server 2000　D．_server

（7）语句 SELECT STUFF('DATABASE',4,2, 'MYBA') 的执行结果是（　　）。

    A．DATABSEMY　　　　　　　B．DATMYBASE

    C．DATAMYBASE　　　　　　　D．DATAMYBASE

（8）下面语句错误的是（　　）。

    A．SELECT GETDATE()

    B．SELECT DATEPART(yy, GETDATE())

    C．SELECT DATENAME(ww, GETDATE())

    D．以上都不是

（9）语句 SELECT DATEPART(mm, '2003-2-1')执行的结果是（　　）。

    A．2　　　　　　B．2003　　　　C．1　　　　　　D．语句错误

（10）语句 SELECT DATEDIFF(year, '2003-4-1', '2004-2-1') 执行的结果是（　　）。

    A．0　　　　　　B．1　　　　　C．2　　　　　　D．语句错误

2．填空题

（1）函数是具有内部运算功能的_____。

（2）函数分系统内置函数和_____。

（3）函数可以用于使用表达式的地方，简化复杂的数据查询和修改操作，扩展_____。

（4）SQL Server 内置函数分为聚合函数、日期与时间函数、数学函数_____、_____和_____等。

（5）数学函数的变量为数值常量、数值变量或_____。

（6）返回字符串在起、止位置之间的子串的函数是_____。

（7）删除字符串右端空格后的字符串函数是_____。

（8）语句 SELECT CAST(GETDATE() AS char)的执行结果是_____。

（9）自定义函数的返回值可以是系统的基本标量类型，也可以是_____。

（10）用户自定义函数是数据库对象，其调用方法与系统基本函数_____。

3. 操作题

（1）查询所有天津籍驾驶员的姓氏及驾照号的后四位数字。

（2）查询所有小轿车车牌号的前 5 个字符。

（3）使用当前系统时间函数，查询所有汽车指挥专业驾驶员的年龄。

（4）列出所有当天为生日的驾驶员名单。

（5）定义一个标量函数，该函数计算指定车辆的总的实际行程。

（6）定义一个函数，用上题定义的函数修改指定车辆的累计里程，成功返回 0，失败返回 1。

（7）定义一个函数，返回任意指定的字符串的字符个数。

第 7 章　保持数据库数据完整性

📖 **知识点**
- 数据完整性的概念
- 缺省与规则
- 列约束和表约束
- 主键约束、外键约束、唯一约束和检查约束
- 约束的启用、禁止和删除

✍ **难点**

- 数据完整性的理解
- 外键约束与检查约束表示

📢 **要求**

熟练掌握以下内容：
- 缺省与规则的定义
- 各种约束的建立方法

了解以下内容：
- 约束的启用、禁止和删除
- 约束与缺省和规则的区别

用户经常需要读取和更新数据库的有关数据，为了保证用户的输入和修改是合法有效的，即保证用户输入的数据的类型和取值符合数据表的各属性定义，数据库中的数据应当具备完整性要求。数据完整性是衡量数据库中数据质量好坏的重要标准，是确保数据库中数据的正确性和唯一性的重要保证，是规划数据的结构以使其更加便于管理的重要手段。

7.1　数据完整性概念

为了确保数据库中的数据都是合法的和正确的，在对数据库中的数据进行输入和修改时，必须使数据满足一些限制条件，即符合一定的应用逻辑，否则数据将不被服务器接受进入数据库。应用逻辑可以用数据完整性来描述，一般包括实体完整性、域完整性和参照完整性三个方面。

1. 实体完整性

实体完整性又称行完整性，确保表中行的唯一性。实体完整性要求表中有一个主键，

其值不为空，且能够唯一标识一行。实体完整性通过 PRIMARY KEY 约束、IDENTITY 约束、UNIQUE 约束和索引来实现。如 jsy 表中将驾照号定义为主键，则每一个驾照号都唯一确定一个驾驶员实体，即唯一确定一条驾驶员记录。输入和修改驾照号列值时，其值不能为空，也不能重复。

2. 域完整性

域完整性又称范围完整性，确保列的取值的有效性。域完整性通过定义列的数据类型、默认值、规则和检查约束来限止列值的取值范围，使输入到列的数据一定是正确的，并且是合法的。如 jsy 表中"是否见习"列的取值必须为"是"或"否"，不能为其他任何数据，"出生时间"列的取值不能是系统当前时间之后的时间等。

3. 参照完整性

参照完整性又称引用完整性，确保父表与子表中数据的一致性。如果两个表之间数据有引用关系，则引用数据的表为子表，被引用数据的表为父表。如 xc1 表与 cl 表之间，二者通过车牌号产生引用关系。其中，xc1 表为子表，cl 表为父表，如表 7.1 和表 7.2 所示。

主键 ⇓

表 7.1　车辆 cl　　　　　　　　父表

车牌号	类　别	发动机号	累计里程	维修费用
AX1320	小轿车	790234	30000	850
AX1322	小客车	790020	25000	200
AX1324	小轿车	397860	10050	1000

外键 ⇓

表 7.2　行车表 xc1　　　　　　　　子表

主　驾	车牌号	出车单号	调度号	副驾
002011	AX1320	7003	0111	0010111
002011	AX1322	7012	0111	NULL
002012	AX1320	7013	0112	NULL
002013	AX1324	7013	0112	NULL
002012	AT2611	7013	0112	

一个子表可能有多个父表，如行车表 xc1 中主驾、车牌号和出车单号分别引用驾驶员表 jsy、车辆表 cl 和车单表 cd，所以 jsy 表、cl 表和 cd 表均为 xc1 表的父表。

参照完整性通过定义外键与主键或外键与唯一键之间的对应关系实现。如子表 xc1 中"车牌号"列定义为外键，并与父表 cl 的主键"车牌号"建立对应关系，则其取值只能是主表中已有的车牌号，确保了 xc1 表与 cl 表数据的一致性。当 xc1 表新增加一行或修改一行时，如果该行的"车牌号"列取值不存在于 cl 表中则出错；当删除 cl 表中某一行时，如果该行的车牌号在 xc1 中还有对应记录时，也会发出错误信息。

　　根据数据完整性要求，满足数据完整性的数据一般具有以下特点。

　　1）数据的取值范围符合要求。

　　2）数据在表中唯一标识。

　　3）数据与其他表中的相关数据相匹配。

　　当数据由客户端传送到 SQL Server 服务器时，只有满足数据完整性的数据才能真正地被存储到数据库中。

7.2　缺省与规则

　　缺省和规则来源于 Sybase 开发的 SQL Server，在老版本的 SQL Server 或者升级版本中都有缺省和规则的使用。缺省是为列提供数据的一种方式，如果用户进行 INSERT 操作时不为列输入数据，则使用缺省值。规则是当用户进行 INSERT 或 UPDATE 操作时，对输入列中的数据设定的取值范围。

　　缺省与规则有以下特点。

　　1）缺省与规则是数据库对象，它们是独立于表和列而建立的。

　　2）缺省与规则建立后与列或数据类型产生关联，列和数据类型就具有了缺省与规则的属性。

　　3）缺省与规则定义后，可以重复使用，可以绑定到多个列或数据类型上。

　　4）缺省与规则不随表同时调入内存，当用到时才被调入内存，这可能会使程序执行出现延时。

　　缺省与规则不是 ANSI 标准，一般不提倡使用，应尽可能使用约束，任何可以使用缺省与规则的地方都有可以使用约束。缺省和规则对象通常只在它所创建的数据库中有效，可以用脚本创建缺省和规则，并复制到其他数据库。

7.2.1　创建缺省和规则

　　在 SQL Server Management Studio 查询窗口分别使用 CREATE DEFAULT 和 CREATE RULE 命令创建缺省和规则，其命令格式分别为：

```
CREATE DEFAULT default_name
AS constant_expression
CREATE RULE rulet_name
AS rule_conditions
```

其中 default_name 和 rule_name 分别为缺省值对象名和规则对象名，constant_expression 为一个常量、数学表达式或内置函数，不能引用其他列或别的数据库对象。rule_conditions 为规则表达式，表示数据需满足的条件。

　　例 7.1　创建缺省对象，默认为字符型数据"是"，以便将来绑定到是否见习列，使是否见习列的取值默认为"是"。

```
CREATE DEFAULT def_jx
    AS '是'
```

例 7.2　创建规则对象，规定取值可以为"队长"或"副队长"或"调度员"。以便将来绑定到职称列，使职务列的取值只能为其中之一。

```
CREATE RULE rul_zw
AS @zw IN ('队长','副队长','调度员')
```

其中@zw 为占位符，当规则绑定到一个列时，列的名字被占位符替代。这样可以在不知道列名的情况下建立规则。

例 7.3　创建缺省对象，默认为字符型数据"天津"，以便将来绑定到籍贯列，使籍贯列的取值默认为"天津"。

在 SQL Server Management Studio 查询窗口中运行以下代码：

```
USE traffic1
GO
CREATE DEFAULT mr_籍贯
AS '天津'
GO
```

执行结果如图 7.1 所示，在窗口左边可看到新创建的表 mr_籍贯。

图 7.1　新创建缺省对象

7.2.2　绑定

在定义了缺省和规则之后，下一步就是将它们绑定到相应的列中，或绑定到用户自定义的数据类型上，以便它们在数据输入或修改操作中起作用。

使用时要注意缺省和规则所用的数据类型必须与将要绑定的列数据类型一致，还要遵循已应用到该列中的约束。

通过调用系统过程 **SP_BINDEFAULT** 和 **SP_BINDRULE**，可以为一个列或用户自定义数据类型绑定一个缺省和规则，其语法格式分别为：

```
SP_BINDEFAULT 'default_name','object_name' [,FUTUREONLY]
SP_BINDRULE 'rule_name', 'object_name' [,FUTUREONLY]
```

参数说明如下。

1）default_name 和 rule_name 分别为缺省名和规则名。

2）object_name 为对象名，如果 object_name 为"表名.列名"形式，则认为 object_name 是列名，否则认为是自定义数据类型对象名。

3）FUTUREONLY 表示缺省和规则仅对在此之后创建的相同自定义数据类型的列有效。

例 7.4 将规则 rul_zc 绑定到"职称列"。

```
EXEC  SP_BINDRULE 'rul_zc', 'ddy.职务'
```

例 7.5 将缺省 def_jx 绑定到"是否见习"列。

```
EXEC SP_BINDEFAULT 'def_jx', 'jsy.是否见习'
```

执行结果如图 7.2 所示，在表 dbo.jsy 中可看到缺省 def_jx 与"是否见习"列已绑定，如图 7.3 所示。

图 7.2 例 7.5 执行结果   图 7.3 查看绑定结果

7.2.3 取消绑定

当不再需要缺省或规则时，可以取消绑定，使列的取值恢复原来的状态。在 SQL Server Management Studio 查询窗口中可以使用命令操作方式取消绑定。

调用系统过程 SU_UNBIDNEFAULT 或 SP_UNBINDRULE 取消绑定，其语法格式为：

```
SU_UNBINDEFAULT 'object_name' [,FUTUREONLY]

SP_UNBINDRULE 'object_name' [,FUTUREONLY]
```

参数说明如下。

1）object_name 为对象名，如果 object_name 为"表名.列名"形式，则认为 object_name 是列名，否则认为是自定义数据类型对象名。当取消用户自定义数据类型的绑定时，所有属于该数据类型的列同时取消绑定。对属于该数据类型的列，如果其缺省和规则直接绑定到列上，则该列不受影响。

2）FUTUREONLY 仅用于取消此后的用户自定义数据类型的绑定，缺省和规则对现有的属于该数据类型的列仍有效。

例 7.6　取消是否见习列的缺省 def_jx 绑定。

```
EXEC SP_UNBINDEFAULT , 'jsy.是否见习'
```

例 7.7　取消职称列的规则 rul_zw 绑定。

```
EXEC SP_UNBINDRULE 'ddy.职务'
```

在这里不需要提供缺省名称或规则名称，因为无论缺省或规则是否绑定在对象上，每一个列或用户自定义的数据类型只能与一个缺省或规则建立关联。

7.2.4　删除缺省和规则

当缺省和规则对象不再需要时可以删除，在删除缺省或规则之前，必须确认解除了被绑定对象和要删除的缺省或规则之间的绑定关系。在 SQL Server Management Studio 查询窗口中使用命令操作方式或在对象资源管理器中用界面操作方式删除缺省和规则对象。

使用 DROP DEFAULT 或 DROP RULE 命令删除缺省和规则，其命令格式分别为：

```
DROP DEFAULT default_name[,…n]
DROP RULE rule_name[,…n]
```

其中 default_name 和 rule_name 分别为要删除的缺省名和规则名，可以包含所有者名。参数 n 表示可以同时指定多个缺省或规则一次删除。

例 7.8　删除缺省对象 def_jx。

```
DROP DEFAULT def_jx
```

例 7.9　删除规则对象 rul_zw。

```
DROP RULE rul_zw
```

也可以打开对象资源管理器，展开层次结构，选择并展开数据库的"规则"对象或"默认值"对象，在需要删除的规则对象或默认值对象上单击鼠标右键，在快捷菜单中选择"删除"，如图 7.4 所示。

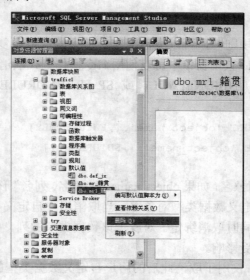

图 7.4　快捷方式删除规格或缺省

7.3 数据约束

约束是指在数据进入到数据库之前应满足的要求或限定的条件。约束不是一个独立的对象，而是数据表的一部分。在创建表时，可以对某一列或多个列的组合设置限制条件，让 SQL Server 帮助检查该列的输入值是否符合要求。当用户从客户端传送数据到 SQL Server 服务器，系统也会检查数据是否符合要求，如果不符合要求将拒绝接受。可以对表设置主键（PRIMARY KEY）约束、唯一（UNIQUE）约束、外键（FOREIGN KEY）约束、缺省（DEFAULT）约束和检查（CHECK）约束等，对于 BYTE 和 TEXT 列不可以指定主键约束、唯一约束和外键约束，但可以用检查约束来检查其值是否为 NULL。

约束作为表的一部分，可以在创建表的同时创建约束，也可以在建立表之后追加定义或删除定义。在一个表中可以定义多个约束，甚至可以在一个列上定义多个约束。

7.3.1 列级约束与表级约束

列级约束是定义在一个列上的约束，是列定义的一部分，与列名、数据类型、唯一标识号、默认值和排序规则等一样，都是列的属性。严格地说列的数据类型也是一种列约束，它限定了列的取值的域。表级约束是在列定义外单独定义的，它是多列之间的约束，用 CONSTRAINT 关键字定义。如果要对一个表中的多个列定义约束，必须首先定义每个列，然后在末尾追加表约束。

例 7.10 创建含有列约束的驾驶员表 jsy_temp1。

```
CREATE TABLE jsy_temp1
( 驾照号      char(8)      NOT NULL,
  姓名        varchar(8)      NOT NULL,
  是否见习    char(1)      NOT NULL ,
  所学专业    varchar(8)      NULL
)
```

其中 NOT NULL 为每个列定义中列级约束，为简单起见，都没有定义列约束名，由系统自动命名。

例 7.11 创建含有表约束的行车表 xc_temp。

```
CREATE TABLE xc_temp
( 驾照号 char(6)      NOT NULL,
  车牌号 char(4)    NOT NULL,
  调度号 char(4)    NULL,
  行程    smallint      NULL,
  CONSTRAINT pkey_xc_temp  PRIMARY KEY (驾照号, 车牌号)
)
```

其中表级约束是一个主键约束，约束名为 pkey_xc_temp，主键为"驾照号"和"车牌号"两列的组合。作为主键的列不能为 NULL，无论是否定义为 NOT NULL，如果列被定义为主键或主键的一部分，列自然变为 NOT NULL 属性。

可以为每个约束设定约束名，也可以不设定，如果不命名约束，系统将自动提供一个不重复的名字。比如 DF_Szexam_xbD_24516F65 就是 SQL Server 生成的一个约束名，名字的最后是十六进制数，尽管它确保了名字的唯一性，但对数据库管理员和数据库设计者来说，不便于认定对象，在删除表中的多列时是非常麻烦的，所以建议尽量为重要的约束命名。

7.3.2　主键约束

为了确保更新或引用数据时行定位的唯一性，必须为每一个表设定主键，主键可以是一个单独的列，也可以是多个列的联合。如在 jsy 表中主键是驾照号，在 xc1 表中主键是主驾、车牌号和出车单号的组合。

主键具有以下特性。

1）每一个表仅能有一个主键。

2）主键值不可为 NULL，该值在表内是唯一的，即没有重复值。

3）主键已经具有 UNIQUE 的特性，作为主键的列不能再被定义成 UNIQUE 约束。

4）IMAGE 和 TEXT 类型的列不能作为主键。

5）主键具有自动索引的作用，不能人为取消。取消索引的唯一方法是取消主键约束。

在一个已有数据的表中建立主键约束，那么表中的数据必须符合约束的要求，否则不能建立索引，也就不能定义主键约束。如果试图向表中插入不符合主键约束条件的数据，SQL Server 将拒绝请求，虽然不需要在应用程序中专门设置捕获违规操作的代码，但在 T-SQL 存储过程或者 VC 应用中，程序必须有能够处理这种违规操作的代码。

1. 用命令操作方式定义主键约束

使用命令操作方式定义主键约束有两种方法，一种是使用 CREATE TABLE 语句直接建立，例如：

```
CREATE TABLE  jsy_temp2
    ( 驾照号  char(8))   NOT NULL   PRIMARY KEY CLUSTERED,
      姓名   varchar(8)  NOT NULL, )
```

另一种方法是在创建表之后用 ALTER TABLE 语句设定，例如：

```
CREATE TABLE jsy_temp2
    ( 驾照号 char(8)    NOT NULL ,
      姓名   varchar(8)  NOT NULL, )
GO
ALTER TABLE jsy_temp2
ADD CONSTRAINT pkey_jsy_temp2  PRIMARY KEY CLUSTERED (驾照号)
GO
```

例中关键字 CLUSTERED 表示主键索引类别为簇索引（关于簇索引参见第 8 章）。由于主键索引类别默认为 CLUSTERED，所以可以省略关键字 CLUSTERED。如果指定为非簇索引，则用关键字 NONCLUSTERED 表示。

2. 用界面操作方式定义主键

在 **SQL Server Management Studio** 的"对象资源管理器"面板中将 xc1 表的"主驾"定义为主键。其操作如下，右击"dbo.xc1"选项，在弹出的快捷菜单中选择"修改"命令，右击"主驾"列，在弹出的快捷菜单中选择"设置主键"命令，即可将主驾列设为主键，如图 7.5 所示。也可以先用鼠标选择"主驾"列，然后单击"设置主键"按钮即 图标，最后保存。如果再次单击"设置主键"按钮，就可以取消刚才设置的主键。

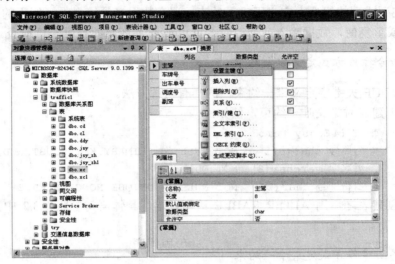

图 7.5　设置 xc 表的主驾列为主键

如果主键由多列组成，先选中此列，然后按 **Ctrl** 键不放，同时用鼠标选择其他列，最后单击"设置主键"按钮，即可将多列组合设置成主键，如图 7.6 所示。

图 7.6　设置 xc 表的多列组合主键

7.3.3　唯一约束

表的主键约束可唯一确定表中的行。但由于在一个表中只能有一个主键，如果其他列或列的组合也具有唯一的特性，而且希望在输入数据时 SQL Server 能帮助加以检查，可以利用唯一约束定义列或列组合。如驾驶员表 jsy 中除有驾照号、姓名、籍贯和出生时间等字段外，还有身份证号和人身保险号等字段，其中驾照号为主键，但身份证号和保险号也都具有唯一性，可以定义成唯一约束，以确保输入数据的正确性。

一旦在列或列的组合上定义了唯一约束，那么数据必须符合唯一约束的要求，不能为 NULL 或重复值，数据输入或修改时 SQL Server 系统将执行唯一性检查。

1. 用命令操作方式定义唯一约束

用 UNIQUE 关键字定义唯一约束，同样有两种方法。
1）在创建表时定义唯一约束，例如：
```
CREATE TABLE jsy_temp3
    ( 驾照号 char(8))    NOT NULL    PRIMARY KEY CLUSTERED,
      姓名   varchar(8)  NOT NULL,
      身份证号 char(18)  NOT NULL    UNIQUE NONCLUSTERED)
```
2）在创建表之后用 **ALTER TABLE** 语句设定，具体语句参照 7.3.2 中主键约束的定义。

2. 用界面操作方式定义唯一约束

使用 SQL Server Management Studio 的"对象资源管理器"面板创建表，并且要一并创建所需的 UNIQUE 约束，可以按下列步骤进行。
1）在"修改"定义窗口（右击相应的表，然后在弹出的快捷菜单上选择"修改"命令）完成所有列的定义后，右击需要作为唯一约束的列，在弹出的快捷菜单中选择"索引/键"命令，如图 7.7 所示。

图 7.7　定义唯一约束快捷方式

2）在打开的新建窗口中，单击"添加"按钮，此时可设置唯一约束的名称及索引类别参数，如图 7.8 所示。

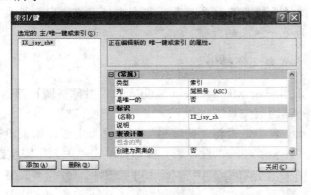

图 7.8 设置唯一约束参数

7.3.4 外键约束

外键约束是用于在两个表之间实现一对一或一对多的关系。如 jsy 表与 xc1 表之间的关系就是一对多的关系，jsy 表中的一行与 xc1 表中的一行或多行有对应关系，jsy 表为父表，xc1 表为子表。定义外键约束后，SQL Server 自动执行一对多关系的某些规则，如不能在 xc1 表中插入 jsy 表中不存在的驾驶员记录，而应该首先在 jsy 表中输入驾驶员记录，然后在 xc1 表中再输入该驾照号。同理，必须先删除了 xc1 表中某个驾驶员的所有记录后，才能删除 jsy 表中该驾驶员的记录。

一个表中可以有一个或多个外键，也可以没有外键，但当表中的数据与其他表中数据有对应关系时，应该定义外键来指明该对应关系。外键必须指向父表的主键或具有唯一约束的键，即候选键，这样 SQL Server 才能确切地知道父表中的哪一行正在被子表的外键引用。

1. 用命令操作方式定义外键约束

用 REFERENCES 关键字定义外键约束，有以下两种方法。

1）在创建表时定义外键约束，例如：

```
CREATE TABLE xc_temp
    ( 驾照号  char(6)  NOT NULL   REFERENCES jsy (驾照号)  ON UPDATE
            CASCADE ON DELETE CASCADE,
      车牌号  char(8)  NOT NULL   REFERENCES cl(车牌号)
                                    ON UPDATE CASCADE,
      调度号  char(4)  NULL,
    CONSTRAINT pkey_xc_temp PRIMARY KEY (驾照号, 车牌号)
    )
```

例中激活了层叠更新和层叠删除（层叠更新和层叠删除参见第 8 章）。如果改变主键的值或删除主键的值，那么与其相关联的外键将自动层叠式地改变，这样能够保持主键值和外键值的同步调整。如无此关键字，则不激活层叠改变。

2）在创建表之后用 ALTER TABLE 语句设定。

注意：建立外键的关键是某列必须是两张表中的同名、同数据类型列，且该列为一张表的主键，该列为另一张表的外键。

2. 用界面操作方式定义外键约束

下面通过的 SQL Server Management Studio 的"对象资源管理器"面板来创建 ddy 表与 xc1 表之间的外键约束关系。

首先，检查在 ddy 表中是否将"调度号"列设置为主键，如果没有就先设置它为该表的主键。接着，打开 xc1 表的"设计表"窗口，单击"关系"即按钮，如图 7.9 所示。

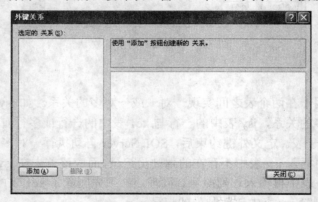

图 7.9　选择外键关系

在弹出的"外键关系"对话框中，单击"添加"按钮，如图 7.10 所示，选中"表和列规范"单击按钮，进入如图 7.11 所示的界面。在"主键表"下拉列表框中选择 ddy，并在主键表下的下拉列表框中选择"调度号"；在"外键表"下拉列表框中选择 xc1，并在外键表下的下拉列表框中选择"调度号"；如果想重命名外键约束名，可以在"关系名"文本框中输入新的名称。最后，单击"确定"按钮，即完成外键约束的创建。这样，两张表通过编号而连接起来。

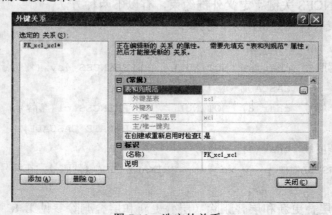

图 7.10　选定的关系

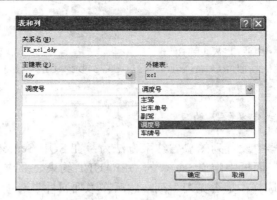

图 7.11　主键表和外键表的选择

7.3.5　缺省约束

缺省值是指当对列数据进行 INSERT 操作时系统自动提供的值，缺省约束是加在缺省值上的规则。缺省约束与前面所介绍的"缺省定义"一样执行相同的功能，但"缺省定义"是独立的数据库对象，二者是不相关的，而且缺省约束仅用于 INSERT 语句，不适用于 UPDATE。由于"缺省定义"仍然建立约束，有时也把"缺省定义"当作"缺省约束"对待。

缺省值可以是常量或系统函数。SQL 对缺省约束不能像缺省对象那样建立和绑定，并且定义在某个列的缺省不能应用于其他列。如果需要一个表的多个列或多个表的多个列设置相同的缺省，只能逐一地进行定义，缺省值实际变成了列属性。不过可以通过代码复制，为每一列提供相同的缺省。

1. 用命令操作方式定义缺省约束

用 DEFAULT 关键字定义缺省约束，同样有两种方式建立缺省约束。

1）在创建表时定义缺省约束，例如：

```
CREATE TABLE jsy_temp4
    (驾照号    int IDENTITY(1,1) NOT NULL PRIMARY KEY CLUSTERED,
    姓名      varchar(8)        NOT NULL,
    是否见习  varchar(20)       DEFAULT('是'),
    身份证号  char(18)          NOT NULL    UNIQUE  NONCLUSTERED
    )
```

2）在创建表之后用 ALTER TABLE 语句设定，例如：

```
CREATE TABLE jsy_temp4
    (驾照号    int IDENTITY(1,1)   NOT NULL ,
    姓名        varchar(8)          NOT NULL,
    是否见习 char(2) ,
    身份证号    char(18)            NOT NULL
    )
```

```
    GO
ALTER TABLE jsy_temp4
    ADD CONSTRAINT def_ jsy_temp DEFAULT '是' FOR 是否见习
    GO
```

2. 用界面操作方式定义缺省约束

在对象资源管理器中设置列的缺省约束方法为：在 SQL Server Management Studio 的"对象资源管理器"面板中定义 jsy 表的 DEFAULT 约束，要求是否见习列的默认值为，如图 7.12 所示。选择"是否见习"列，然后在"列属性"选项卡中选择"默认值或绑定"下拉列表框中的""选项，然后单击"保存"按钮。

图 7.12　定义表 jsy 的 DEFAULT 约束

7.3.6　CHECK 约束

CHECK 约束与规则的作用相同，可以让系统对列的输入值进行正确性检查，用户在插入或修改数据时列值必须符合 CHECK 约束条件，否则数据便无法加入到数据表中。CHECK 约束可以是一个数据列表，也可以是一个数据范围。在某一列上可以加入多个 CHECK 约束，如对电话号码列可以同时检查位数和区域码是否正确。

1. 用命令操作方式定义 CHECK 约束

用 CHECK 关键字定义 CHECK 约束，同样有两种方式建立。

1）在创建表时定义 CHECK 约束，例如：

```
CREATE TABLE jsy_temp5
    (驾照号  int IDENTITY(1,1) NOT NULL PRIMARY KEY CLUSTERED,
    姓名       varchar(8)    NOT NULL,
    是否见习  char(1)       DEFAULT('是'),
    身份证号  char(18)      NOT NULL UNIQUE NONCLUSTERED,
```

　　　电话　　　　　　　char(8)　　　　　　　CHECK(LEN(电话)=8 AND 电话 LIKE '72_-%'))

2）在创建表之后用 ALTER TABLE 语句设定，例如：

```
CREATE TABLE jsy_temp5
    (驾照号       int IDENTITY(1,1)   NOT NULL ,
     姓名         varchar(8)          NOT NULL,
     是否见习     char(1) ,
     身份证号     char(18)            NOT NULL,
     电话         char(8)  )
  GO
    ALTER TABLE jsy_temp5
        ADD CONSTRAINT ck_ jsy_temp5 CHECK(LEN(电话)=8 AND 电话 LIKE
'72_-%')
        GO
```

2. 用界面操作方式定义 CHECK 约束

　　表 jsy 中定义"是否实习"列只能是"是"或"否"，从而避免用户输入其他的值。要解决此问题，需要用到 CHECK 约束，使"是否实习"的值只有"是"或"否"两种可能，如果用户输入其他值，系统均提示用户输入无效。下面介绍在 SQL Server Management Studio 的"对象资源管理器"面板中是如何解决这个问题的。步骤如下。

　　1）在 SQL Server Management Studio 的"对象资源管理器"中右击"dbo.jsy"选项，在弹出的快捷菜单中，选择"修改"命令，弹出如图 7.13 所示的界面。

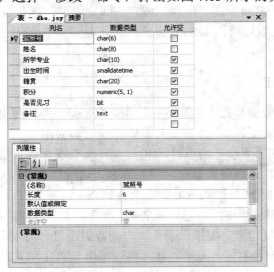

图 7.13　修改 jsy 表 CHECK 约束

　　2）选中"是否实习"，然后单击"设计表"窗口工具栏上的"管理 CHECK 约束"按钮，结果如图 7.14 所示。在"CHECK 约束"窗口，单击"添加"按钮，结果如图 7.15 所示。

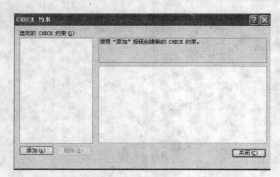

图 7.14 单击管理 CHECK 约束按钮结果

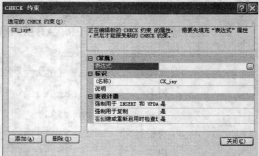

图 7.15 添加 CHECK 约束

3）单击"表达式"后面的⬜按钮，进入如图 7.16 所示的 CHECK 约束表达式的界面，在"表达式"文本框中输入约束表达式"是否实习='是' or 是否实习='否'"，然后，单击"确定"按钮。

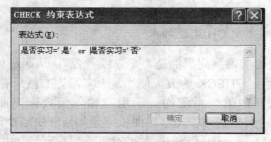

图 7.16 输入约束表达式

4）在"设计表"窗口单击"保存"按钮，即完成了创建并保存 CHECK 约束的操作。以后在用户输入数据时，若输入是否实习不是"是"或"否"，系统将报告输入无效。

7.3.7 启用与禁止约束

如果在现有的表数据基础上追加各种约束，那么需要考虑约束是否对表中已有数据起作用，分下列几种情况。

1）当建立主键约束或唯一约束时，SQL Server 会在后台自动建立唯一索引，并对表中的数据进行检查，以确保数据符合约束要求，这种自查过程是无法关闭。

2）当创建检查约束和外键约束时，在缺省状态下，系统也会自动对数据进行检查，与主键约束和唯一约束不同的是，它可以取消。当确认表中的数据已经符合约束条件时，就不必再浪费时间重复检查。如果已确认表中的数据不符合约束条件，又不想马上清理当前的数据，也不必对数据进行检查，此时可以使用 WITH NOCHECK 选项关闭检查当前数据。

3）当为某列加入一个新的缺省约束，SQL Server 并不对该列已有数据进行检查，表中已有记录保留原有的取值或 NULL。当新建一列同时指定其缺省值时，SQL Server 才为已有记录填充数值。如果使用了 WITH VALUES 选项，SQL Server 会把缺省值赋给新列,否则新列为 NULL。如果新列不允许为 NULL ，则无论是否指定了 WITH VALUES 选项，都使用缺省值。

4）当向数据库添加大量的数据时，可以临时禁止检查约束和外键约束。如要关闭外键约束，ALTER TABLE 语句为：

```
ALTER TABLE xc_temp NOCHECK CONSTRAINT fkey_xc_temp1
```

如想恢复约束，ALTER TABLE 语句为：

```
ALTER TABLE xc_temp CHECK CONSTRAINT fkey_ xc_temp1
```

如要永久取消约束，ALTER TABLE 语句为：

```
ALTER TABLE xc_temp DROP CONSTRAINT fkey_ xc_temp1
```

主键约束和唯一约束不能被临时禁止，因为当表进行 INSERT 操作时，SQL Server 需要随时修正与其相关联的索引。

7.4　约束与缺省、规则比较

缺省和规则不仅是能够重复使用的对象，并且在开发程序时符合面向对象的方法，但规则或缺省是与数据库分离的对象，它们并不和与之关联的列或表一起调入内存，而是在第一次使用它们时才被装载进内存。当表中首次插入一行或修改一行时就会出延时，如经常使用规则或缺省，这种影响可以忽略，因为规则或缺省调入后一直驻留内存。如果不经常使用规则或缺省，在执行的过程中其影响会较明显，因为每次使用时都需要调入内存。而约束是表定义的一部分，随表一起调入内存，提高了表的整体访问性能。

缺省和规则一旦定义可绑定到许多列，也可以绑定到用户自定义数据类型。约束需要每一列分别定义，不能绑定到用户自定义数据类型。

缺省和规则代码容易维护，只需在一处修改。约束需在每一个列对象处修改。

缺省和规则不属于 ANSI 标准，不方便代码移植，以后 Microsoft 不一定支持。虽然对于数据检查来说，约束可能不是最好的方法，但 Microsoft 以后会支持使用约束。

小　　结

本章讲解了数据完整性概念。数据完整性确保数据库数据在修改和更新时数据之间的一致性和相容性，SQL Server 可以通过数据库对象和数据约束来实现数据完整性。本章介绍了如何创建缺省与规则对象，如何定义列约束、表约束、主键约束、唯一约束、外键约束和检查约束等，讲解了如何将缺省与规则对象绑定或和取消绑定于列，以及如何通过设置启用和禁止，决定约束是否起作用。

习　　题

一、思考题

（1）数据完整性的含义是什么？

（2）缺省和规则的作用及特点是什么？

（3）SQL Server 中常用的约束类型有哪几种？它们各自的作用是什么？

二、练习题

1. 选择题

（1）以下描述与数据完整性有关的是（　　　）。

    A. 表中应有一个主键，其值不能为空

    B. 一个表的值若引用其他表的值，应用外键进行关联

    C. 数据的取值应在有效范围内

    D. 数据应随时可以被更新

（2）下面关于缺省和规则的描述，不正确的是（　　　）。

    A. 缺省和规则是与表和列有关的数据库对象

    B. 缺省和规则绑定到列或数据类型后才有效

    C. 多个列可以有同一个的缺省值

    D. 缺省和规则不是实现数据完整性的最好的手段

（3）下面关于默认的描述，正确的是（　　　）。

    A. 当没有地指明列的值时，为列提供特定的值

    B. 可以绑定到表列，也可以绑定到数据类型

    C. 响应特定事件的操作

    D. 以上描述都正确

（4）创建默认对象时，下面不可以作为默认对象的值的是（　　　）。

    A. 常量数据

    B. 函数或表达式

    C. 表列或数据库对象

    D. 除二进制外的数值型数据

（5）下面创建默认对象的语句中，不能正确创建默认对象的是（　　　）。

    A. CREATE DEFAULT def_value AS 100

    B. CREATE DEFAULT def_char AS CHAR

    C. CREATE DEFAULT def_char AS 'ABC'

    D. CREATE DEFAULT Uint_Price AS $100

（6）下面关于缺省与默认约束的描述，正确的是（　　　）。

    A. 适用列的数据类型不一样

    B. 实现功能不一样

    C. 前者符合 ANSI 标准，后者不符合 ANSI 标准

    D. 前者不符合 ANSI 标准，后者符合 ANSI 标准

（7）在数据库中，作为表的主键可以有（　　　）。

    A. 一个　　　B. 二个　　　C. 三个　　　D. 随机

（8）下面关于 UNIQUE 约束和 PRIMARY 约束的描述，正确的是（　　　）。

A. PRIMARY　KEY 约束强调作为主键的列或列组合不能出现重复值，
UNIQUE 约束也强调在一个表中不能出现一行以上相同的值的列

B. 定义了 UNIQUE 约束的列的值可以为空值，定义了 PRIMARY　KEY 约
束的列不能出现空值

C. 一个表中可以有多个 UNIQUE 约束，但最多只能有一个 PRIMARY　KEY
约束

D. 以上全不是

（9）CHECK 约束可以限制添加到表列的值，对于已经定义了 CHECK 约束的列，
下列描述不正确的是（　　　）。

A. CHECK 约束可以保证插入到数据库中数据的有效性

B. 只要定义了 CHECK 约束，不管任何时候，不符合约束定义的数据均不能
插入

C. 可以使用 WITH　NOCHECK 选项向定义了 CHECK 约束的数据库中添
加特定数据值

D. CHECK 约束是定义数据库时常用的约束之一

（10）FOREIGN　KEY 约束在于（　　　）。

A. 体现数据库关系的重要技术

B. 实现参照完整性

C. 建立表的 FOREIGN　KEY 约束是以其他表的 PRIMARY　KEY 约束和
UNIQUE 约束为前提

D. 以上全是

2. 操作题

（1）创建缺省对象，默认为字符型数据"天津"，并绑定到 jsy 表籍贯列，使籍贯的
取值默认为"天津"。

（2）创建规则对象，规定取值可以为"汽车指挥"、"汽车管理"或"汽车维修"。
并绑定到所学专业列，使所学专业列的取值只能为其中之一。

（3）给驾驶员表的驾照号列设定非空并有主键约束。

（4）给 xc1 表的驾照号列、车牌号列和调度号列增加外键约束。

（5）给 jsy 表的出生年月列增加 CHECK 约束，以便检查输入的日期是否为当前日
期之前。

第 8 章　使用索引提高查询效率

📖 **知识点**
- 索引的作用和分类
- 堆集和数据的选择性
- 聚集索引和非聚集索引
- 唯一索引
- 索引重建

✎ **难点**
- 聚集索引与非聚集索引中记录的定位

📢 **要求**

熟练掌握以下内容：
- 建立聚集索引和唯一索引的方法
- 删除索引的方法

了解以下内容：
- 索引文件的结构
- 重建索引的方法
- 索引效率

当我们查阅书中某个章节内容时，通常会先在书的目录中找到该章节的主题，根据其对应的页码找到所需的章节内容。在数据库设计中，也采用这种概念和操作来加快数据检索速度，可以在作为查询条件的列或列的组合上建立索引，以后当查询该列值时，系统会在索引文件中查找指定的键值，然后根据键值所对应的数据定位器，到表中读取相应数据。索引能够大大提高数据查询和访问的速度，这对大型数据库系统大海捞针式的数据检索来说是很有意义的。

8.1　索　引　概　述

索引是一个系统控制的数据库文件，或者说是一个表，如同书的目录索引一样，索引表中有按照一定顺序建立的索引键值和行定位器，行定位器指向键值对应的数据行。在数据库中检索数据时，系统先在索引表中查找键值，然后根据数据行指针快速定位一个记录。

8.1.1　索引的作用

对于数据库而言，索引并不是必需的，但没有索引，SQL Server 的运行是很勉强的，因为如果没有索引，每次数据查询时系统都要进行表扫描，对成千上万的数据行的每一行进行搜索排查，这种情况下数据库就像一辆没有汽油的车子，只能推着它走。对于大型数据库系统，为了确保数据库更好地发挥作用，需要使用各种索引。使用索引可以加速数据检索速度，但索引的作用不仅限于此，索引还可以保证数据行的唯一性，增强外键的关系，实现表之间的参照完整性，加快表的连接。在进行分组和排序时，索引可以减少分组和排序时间。

索引可以由系统自动建立，也可以由数据库拥有者或数据库管理员手工创建。必须根据表中列数据的使用特性来创建索引，而不能一味地乱建索引，在什么情况下使用索引，使用什么索引，以及在什么情况下不使用索引，这需要根据数据的使用或根据经验来判断，最好在建库时制定好索引策略，而不要等到建库以后再考虑。

8.1.2　使用索引的场合

数据表不一定必须创建索引，创建索引需要额外的磁盘空间来存储索引树结构，而且索引创建后，系统要对每个索引进行不断维护，这会耗费系统的资源，影响系统效率。是否建立索引及建立什么索引，要考虑数据表的具体使用情况。

以下场合往往需要索引。

1）当创建一个表并指定一个列作为主键或作为一个唯一约束时，SQL Server 就自动地在表中创建一个唯一索引，这个索引确保主键或唯一键值不能重复。

2）当定义一个在列或列集上的外键约束，需要创建一个在外键列上的唯一索引。

3）频繁用于查询（WHERE 子句或 HAVING 子句）、分组（GROUP BY 子句）或排序（ORDER BY 子句）的列也应被索引。

在进行数据检索时，索引是非常有用的，在进行数据修改时，情况就不一样了。对于现有行的每次更新，指向行的索引也将随着更新，而索引的更新实际上是一个多行交叉表操作，需要消耗系统资源和占用额外时间。如果数据库主要用于数据输入或事务操作，每天要接受上百万的数据插入和更新，最好不要创建索引，因为花费在修改繁琐的索引数据表的额外时间可能使应用程序慢得不能忍受。

8.1.3　索引分类

如果从来没有任何索引，SQL Server 不可能自动按照特定的顺序存储数据，表中的数据行按最初进入数据库的位置排列，新加入的数据只能追加在表的尾部，这种情况称为堆集，查询时从头到尾搜索扫描数据并按照发现的顺序返回被选中的行。如果要强制得到特定顺序的返回数据，就需要使用 ORDER BY 子句进行查询，在返回结果集之前，SQL Server 在一个临时存储数据库里进行数据排序。

索引后台系统将产生索引文件，索引文件中索引键值按一定的规律排列，索引文件由系统在后台维护，不用人工干预。

索引类型按索引文件的存储方式可分为聚集索引和非聚集索引，按索引键值的特点或索引键的组成，索引可分为唯一索引和非唯一索引、复合索引和覆盖索引等。下面介绍常用的索引类型。

1. 聚集索引和非聚集索引

索引文件也是个 SQL Server 表，系统用树状结构对数据和索引文件进行存储和管理。树的根页在顶部，中间是干页，底部是叶页。树的根和中间干层是索引页，叶页则构成表中的数据。叶页可能包含确切的用户数据记录，或者只包含那些指向数据记录的指针，这依赖于使用哪种索引，通常记录无次序存储时，叶类型的指针是行指针，它们在一个数据页面上直接指向用户数据记录所在的位置。

聚集索引将数据按索引键值的规律进行排序和存储。叶结点存放的是数据页信息，数据页是按索引键进行物理排序，就像一本书的目录，记录了章节和对应页码，书的正文按章节的物理顺序排列，章节的对应页码是从小到大排列的。

由于数据记录按聚集索引键的次序存储，当按规定范围的列值进行数据检索时，效果明显，因此聚集索引对查找记录很有效。

缺省情况下，当为一个表加入主键约束时，创建的索引是聚集索引，但这可以改变。聚集索引的键值不必是唯一的，但有主键约束的聚集索引的列值必须是唯一的。

在每一个表上，聚集索引最多只能有一个，因为在一个表中物理排序只能有一个可能。一个表可以没有聚集索引，这种情况就是堆集。

非聚集索引包含索引键值和定位数据行的指针。如果表中有一个聚集索引，指针就是聚集索引键值；如果在表中没有聚集索引，指针就指向表中确切的行，如某些书后所附的引用词汇表，包含书中所有引用词汇和词汇所对应的章节，当需要查找一个引用词汇在书中的位置，先查找到词汇所在的章节，然后在目录中再查找章节对应页码。在引用词汇表中引用词汇按升序排列，但章节的排列是没有规律的，如果书本身没有目录的话，引用词汇表就直接包含引用词汇对应的页码。

对非聚集索引来说有两种情况：一是有聚集索引时使用非聚集索引，二是无聚集索引时使用非聚集索引。前一种情况访问数据的效率更高，即在包含聚集索引的表中检索数据会更快。因为从叶级通过聚集索引键值跳到用户数据页比通过行指针跳到用户数据页更为有效，并且当数据更新时，数据页重写，行标识变化，所有相关联的非聚集索引都需要更新，如果用聚集索引键值代替行标识符，指针值仍是准确的，非聚集索引文件不变。

聚集索引和非聚集索引主要有以下区别。

1）每个表中只能有一个聚集索引，但可以有多个非聚集索引。

2）聚集索引对数据进行物理排序，非聚集索引对数据存储没有影响。

3）聚集索引的叶级是数据，非聚集索引的叶级是聚集索引的键值或是一个指向数据的指针。

建立索引文件时要注意，由于非聚集索引要使用聚集索引键值，所以如果表中要同时使用聚集索引和非聚集索引，应先建立聚集索引，然后再建立非聚集索。

2. 唯一索引和非唯一索引

如果需要对某个列实施唯一性处理，就必须在这个列上建立唯一索引，当把一个列作为主键或者唯一键时，SQL Server 对这个列自动创建的索引就是唯一索引。一旦某个列被定义为唯一索引，SQL Server 将禁止在索引列中插入有重复值的行，同时也拒绝任何会引起重复值的列的改变。

非唯一索引允许对其值进行复制，对于外键列和经常需要查询、排序和分组的列可进行非唯一索引。

8.2　创　建　索　引

创建索引可以用命令操作方式或界面操作方式，可以根据需要同时创建一个聚集索引和多个非聚集索引，也可以只创建聚集索引或只创建若干非聚集索引。当数据库需要聚集索引，应先创建聚集索引，否则若已创建了非聚集索引，再创建聚集索引，SQL Server 需要修改非聚集索引文件，这将花更多的时间。

8.2.1　用命令操作方式创建索引

使用 CREAT INDEX 命令建立索引，其基本的语法格式为：

```
CREAT [UNIQUE]                              /*是否为唯一索引*/
    [CLUSTERED | NONCLUSTERED]             /*索引文件的存储方式*/
    INDEX  index_name                      /*索引文件名称*/
    ON {table | view }(column [ASC | DESC][,…n] /*索引定义的依据*/
    [WITH < IGNORE_DUP_KEY | DROP_EXISTING >]] /*索引选项*/
    [ON filegroup]                         /*指定索引文件所在的文件组*/
```

参数说明如下。

1）UNIQUE 关键字指定创建唯一索引，对于视图创建的聚集索引必须是 UNIQUE 索引。

2）CLUSTERED 关键字和 NONCLUSTERED 关键字指定创建聚集索引或非聚集索引。

3）ON{table | view }子句表示创建索引的表或视图，即包含索引字段的表或视图。注意必须使用 SCHEMABINDING 关键字定义视图才能在视图上创建索引。Column 表示建立索引的字段，类型不能为 ntext、text 或 image，可以指定多个字段创建组合索引，组合索引的所有字段必须来源于同一表。

4）IGNORE_DUP_KEY 关键字用于确定对唯一聚集索引字段插入重复键值时的处理方式，如果指定了 IGNORE_DUP_KEY 关键字，当用户插入重复值时，SQL Server 将发出警告并取消重复行的插入操作。如果没有指定 IGNORE_DUP_KEY 关键字，SQL Server 会发出警告，并回滚整个 INSERT 语句。

5）DROP_EXISTING 关键字指定删除已存在的同名索引，此选项有重建索引的作用。

6）**ON filegroup** 子句指定将索引放在某一特定的文件组。一般情况下表的索引和表存放在同一个文件组上，使用该子句可以指定将索引放在其他文件组，**SQL Server** 可以通过操作系统同时访问不同文件组上的数据和索引，加快对表的访问速度。聚集索引和表永远在同一个文件组上。

例 8.1　为 jsy 表的驾照号列创建索引。

```
    USE  traffic1
IF EXISTS(SELECT name FROM sysindexes WHERE name='IX_ind')
    DROP INDEX jsy.IX_ind
GO
USE traffic1
CREATE INDEX IX_ind ON jsy(驾照号)
GO
```

例 8.2　为 cl 表的车牌号列创建唯一聚集索引，如果输入了重复的键，将取消该重复键的修改或插入操作。

```
    USE  traffic1
IF EXISTS(SELECT name FROM sysindexes WHERE name=' cl_number_ind')
    DROP INDEX cl. cl_number_ind
GO
USE traffic1
CREATE  UNIQUE CLUSTERED INDEX cl_number_ind ON cl(车牌号)
    WITH IGNORE_DUP_KEY
GO
```

例 8.3　为 xc1 表的驾照号列和车牌号列创建复合索引。

```
    USE traffic1
IF EXISTS(SELECT name FROM sysindexes WHERE name=' xc_ind')
    DROP INDEX xc_ind
GO
USE traffic1
CREATE INDEX xc_ind ON xc1(驾照号，车牌号)
GO
```

索引创建后，可以通过 **SQL Server Management Studio** 查询窗口的"显示估计的执行计划"按钮查看系统使用哪个索引。如在 **SQL Server Management Studio** 查询窗口输入以下查询语句：

```
SELECT 驾照号,姓名,所学专业
FROM jsy
WHERE 驾照号='002011'
```

单击 按钮执行后，单击工具栏中"显示估计的执行计划"图标，选择"执行计划"，结果如图 8.1 所示。将鼠标分别停留在 SELECT 和"聚集索引查找"对象上，显示各对象的系统信息即系统查询成本和效率，如图 8.2 所示。

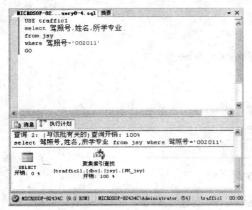

图 8.1　查询语句的执行模式　　　　　　图 8.2　执行模式的系统信息

8.2.2　用界面操作方式创建索引

使用对象资源管理器界面操作方式也可以创建索引，步骤如下。

1）在 SQL Server ManagementStudio 的"对象资源管理器"面板中，选择要创建索引的表（如 traffic1 数据库中的 xc1 表），然后展开 xc1 表前面的"+"号，选中"索引"选项右击，在弹出的快捷菜单中选择"新建索引"命令，如图 8.3 所示。

2）选择"新建索引"命令，进入如图 8.4 所示的"新建索引"窗口，在该窗口中列出了 xc1 表上要建立的索引，包含其名称、是不是聚集索引、是否设置唯一索引等。输入索引名称为"ix_ xc1"，选择"非聚集"选项。

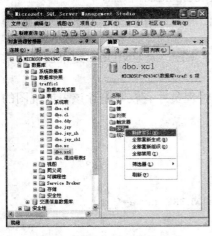

图 8.3　建立索引的快捷菜单　　　　　　图 8.4　新建索引窗口

3）单击"添加"按钮进入如图 8.5 所示的界面，在列表中选择需要创建索引的列。对于复合索引，可以选择多个组合列。

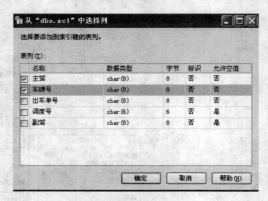

图 8.5 新建索引选择列

4）单击"确定"按钮，SQL Server 将完成索引的创建工作。

8.3 删 除 索 引

索引创建后，数据检索时 SQL Server 自动判断使用哪个索引，在 SQL Server Management Studio 查询窗口可以查看系统使用哪个索引，对于长期使用率不高的索引，应适时删除，以免浪费系统资源。

8.3.1 用命令操作方式删除索引

使用 DROP INDEX 命令可以删除索引，其语法格式为：

```
DROP INDEX {table_name | view_name}.index_name [,…n]
```

其中 table_name 为表名，view_name 为视图名，index_name 为索引文件名，可以同时指定多个要删除的索引。

DROP INDEX 命令不能删除通过定义 PRIMARY KEY 或 UNIQUE 约束创建的索引，不能对系统表执行该命令。

只有表或视图的所有者、数据库所有者或数据库管理员才有权限删除该表或视图的索引。

例 8.4 删除例 8.3 所创建的索引。

```
USE traffic1
GO
IF EXISTS(SELECT name FROM sysindexes WHERE name=' xc_ind')
DROP INDEX xc_ind
GO
```

注意：DROP INDEX 命令中要指定表名和索引名。

当删除一个聚集索引时，如果这个表中还存在一些非聚集索引，则所有的非聚集索引将被重建，并且行指针将代替索引树叶级页的聚索引键值。为了避免给系统增加过多的压力，如果真要删除表中所有的索引，那么首先应移去所有的非聚集索引，然后再删除聚集索引。

8.3.2　用界面操作方式删除索引

通过 SQL Server Management Studio 的"对象资源管理器"删除索引，其步骤如下。

1）在 SQL Server Management Studio 的"对象资源管理器"面板中展开 traffic1 数据库，单击"表"选项展开"xc1"，再展开"索引"前面的"+"号，选中索引名为"ix_xc1"，如图 8.6 所示。

2）右击"ix_xc1"选项，在弹出的快捷菜单中选择"删除"命令，进入如图 8.7 所示的窗口，单击"确定"按钮，即可删除该索引。

图 8.6　删除索引

图 8.7　确定删除索引

8.4　使用好的索引

索引能够提高数据库查询速度，但创建索引时要根据数据的特点来考虑，以便索引能更好地起作用。

1．选择性高的索引

使用索引主要是为在数据检索时加快行定位速度，当列的选择性越高，索引键中唯一值就越多，查询记录就越快。可选择性是索引键中唯一值个数的度量，如 jsy 表中驾照号列具有唯一性，选择性最高，籍贯列的选择性次之，是否见习列的选择性最低，只有"是"或"否"。如指定驾照号值，结果集中返回一行，如指定籍贯值，结果集中返回若干行，如指定是否见习值，在结果集中可能返回 50%的行，所以通常在具有唯一性或选择性高的列或列集上创建索引。

索引的选择性越小，被使用的机会就越少，查询优化器根据索引的选择性，决定使用哪个索引。对于选择性低的索引，查询优化器会用表扫描替代索引，因为表扫描实际上会很快地返回数据。表扫描是一页一页的按一定次序地将表读入内存，而基于索引的数据检索首先读入索引项，然后按照索引的顺序，跟随指针在表中检索数据页，后者将比前者花更长的时间。因此，如果结果集在整个表中占有很大比例的话，那么查询优化器将选择进行表扫描操作。

不具备唯一值的列，一般来说不值得去索引，如籍贯列或是否见习列的索引效率就不高。

2. 短列索引

短列要比长列索引好，因为索引键越短，在页面存储的索引记录就越多，索引层次就越少，I/O 操作就越少，数据检索的速度就越快。

3. 大表索引

大表的数据存储要占用许多页，表扫描时 I/O 操作花时间多，索引可以减少 I/O 操作次数，明显提高查询速度。小表不值得去索引，因为它们只占有一至二页，如果它们频繁地被引用或查询，它们可能已经被存储在高速缓存中了，而索引却不得不在一个特定的页面进行数据检索，这是不划算的。

4. 定长列索引

定长列索引要比可变长列索引更利于索引文件的存储，但如果经常在可变长列中查询，对其进行索引也是必要的。

小　　结

本章讲解了索引的作用和分类。在庞大的数据库中，对于用户经常使用的大量的数据查询，建立各种适当的索引是提高数据访问速度，改善数据库系统工作性能的有效途径。本章介绍了索引的适用场合和如何选择不同索引类型，讲解了创建各种索引的命令和界面操作方法。索引建立后，系统会在后台对索引进行维护，如在索引列上更新数据时更新相关的索引，统计索引数据的分布等。对于不常使用的索引，应及时删除以免浪费系统资源。

习　　题

一、思考题

（1）数据库索引有什么作用？

（2）是否所有的索引都能查询速度？怎样才算是好的索引？

（3）按索引文件的存储方式分类，索引可分为几类？

二、练习题

1. 选择题

（1）使用索引可以加快数据检索的速度，此外索引还具有的功能是（　　　）。

　　A. 保证数据的唯一性

    B. 减少分组排序的时间

    C. 明确表与表之间的对应关系

    D. 以上都是

（2）以下关于索引的描述，不正确的是（　　　）。

    A. 所有的索引都有利于提高查询速度

    B. 经常出现在 WHERE 子句或 HAVING 子句中的列，应建立索引

    C. 数据频繁新时，不应建立索引，否则会降低系统效率

    D. 当表有唯一约束或主键约束时，SQL Serve 自动建立索引

（3）关于索引的选择性，下面描述不正确的是（　　　）。

    A. 选择性越高，索引后查询记录越快

    B. 选择性越小，结果集返回的行越少

    C. 列的值越分散，选择性越高

    D. 具有唯一约束的列的选择性最高

（4）数据库的堆集是指（　　　）。

    A. 表中的记录没有特定的顺序

    B. 新插入的记录添加在表的尾部

    C. 查询时从第一条记录开始扫描

    D. 以上都是

（5）下面关于聚集索引的描述不正确的是（　　　）。

    A. 聚集索引与堆集具有不相同的排列顺序

    B. 建立聚集索引，索引文件中数据将按索引键值的规律重新进行排序和存储，但表的不原始的物理顺序不变

    C. 当有主键约束时系统自动建立聚集索引

    D. 聚集索引只能有一个

（6）用表达式 RIGHT(姓名,1)+RIGHT(籍贯,2)索引，下面说法不正确的是（　　　）。

    A. 这是一个基于两个列值而创建的索引复合索引

    B. 与用表达式 RIGHT(籍贯,2)+RIGHT(姓名,1)作的索引相比，查询的速度是不一样的

    C. 比单列索引更准确地定位记录

    D. 以上都不是

（7）对某列作了唯一索引后，以下描述不正确的是（　　　）。

    A. 作为主键的列系统自动建立唯一索引

    B. 不允许插入重复的列值

    C. 不能对列的组合作唯一索引

    D. 一个表中可以有多个唯一索引

（8）以下与索引无关的关键字是（　　　）。

    A. UPDATE

    B. CLUSTERED

    C. PRIMARY　KEY

    D. UNIQUE

（9）关于 DROP INDEX 命令，下面描述不正确的是（　　　）。

    A. 该命令用 PRIMARY KEY 或 UNIQUE 约束创建的索引无效

    B. 使用率低的索引系统会自动删除，以节省系统资源

    C. 用户必须知道索引文件名才能进行删除

    D. 系统表的索引不能被删除

（10）以下不能进行创建索引和删除索引操作的人员是（　　　）。

    A. 数据库、表或视图的所有者

    B. 数据库管理员

    C. 被授权了的用户

    D. 以上都不是

2. 判断题

（1）索引是一个由系统自动创建和维护的系统文件，索引的使用对用户是透明的。

                             （　　　）

（2）一个数据库必须建立相应的索引文件，否则数据查询时将经常系统出错。（　　　）

（3）数据库创建索引需要占用存储空间，存储索引文件系统。当数据发生变化时系统还需要及时维护更新索引，所以建立过多的索引会使系统效率降低。   （　　　）

（4）唯一索引禁止在索引列中插入有重复值的行，非唯一索引允许对其值进行复制。

                             （　　　）

（5）表中只能有一个聚集索引，但可以有多个非聚集索引。当需要改变聚集索引，必须先删除非聚集索引，再重建聚集索引和非聚集索引。   （　　　）

（6）建立索引时，系统默认将索引文件存放在主文件组中，用户只能将索引文件存放在与表相同的文件组中。   （　　　）

（7）聚集索引和表永远在同一个文件组中。   （　　　）

（8）创建视图索引需要先创建与其相关的基本表索引。   （　　　）

3. 操作题

（1）为 jsy 的驾照号列创建唯一聚集索引。

（2）为 xc1 表的驾照号列和车牌号列创建复合索引。

（3）删除题 2 所创建的索引。

第 9 章　建立存储过程与触发器

知识点

- 存储过程的作用和类型
- 本地存储过程和系统存储过程
- 触发器的作用和类型
- AFTER 触发器和 INSTEAD OF 触发器的特点和作用机理

难点

- 带输入、输出参数的存储过程
- 系统虚拟表 DELETED 表和 INSERTED 表的概念

要求

熟练掌握以下内容：
- 本地存储过程的建立和调用
- AFTER 触发器的建立
- 存储过程和触发器的删除
- 常用的系统存储过程

了解以下内容：
- INSTEAD OF 触发器建立

存储过程和触发器都是数据库对象，是由 T-SQL 语句组成的程序代码，存储在 SQL Server 2008 服务器端，以提高 SQL Server 2008 服务器的性能。通常存储过程用来提供交互式查询的客户接口，满足用户指定条件的查询需求。触发器用来检查用户对表的操作是否符合整个应用系统的需求和商业规则，增加数据访问的安全性和方便性，维持表内数据的完整性。在执行方式上，存储过程与触发器不同，存储过程是由用户使用 EXECUTE 命令调用执行它，触发器是当用户对表进行操作（如建立、修改或删除数据）失误时被触发而自动执行，如果把存储过程比喻成手枪，有人扣动扳机才会射出子弹，触发器则较像地雷，当人不小心踩到它时它便会 "引爆"。

9.1　存　储　过　程

存储过程是指在一个执行规划中预先定义并编译好的一组 T-SQL 语句，它存放在数据库中，可由用户随时调用。存储过程是数据库代码中的重要成分，它可以是构成某个数据库应用程序的代码，并能被该数据库任何应用程序所调用。

9.1.1　存储过程的作用

将 T-SQL 查询转化为存储过程是提高 SQL Server 2008 服务器性能的最佳方法之一，因为存储过程是在服务器端运行，所以执行速度快，而且存储过程方便用户查询，提高数据使用效率。当一个存储过程创建时即被翻译成可执行的系统代码保存在系统表内，当作是数据库的对象之一。一般用户只要执行存储过程，并提供存储过程所需的参数，就可以得到需要的查询结果，而不用接触到具体的 SQL 命令。

存储过程的作用主要有以下几方面。

1）执行速度快。存储过程第一次执行时进行编译并驻留在高速缓存中，以后再执行时，只需从高速缓存中调用已编译好的二进制代码，对于经常被执行且功能固定的查询需求，存储过程将大大节省 SQL Server 2008 执行时间。

2）减少网络流量。存储过程存储在服务器上并在服务器上执行，网络上只传送存储过程执行的最终数据，大大减少了网络流量。

3）作为一种安全机制。通过设置用户只可能使用存储过程访问数据，限制用户不能直接操作数据库中的敏感数据，以保障数据的安全。

4）屏蔽 T-SQL 命令，提供交互查询的客户接口，增加数据库应用的方便性。

9.1.2　存储过程的类型

SQL Server 2008 中的存储过程分为内建存储过程和本地存储过程，虽然二者都是已编译好的代码，但其建立和使用的情况不同。

1. 内建存储过程

内建存储过程由系统提供，在安装 SQL Server 2008 后自动装入，定义在系统数据库 master 中，其存储过程名前缀是"sp_"。SQL Server 2008 为了管理上的方便，提供了大量内建存储过程让系统管理员直接使用，以便获得一些系统信息，或直接得到某些特定的功能，如 sp_help 存储过程可以检索系统表的信息，sp_helpdb 存储过程可以显示数据库对象信息，sp_adduser 存储过程可以显示新建用户信息。

内建存储过程又分目录存储过程、系统存储过程、复制存储过程、事务存储过程和扩充存储过程。

1）目录存储过程：用来显示数据库对象的信息，如数据库内建哪些表、表内哪些列。常用的有 sp_helpdb、sp_help、sp_helptext 等存储过程。

2）系统存储过程：用来处理 SQL Server 2008 的系统管理工作，如新建用户、设置选项、设置密码等。常用的有 sp_adduser、sp_dboption、sp_password 等存储过程。

3）复制存储过程：用来处理有关数据库复制方面的事务。

4）事务存储过程：用来进行创建系统工作，如安排数据库复制、安排工作执行的时间或系统警告信息等。

5）扩充存储过程：用于加载和执行 DLL 动态链接库，扩充存储过程。名称通常以"xp_"为前缀。

2. 本地存储过程

本地存储过程是在用户数据库中创建的存储过程，用以完成特定的数据库操作任务，也称为用户存储过程。通常数据库所有者和 ddl_admin 角色成员可以创建本地存储过程，数据库所有者可以授权其他用户创建本地存储过程。本地存储过程通常只能应用于创建它的数据库，并且存储过程名不能使用 sp_ 前缀，以免系统误解。

本地存储过程可分为永久性存储过程或临时存储过程。

1）永久存储过程：在当前数据库中创建，存储过程名存储于当前数据库的系统表 sysobject 中，文本保存在数据库的系统注释表中，可供以后使用。

2）临时存储过程：如果在存储过程名称之前加上"#"或"##"前缀，代表此存储过程是一临时保存的存储过程，这些存储过程创建在 tempdb 数据库中，与所有临时对象一样在 SQL Server 2008 结束运行时会被删除。临时存储过程有两种，"#"表示局部临时存储过程，这种存储过程只能由创建它的用户使用，其他用户无法使用，该存储过程的拥有者也无法将其执行权限下放给其他用户，当拥有者和 SQL Server 2008 结束连接时，该存储过程即自动被删除。"##"表示全局临时存储过程，这种存储过程可以为其他所有用户使用，拥有者不能限定别人使用它，当最后一个用户结束连接时，该存储过程即自动被删除。

SQL Server 2008 不仅允许用户执行本端服务器上的存储过程，也可以通过网络执行远程服务器上的存储过程。

9.1.3 创建存储过程

在当前数据库中创建存储过程，可以使用 SQL 命令创建代码或通过对象资源管理器的存储过程编辑界面来编写代码。

1. 命令操作方式创建存储过程

使用 CREATE PROCEDURE 语句创建存储过程，其语法格式为：

```
CREATE PROCEDURE procedure_name [; number]      /*定义过程名*/
    [{@parameter_name data_type}[VARYING][=default] [OUTPUT]]
[,…n]                                                /*参数声明*/
    [WITH{RECOMPILE|ENCRYPTION | RECOMPILE,ENCRYPTION}]
                                        /*定义存储过程的处理方式*/
    [FOR REPLICATION]
    AS  sql_statement                /*执行的操作*/
```
参数说明如下。

1）procedure_name 为存储过程名，用户存储过程名不能以 sp_ 开头，临时过程名前加"#"或"##"。

2）number 为一组存储过程中的成员编号，该组所有成员拥有共同的存储过程名，可以用一条 DROP PROCEDURE 语句删除一组存储过程，但无法单独删除组内的成员。

3）parameter_name 为形式参数名，data_type 为形式参数的数据类型，可以是除 image 外的 SQL Server 2008 所支持的任何数据类型。可以有多个形式参数，每个形式参数名称前要有一个@符号。

4）default 表示形式参数默认值，当用户调用此存储过程时没有给出该形式参数值，系统使用该默认值。

5）OUTPUT 关键字指定参数是作为输出用，即该参数从存储过程返回数值给原调用者。

6）VARYING 关键字指定参数的内容可以变化，当参数是游标 cursor 数据类型，它只能当作输出参数用，并且结果集会动态变化，此时必须同时指定 VARYING 和 OUTPUT 关键字。

7）RECOMPILE 关键字指定 SQL Server 2008 每次运行该过程时，将对其重新编译。ENCRYPTION 关键字指定 SQL Server 2008 加密系统注释表 syscomments 中包含 CREATE PROCEDURE 语句文本的条目，这样可防止别人使用系统存储过程读取该定义文本。

8）FOR REPLICATION 子句指定该存储过程不能在订阅服务器上执行复制。如果创建的存储过程是为了在数据库复制（replication）中筛选被复制的数据（filter stored procedure），可以指定该选项。该选项不能和 WITH RECOMPILE 子句一起使用。

9）sql_statement 表示过程体，包含一条 T-SQL 语句或多条 T-SQL 语句，但要注意不能有以下对象创建语句：

```
CREATE VIEW
CREATE DEFAULT
CREATE RULE
CREATE PROCEDURE
CREATE TRIGGER
```

以下语句中必须使用对象所有者名对数据库对象进行限定：

```
CREATE TABLE
ALTER TABLE
DROP TABLE
TRUNCATE TABLE
CREATE INDEX
DROP INDEX
UPDATE STAISTICS
```

此外，除 SET SHOWPLAN_TEXT 和 SET SHOWPLAN_ALL 外，其他 SET 语句均可在存储过程中使用。

在存储过程中可以使用 EXECUTE 语句调用其他存储过程，即存储过程可以嵌套调用，SQL Server 2008 最多可允许 32 层嵌套调用，详见 EXECUTE 命令说明。

自动执行的存储过程必须由系统管理员在 master 数据库中创建成，并由 sysadmin 固定服务器角色控制系统在后台执行，这些过程不能有任何输入参数。

该命令权限默认属于 db_owner 数据库所有者、db_ddladmin 固定数据库角色成员和 sysadmin 固定服务器角色成员。

例 9.1　建立一个存储过程，查询 traffic1 数据库中驾驶员驾照号、姓名和各次出车行程。

```
USE traffic1
IF EXISTS(SELECT name FROM sysobjects    /*检查是否已存在同名的存储过程*/
     WHERE name='xclist1' AND TYPE='p')
     DROP PROCEDURE xclist1       /*若有则删除*/
GO
CREATE PROCEDURE xclist1
    AS SELECT jsy.驾照号,  jsy.姓名,  xc1.出车单号,  cd.实际行程
       FROM jsy, xc1, cd
       WHERE jsy.驾照号=xc1.主驾 AND xc1.出车单号=cd.出车单号
    GO
```

该过程不使用任何参数，在 SQL Server Management Studio 查询窗口输入上述语句后单击工具栏中"执行查询"图标，结果如图 9.1 所示。

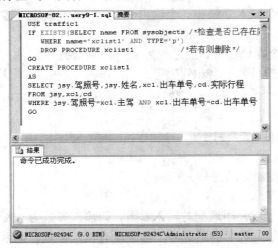

图 9.1　创建存储过程

例 9.2　建立一个加密的存储过程，查询指定姓名的驾驶员的驾照号和各次出车的行程。

```
USE traffic1
IF EXISTS(SELECT name FROM sysobjects
        WHERE name='xclist2' AND TYPE='p')
        DROP PROCEDURE xclist2
GO
CREATE PROCEDURE xclist2 @name char(10) WITH  ENCRYPTION
    AS
```

```
        SELECT jsy.姓名 , cd.实际行程
        FROM jsy, xc1, cd
        WHERE jsy.姓名=@name AND xc1.主驾= jsy.驾照号 AND xc1.出车单号=cd.
出车单号
    GO
```

例 9.3　建立一个存储过程，此过程为 **xc_pro** 存储过程组中的一个成员，根据用户输入的驾照号，查询该驾驶员的姓名和出车次数。

```
    CREATE PROCEDURE xc_pro;1  @jsy_id int ,@cc int OUTPUT
        AS
        SET @cc=(SELECT COUNT(*)
            FROM xc1
            WHERE xc1.主驾=@jsy_id)
        SELECT 姓名,@cc
        FROM jsy
        WHERE 驾照号=@jsy_id
    GO
```

此过程定义了一个输入变量和一个输出变量，出车次数通过输出变量@cc 返回给过程的调用者。

例 9.4　建立一个存储过程，此过程为 **xc_pro** 存储过程组的另一成员，此过程返回与指定字符匹配的驾驶员的姓名和驾照号。

```
    CREATE PROCEDURE xc_pro;2  @jsy_name  varchar(10)='王%'
        AS
        SELECT 姓名, 驾照号
        FROM jsy
        WHERE 姓名 LIKE @jsy_name
    GO
```

在调用此过程时可以使用通配符输入参数，如输入参数为"%明%"，可查询所有姓名中有"明"字的驾驶员姓名和驾照号。如果没有输入参数，则返回以"王"字开头的驾驶员姓名和驾照号。

2. 界面操作方式创建存储过程

在对象资源管理器中也可以创建存储过程，步骤如下。

1）启动对象资源管理器，展开目录层次结构，选择要创建存储过程的数据库。

2）单击打开数据库，在存储过程对象上单击鼠标右键，在快捷菜单上选择"新建存储过程"，如图 9.2 所示。

3）在打开的 SQL Server Management Studio 查询窗口编辑创建存储过程代码，如图 9.3 所示。然后单击"验证 SQL 语法"按钮，如有错误则修改，直至语法检查成功，单击"执行 SQL"按钮。

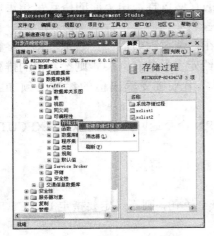

图 9.2   新建存储过程快捷菜单

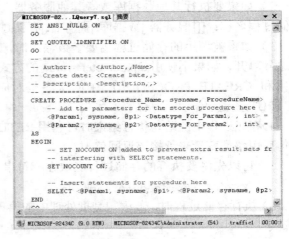

图 9.3   编辑存储过程代码

4）单击"保存"按钮，保存存储过程。

9.1.4   执行存储过程

存储过程创建后，可以在 SQL Server Management Studio 查询窗口中使用 EXECUTE 语句来执行它，EXECUTE 语句可执行系统存储过程、用户自定义存储过程和扩充存储过程，而且不仅可以执行目前数据库上创建的存储过程，也可以执行其他数据库上创建的存储过程，甚至执行网络上其他 SQL Server 2008 的存储过程，只要用户有足够的权限。

EXECUTE 语句的语法格式为：

```
[EXEC[UTE]]{[@return_status=]
            {procedure_name[;number] | @procedure_name_var}
            [[@parameter=]{value|@variable[OUTPUT]| [DEFAULT]}][,…n]
            [WITH RECOMPILE]}
```

参数说明如下。

1）@return_status 为整型变量，用于保存存储过程的返回状态，需要在执行存储过程前先定义该变量。

2）procedure_name 为存储过程名，number 为一组存储过程中的成员序号。

3）@procedure_name_var 为保存存储过程名称的变量。

4）@parameter 为存储过程中定义的形式参数名，value 为实际参数值，@variable 为变量，OUTPUT 关键字指定变量用于保存 OUTPUT 参数返回的值，DEFAULT 关键字指定不提供实际参数，而使用相应的默认值。

5）WITH RECOMPILE 子句指定强制编译。

通过选择 EXECUTE 语句的参数，存储过程的执行主要有以下几种方式。

1）直接在 EXECUTE 语句后给定存储过程名称。如果要执行的是存储过程组内的某一存储过程，必须在存储过程组名后加上该存储过程在组中的成员编号。

2）如果要执行其他数据库或者其他服务器上的存储过程，用下面的格式来指定该存储过程名称：[[[服务器.]数据库.]拥有者.]存储过程名

3）如果被调用的存储过程需要参数输入时，在存储过程名后一一给定，每一参数以逗号隔开，如果不使用@parameter=value 的方式给定参数的传入值，则参数值的排列必须和 CREATE PROCEDURE 中的次序相对应。用来接受输出值的参数必须加上 OUTPUT 关键字。

4）存储过程中的语句执行结束时可利用 RETURN 命令返回数值，可以在 EXECUTE 语句后用整型变量来承接该返回值。

5）可以先将要执行的存储过程名放在字符串变量内，再执行：

```
EXECUTE @procedure_name_var
```

6）执行存储过程时，若语句是批处理中的第一个语句，则不一定要指定 EXECUTE 关键字。

例 9.5　调用例 9.1 中创建的存储过程 xclist1，查询 traffic1 数据库中所有驾驶员的驾照号、姓名和各次出车行程。

```
EXECUTE xclist1
```

执行结果如图 9.4 所示。以下各例执行结果不再赘叙。

图 9.4　执行存储过程结果

例 9.6　调用例 9.2 中创建的存储过程 xclist2，查询驾驶员"王明"的驾照号、姓名和各次出车的行程。

```
EXECUTE xclist2 '王明'
```
或

```
EXECUTE xclist2 @name='王明'
```

例 9.7　执行例 9.3 所创建的存储过程，根据用户输入的驾照号，查询该驾驶员的姓名和出车次数。

```
USE traffic1
```

```
DECLARE @c_tat int
EXECUTE xc_pro;1 '002011', @c_tat OUTPUT
SELECT '002011', @c_tat
GO
```

例 9.8　执行例 9.4 所创建的存储过程，查询与用户指定字符匹配的驾驶员的姓名和驾照号。

```
EXECUTE xc_pro; 2 '%一林%'
```

若执行

```
EXECUTE xc_pro; 2 '高%'
```

或

```
EXECUTE xc_pro; 2 '[王高]%'
```

将返回不同的结果集。

若执行

```
EXECUTE xc_pro; 2
```

或

```
EXECUTE xc_pro;2 DEFAULT
```

则返回以默认值"王"开头的驾驶员驾照号和姓名。

例 9.9　调用系统存储过程 **sp_helptext**，分别查看例 9.1 和例 9.2 中创建的存储过程文本。

```
EXEC sp_helptext xclist1
GO
EXEC sp_helptext xclist2
GO
```

返回 xclist1 存储过程文本和提示信息"xclist2 对象已加密"。

系统存储过程 **sp_helptext** 可用来显示规则、默认值、未加密的存储过程、用户定义函数、触发器或视图的文本。

9.1.5　修改存储过程

因为存储过程和权限控制相联系，删除存储过程时相应的权限控制也随之消失，用户在重新创建存储过程时就不得不再重新全部授权。如果你已经创建了存储过程，并设置了权限，可使用 ALTER PROCEDURE 语句在不删除存储过程的情况下改变存储过程的定义，从而使权限保持完整。

ALTER PROCEDURE 语句的语法格式为：

```
ALTER PROCEDURE  procedure_name[;number]
    [{@parameter data_type}
    [VARYING][=default][OUTPUT]][,…n]
        [WITH{RECOMPILE|ENCRYPTION | RECOMPILE,ENCRYPTION}]
        [FOR REPLICATION]
```

```
            AS
                  sql_statement
```

其中参数含义与 CREATE PROCEDURE 语句相同。

注意：该语句的执行者必须是过程所有者，db_owner 数据库所有者、db_ddladmin 固定数据库角色成员和 sysadmin 固定服务器角色成员。

例 9.10 修改已创建的存储过程 xclist2，查询指定驾驶员的姓名、每次出车的时间和行程。

```
USE  traffic1
GO
ALTER PROCEDURE gradelist2 @name char(10)
WITH  ENCRYPTION
AS
SELECT jsy.驾照号, jsy.姓名 , cd.日期,  cd.实际行程
FROM jsy, xc1, cd
WHERE jsy.驾照号=@name AND xc1.主驾= jsy.驾照号 AND xc1.出车单号=cd.出
    车单号
GO
```

例 9.11 利用界面操作方式查看并修改已创建的存储过程 xclist1。

可以在 SQL Server Management Studio 的"对象资源管理器"窗口查看并修改存储过程，步骤如下。

1）在"对象资源管理器"中展开"traffic1"选项。

2）再展开"可编程性"选项，在列表中可以看到名为 xclist1 的存储过程，右击 xclist1，在弹出的快捷菜单中，选择"属性"命令，如图 9.5 所示，得到"存储过程属性"窗口，如图 9.6 所示。

图 9.5 查看存储过程路径

图 9.6 存储过程属性

3）右击 xclist1，在弹出的快捷菜单中选择"修改"命令，如图 9.7 所示，可以在这

里对存储过程的定义进行修改。

　　在对象资源管理器中修改已定义过的存储过程比较方便，可以在原代码基础上进行修改，用 ALTER PROCEDURE 语句修改已定义的存储过程，需要重写代码。

图 9.7　修改存储过程定义

9.1.6　删除存储过程

　　使用 DROP PROCEDURE 语句可永久地删除存储过程，SQL Server 2008 执行该语句时将存储过程从高速缓存中取出，并从系统对象和系统注释表中删除相应的项。

　　DROP PROCEDURE 语句的语法格式为：

```
DROP PROCEDURE {proc_name}[,…n]
```

其中 proc_name 为过程名或过程组名，可同时删除多个存储过程。

　　DROP PROCEDURE 语句的执行权限授予过程的所有者，但 db_owner 数据库所有者、db_ddladmin 固定数据库角色成员和 sysadmin 固定服务器角色成员可以通过在 DROP PROCEDURE 语句中使用全名限定删除任何存储过程。

　　例 9.12　删除 traffic1 数据库中 xclist1 存储过程。

　　可以利用 SQL Server Management Studio 查询窗口输入语句实现。

```
USE traffic1
DROP PROCEDURE xclist1
GO
```

可以使用 SQL Server Management Studio 的"对象资源管理器"界面操作方式实现。

　　1）在 SQL Server Management Studio 窗口中打开"对象资源管理器"面板，展开"traffic1"选项。

　　2）展开"可编程性"选项，右击存储过程对象 xclist1，在弹出的快捷菜单中，选择"删除"命令即可，如图 9.8 所示。

图 9.8　删除存储过程的快捷菜单

9.2　触　发　器

触发器和存储过程一样也是由 T-SQL 语句写成的程序，是一类特殊的存储过程，但触发器与存储过程最主要的区别是触发器不像存储过程那样可以直接调用执行。触发器是在定义数据库时，作为表的一部分而创建成的，当表发生变化时触发器被激活，触发器代码自动运行，用户不能专门调用触发器，也不能阻止触发器的触发，除非拥有足够的权限才能禁止触发器工作。对普通用户来说，触发器是在后台运行的，大多数用户甚至不知道触发器在何时被触发。

9.2.1　触发器的作用

触发器是数据库对象，是表定义的一部分，主要用于保护表中的数据，触发器的作用通常表现在以下几个方面。

1. 保证数据完整性。

当用户要对触发器所保护的数据做插入、修改和删除时，触发器将自动执行自身代码。基本的数据维护数据触发器可有 INSERT、UPDATE 和 DELETE 三种，通过基本触发器可以实现多个表间数据的一致性和完整性，比如 xc1 表中插入一条记录，该记录的驾照号应是 jsy 表中已存在的驾照号，车牌号应是 cl 表中已存在的车牌号，如果不满足上述条件，xc1 表中的触发器将被触发，发出报警信息并取消插入操作。

2. 数据同步变化

使用触发器可以在一个表中的数据改变的同时，另一表中的数据相应改变。比如出车单表 cd 中增加一条记录，cd 表中的触发器就会自动根据车辆的实际行程，更新车辆表 cl 中车辆累计里程数值。在具有计算列的表中，使用触发器是保持计算值与其源数据同步变化的有效方法，比如工资表中有月薪列和年薪列，年薪列为计算列，如果员工的月薪发生变化，触发器将自动更新员工的年薪。

3. 执行存储过程

可以通过触发器执行本地或远程的存储过程，使一些处理任务自动进行，比如当某一车辆的累计里程达到一定值时，自动给出检修通知。

4. 代替规则、复杂的缺省和约束

可以通过触发器来执行复杂的缺省，检验超出单列定义的约束。有时触发器的功能和表的一些列约束可能有些重叠，如果列约束功能能够达到应用程序的要求，可以不需要额外的触发器来控制。不过当需要参考其他数据库内的数据来做检查，或实现比较复杂的安全措施，比如将操作某一表的用户名字和时间记录到另一表内，使用列约束就无法做到，此时使用触发器是最有效的方法。

使用触发器能解决很多使用索引、约束或存储过程等方法难以解决的问题，很方便进行表数据的维护，保证数据的正确性，提高系统效率，这一点在开发应用程序时会深有体会。但使用触发器有利也有弊，比如多触发器，很难控制它们的运行次序，可能会出现不期望的重叠触发。

9.2.2　触发器的类别

SQL Server 2008 中有两类触发器，分别是 AFTER 触发器和 INSTEAD OF 触发器。

1. AFTER 触发器

AFTER 触发器是指基本的数据维护触发器，一般情况下，对表数据有插入、修改和删除三种操作，因此 AFTER 触发器也分为三种类型即 INSERT 触发器、UPDATE 触发器和 DELETE 触发器，它们属于 SQL Server 2008 传统的触发器，有以下几个特点。

1）AFTER 触发器只能在表中创建。

2）在指定操作成功执行后触发，即由一个操作动作而触发。

3）如果子表因层叠的更新或删除操作而修改，则子表上的 AFTER 触发器都要被触发。如主表的一行被删除，其相关子表的相应行也将被层叠删除，子表上的 AFTER 触发器会被触发。

4）如果触发器表存在约束，则在 AFTER 触发器执行之前先检查这些约束，如果违反了约束，则不执行 AFTER 触发器。

2. INSTEAD OF 触发器

INSTEAD OF 触发器是 SQL Server 2008 中引入的一种新的触发器，有以下几个特点。

1）INSTEAD OF 触发器可以在表或索引视图中创建。

2）INSTEAD OF 触发器由触发语句触发，并指定用触发器中的操作代替触发语句

的操作。

3）由于层叠更新而修改表数据不会触发 INSTEAD OF 触发器，如果一个表的外键在 DELETED 和 UPDATE 操作上定义了级联，则不能在该表上定义 INSTEAD OF 触发器。

4）如果触发器表存在约束，则在 INSTEAD OF 触发器执行之后检查这些约束，如果违反了约束，则回滚 INSTEAD OF 触发器操作。

本章介绍 AFTER 触发器的创建和使用，关于 INSTEAD OF 触发器的使用请参见相关书籍。

9.2.3　创建触发器

触发器可以在任何时候创建和删除，这样做并不影响表和表中的数据。如果表被删除了，触发器也就被删除；如果表被重建，触发器也必须重建，用户可以规定触发器的操作类型为 UPDATE、INSERT 或 DELETE 或者这三种类型的任意组合。

1. 创建触发器命令

使用 CREATE TRIGGER 命令创建触发器，其常用的命令格式为：

```
CREATE TRIGGER trigger_name ON{table|view}/*指定触发器名及操作对象*/
    [WITH ENCRYPTION]                        /*指定用加密方式*/
    {{FOR|AFTER | INSTEAD OF }{[DELETE][,] [INSERT][,] [UPDATE]}
                                             /*定义触发器类型*/
    [NOT FOR REPLICATION]                    /*说明触发器不用于复制*/
    AS
        sql_statement                        /*一条或多条 SQL 语句*/
    }
```

参数说明如下。

1）trigger_name 为触发器名，可以包含触发器所有者名。触发器是数据库对象，在整个数据库中其名字必须是唯一的。table 和 view 为执行触发器的表或视图，也称为触发器表，触发器是表定义的组成部分，因此必须说明它是属于哪个表或视图的。table 和 view 也可以包含表或视图的所有者名。

2）WITH ENCRYPTION 子句表示触发器采用加密方式，使用该关键字可防止别人查看该触发器内容，防止将该触发器作为 SQL Server 2008 复制的一部分发布。

3）AFTER 与 INSTEAD OF 关键字指定触发器的类型，默认为 AFTER 触发器。ALTER 触发器只能在表上定义，不能在视图上定义，INSTEAD OF 触发器可以在表或一般视图上定义，不能在使用 WITH CHECK OPTION 子句的视图上定义。

4）DELETE、INSERT 和 UPDATE 关键字用于指定在表或视图上执行删除、插入和修改操作时将激活相应触发器。必须指定一项，可以指定多项组合，项之间用逗号隔开。

5）NOT FOR REPLICATION 子句表示该触发器对于数据库复制无效。

6）sql_statement 为触发器代码，由一条或多条 SQL 语句组成，但下列 SQL 语句不能在触发器内使用：

```
CREATE TRIGGER
AFTER
TRUNCATE TABLE
DROP
UPDATE STATISTICS
RECONFIGURE
LOAD DATABASE、LOAD  LOG、LOAD TRANSACTION
RESTORE DATABASE、RESTORE LOG
DISK INIT、DISK RESIZE
```

触发器中可以指定任意的 SET 语句，其中 SET 选项只在触发器执行期间有效，触发器执行后恢复到以前的设置。

该语句的使用权限默认属于触发器表的所有者、db_owner 数据库所有者、db_ddladmin 固定数据库角色成员和 sysadmin 固定服务器角色成员。

下面举例说明 INSERT、DELETE 两个重要的触发器。

（1）INSERT 触发器

例 9.13　在 traffic1 数据库的 xc1 表上创建一个 xc1_trigger1 触发器，当执行 INSERT 操作时，该触发器被触发（即向所定义触发器的表中插入数据时触发器被触发）。

在 SQL Server Management Studio 查询窗口运行如下命令：

```
USE traffic1
GO
CREATE TRIGGER xc1_trigger1
ON xc1
FOR INSERT
AS
PRINT'数据插入成功'
GO
```

当用户向 xc1 表中插入数据时将触发触发器，而且数据被插入表中，如向表中加入如下记录内容：

```
INSERT INTO xc1
VALUES('000088','AX6666','6066','2222','111111')
```

运行结果如图 9.9 所示。

用户可以用 SELECT * FROM xc1 语句查看表的内容，可以发现上述记录已经插入到 xc1 表中，如图 9.10 所示。这是由于在定义触发器时，指定的是 FOR 选项，因此 AFTER 是默认设置。此时，触发器只有在触发 SQL 语句的 INSERT 中指定的所有操作都已经成功执行后才能激发。因此，用户仍能将数据插入到 xc1 表中。此外使用 INSTEAD OF 关键字能实现在触发器被执行的同时，取消触发器的 SQL 语句的操作。

图 9.9　INSERT 触发器　　　　　　　　图 9.10　验证 INSERT 触发器

（2）DELETE 触发器

例 9.14　在 traffic1 数据库的 xc1 表上创建一个 xc1_trigger2 触发器，当执行 DELETE 操作时触发器被触发，且要求触发触发器的 DELETE 语句在执行后被取消，及删除不成功。

在 SQL Server Management Studio 查询窗口运行如下命令：

```
USE traffic1
GO
CREATE TRIGGER xc1_trigger2
ON xc1
INSTEAD OF DELETE
AS
PRINT'数据删除不成功'
GO
```

在表中删除上例中新增的记录。

在 SQL Server Management Studio 查询窗口运行如下命令：

```
DELETE FROM xc1
WHERE 主驾='000088'
```

运行结果如图 9.11 所示。

再在 SQL Server Management Studio 查询窗口中运行如下的语句来验证刚才是不是真的删除了数据。

```
USE traffic1
SELECT *
FROM xc1
```

如图 9.12 所示，用户此时发现上例中添加的记录仍然保留在表 xc1 中，可见在定义触发器时，定义的 INSTEAD OF 选项取消了触发 xc1_trigger2 的 DELETE 操作，所以该记录未被删除。

 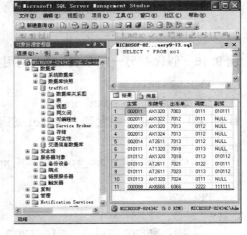

图 9.11　DELETE 触发器　　　　　　　　图 9.12　验证 DELETE 触发器

2. 触发器使用限制

触发器使用中有以下几方面的限制。

1）CREATE TRIGGER 必须是批处理中的第一条语句。

2）触发器只能在当前数据库中创建，但可以引用其他数据库的对象。

3）触发器只能应用到一个表中，但一个表中可使用多个触发器，同一类型的触发器也可使用多个。

4）如果指定了触发器所有者限定触发器名，要以相同的方式限定表名。

5）应尽量避免从触发器返回任何数据影响执行性能，尽量避免在触发器代码中包含 SELECT 语句或变量赋值。一般情况下，应用程序修改一个表时，并不希望处理从服务器返回的结果，触发器也不是为了普通的数据检索而设置的操作，如果需要完成这种工作，可以使用存储过程。

3. 命令格式应用举例

下面举例说明用命令操作方式创建触发器。

例 9.15　在 jsy 表中创建一触发器，让用户一次仅能删除一条驾驶员记录，以防用户不小心执行 DELETE FROM jsy 而未加任何条件时，表内全部数据消失。

```
USE traffic1
IF EXISTS(SELECT name FROM sysobjects
    WHERE name='jsy_deltri' AND type='TR')
    DROP TRIGGER jsy_deltri
CREATE TRIGGER jsy_deltri ON jsy FOR DELETE
    AS
    DECLARE @row_cnt INT
SELECT @row_cnt=count(*) FROM DELETED
    IF @row_cnt>1
    BEGIN
```

```
         PRINT'此删除操作可能会删除多条驾驶员记录!!! '
         ROLLBACK TRANSACTION
      END
      GO
```

例 9.16　假设有另一行车表 xc2，利用如下命令导入 xc1 总表。

```
INSERT INTO xc1
      SELECT * FORM xc2
```

针对 xc1 表创建一触发器，将 xc1 总表新建数据中驾照号不在 jsy 表中的数据行删除。

```
CREATE TRIGGER xc_instri ON xc1 FOR INSERT
AS
DELETE
      FROM xc1
      WHERE 驾照号 IN (SELECT 驾照号
      FROM INSERTED a
      WHERE a.驾照号 NOT IN (SELECT 驾照号 FROM jsy )
GO
```

例 9.17　对 jsy 表创建一触发器，若对驾照号和姓名列修改则给出提示信息，并取消操作。

```
USE traffic1
GO
CREATE TRIGGER jsy_updtri ON jsy FOR update
      AS
IF UPDATE(驾照号) OR UPDATE(姓名)
BEGIN
      PRINT'此数据未经许可不能修改!!! '
      ROLLBACK TRANSACTION
END
GO
```

4. 界面操作方式创建触发器

在对象资源管理器中也可以创建触发器，步骤如下。

1）启动对象资源管理器，展开目录层次结构，选择 traffic1 数据库的"表"对象。

2）打开要创建触发器的表，鼠标右键单击"触发器"，在快捷菜单上选择"新建触发器"，如图 9.13 所示。

3）在打开的 SQL Server Management Studio 查询窗口编辑创建触发器代码，如图 9.14 所示。然后单击"验证 SQL 语法"按钮，如有错误则修改，直至语法检查成功，单击"执行 SQL"按钮。

4）单击"保存"按钮，保存触发器定义。

图 9.13　创建触发器的快捷菜单　　　　　　图 9.14　输入触发器的代码

9.2.4　修改触发器

使用 ATLER TRIGGER 语句修改触发器定义，与创建触发器语句相似，常用的命令格式为：

```
ATLER TRIGGER trigger_name ON{table | view}
[WITH ENCRYPTION]
{{FOR | AFTER | INSTEAD OF }{[DELETE][,][INSERT][,][UPDATE]}
 [NOT  FOR  REPLICATION]
  AS
  sql_statement
}
```

其中 trigger_name 为要修改的触发器名称，其它参数含义与 CREATE TRIGGER 命令相同。

如果触发器创建时指定 WITH ENCRYPTION 关键字，那么修改触发器时也要指定此关键字，这个选项才有效。

例 9.18　修改 jsy 表上定义的触发器 jsy_deltri

```
USE traffic1
ALTER TRIGGER jsy_deltri ON xs FOR DELETE
    AS
PRINT '你正在删除数据！！！！'
ROLLBACK TRANSACTION
GO
```

当用户执行 DELETE 命令时将激活 jsy_deltri 触发器，提醒用户正在删除数据并取消操作。

通过对象资源管理器界面修改触发器的步骤与创建触发器的步骤基本相同。即在对象资源管理器面板中找到相应的触发器并右击，在弹出的快捷菜单中，选择"修改"命令，如图 9.15 所示。然后在打开的 SQL Server Management Studio 查询窗口编辑修改触发器代码。

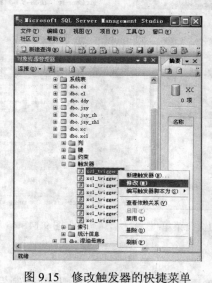

图 9.15　修改触发器的快捷菜单

与修改存储过程一样，用界面操作方式修改已定义的触发器比较方便，可以在源代码基础上修改，用命令操作方式修改已定义的触发器，需要重写代码。

9.2.5　删除触发器

使用 **DROP TRIGGER** 语句删除触发器，其语法格式为：

```
DROP TRIGGER {trigger_name}[,…n]
```

其中 trigger_name 为触发器名，可同时删除多个触发器。该命令的权限授予触发器所有者、db_owner 数据库所有者、db_ddladmin 固定数据库角色成员和 sysadmin 固定服务器角色成员。

例 9.19　删除 jsy 表上定义的 jsy_deltri 触发器。

```
USE  traffic1
DROP  TRIGGER jsy_deltri
GO
```

也可以在对象资源管理器面板中找到相应的触发器并右击，在弹出的快捷菜单中，选择"删除"命令即可。

9.3　常用的系统存储过程

存储过程和触发器能够提高数据库使用方便性，保证数据的正确性，为了充分使用系统功能，常常需要查看数据库中有哪些存储过程和触发器，它们的定义、属性、文本内容及对象关联性。通过一些常用的系统存储过程，可以了解数据库中存储过程和触发器的定义属性或更改它们的名称。

9.3.1　显示定义属性

通过执行系统存储过程 sp_help、sp_helptext 和 sp_depends 进行查看存储过程属性，这些命令的语法格式为：

```
sp_help                              /*查看数据库对象信息*/
sp_help proc_name | tri_name         /*查看定义属性*/
sp_helptext proc_name | tri_name     /*查看定义文本*/
sp_depends proc_name | tri_name      /*查看参考到哪些数据库组件*/
```

其中 proc_name 为存储过程名称，tri_name 为触发器名称。

例 9.20　查看 xclist1 存储过程的信息。

```
sp_help xclist1
```

执行结果如图 9.16 所示。

也可以从 sysobjects 系统表中查询当前数据库内建有哪些存储过程或触发器。

例 9.21　查询当前数据库所有触发器。

```
SELECT  *  FROM sysobjects
WHERE type='TR'
```

将得到当前数据库内现有的触发器列表，执行结果如图 9.17 所示。

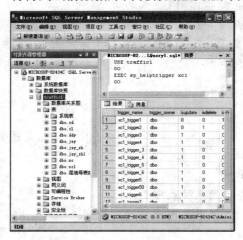

图 9.16　例 9.20 执行结果　　　　　图 9.17　例 9.21 执行结果

9.3.2　更改名称

如果要更改存储过程或触发器名称，执行系统存储过程 sp_rename，其语法格式为：

```
sp_rename old_name new_name
```

其中 old_name 为旧的过程名或触发器名，new_name 为新的过程名或触发器名，如将触发器 jsy_updtri 更名为 jsy_trigger，执行命令：

```
sp_rename jsy_updtri jsy_trigger
```

或

```
EXEC sp_rename jsy_updtri jsy_trigger
```

小　　结

　　存储过程和触发器实际都是 T-SQL 语句集合，是存储在服务器中的程序代码，用以提高 SQL Server 服务器性能。本章先讲解了存储过程的作用，及系统内建存储过程与用户存储过程的特点和分类，介绍了用户存储过程的建立方法，及如何使用存储过程实现各种特定查询。本章还介绍了触发器的作用，以及 AFTER 触发器和 INSTEAD　OF 触发器的特点，讲解了系统如何创建两个虚拟表即 INSERT 表和 DELETED 表，及如何使用虚拟表来实现数据操作安全。最后介绍了几个常用的系统存储过程。

　　关于存储过程和触发器的建立与使用，无论命令操作方式还是界面操作方式都具有共同之处，读者可以融会贯通，举一反三，关键在于如何灵活运用存储过程和触发器，给用户提供方便的数据查询和安全的读写机制，提高数据库运行效率，这需要有一定的编程技巧和数据库管理与维护经验。

习　　题

一、思考题

　　（1）什么是存储过程的概念，存储过程有哪些作用？

　　（2）存储过程有哪些不同类型，各有什么特点？

　　（3）什么是触发器，触发器的主要作用是什么？

　　（4）触发器有哪些不同类型，各有什么特点？

二、练习题

　　1. 选择题

　　（1）下面关于存储过程的描述不正确的是（　　　　）。

　　　　A. 存储过程实际上是一组 T-SQL 语句

　　　　B. 存储过程预先被编译存放在服务器的系统表中

　　　　C. 存储过程独立于数据库而存在，供数据库用户可随时调用

　　　　D. 主要在交互查询时作为用户接口

　　（2）下面关于存储过程正确的是（　　　　）。

　　　　A. 当用户应用程序调用存储过程时，系统便将存储过程调入内存执行

　　　　B. 通过权限设置可使某些用户只能通过存储过程访问数据表

　　　　C. 存储过程中只能包含数据查询语句

　　　　D. 如果通过存储过程查询数据，虽然屏蔽 T-SQL 命令，方便了用户操作，但执行速度却慢了

　　（3）存储过程的类型有（　　　　）。

　　　　A. 系统存储过程

　　　　B. 本地存储过程

　　　　C. 临时存储过程

　　D. 远程存储过程

　　E. 扩展存储过程

　　F. 以上全是

（4）系统存储过程提供 SQL Server 2008 的系统管理工作，如新建用户、设置选项、设置密码等，系统存储过程在系统安装时就已创建，存放在系统数据库（　　　）中。

　　A. master　　B. model　　C. tempdb　　D. msdb

（5）关于存储过程名的前缀 "##" 的表示不正确的是（　　　）。

　　A. 这是一个由用户创建的临时存储过程

　　B. 该存储过程建立在 tempdb 数据库中

　　C. 所有用户都可以调用该过程

　　D. 所有数据库用户都可以创建

（6）在存储过程中可以创建的对象有（　　　）。

　　A. 视图　　　　B. 规则　　　　C. 表　　　　　D. 缺省

（7）下面关于 CREATE PROCEDURE 语句的描述正确的是（　　　）。

　　A. CREATE PROCEDURE 语句中不允许出现其他 CREATE PROCEDURE 语句，即不允许嵌套使用 CREATE PROCEDURE 语句

　　B. CREATE PROCEDURE 语句中不允许出现多个 SELECT 语句

　　C. CREATE PROCEDURE 语句中不允许出现子查询

　　D. CREATE PROCEDURE 语句中不允许出现 CREATE TABLE

（8）使用 CREATE PROCEDURE 语句创建了存储过程 myproc，在（　　　）表中可查询到该存储过程名，在（　　　）表中可查询到该存储过程文本。

　　A. sysobjects，sysproctext

　　B. sysobjects，syscomments

　　C. sysprocnames，syscomments

　　D. sysprocnames，sysproctext

（9）下面关于触发器的描述不正确的是（　　　）。

　　A. 它是一种特殊的存储过程

　　B. 可以实现复杂的商业逻辑

　　C. 对于某类操作，程序员可以创建不同的触发器

　　D. 触发器与约束功能基本一样

（10）下面关于触发器的描述正确的是（　　　）。

　　A. 当触发器所保护的数据变化时，SQL Server 系统自动取消操作，关闭数据库

　　B. 触发器不能级联触发，因为级联触发会引起发系统崩溃

　　C. 触发器不能与存储过程同时运行或相互调用

　　D. 使用触发器可以保持计算列的值与其源数据同步变化

（11）SQL Server 2008 有两类触发器，它们是（　　　）。

　　A. AFTER，INSTEAD OF

　　B. AFTER，TRUNCATE

　　C. INSTEAD OF，TRUNCATE

　　D. REPLICATION，TRUNCATE

（12）下面关于触发器代码的描述正确的是（　　　）。

　　A. 触发器代码只能有一条 SQL 语句

　　B. 触发器代码可以有多条 SQL 语句

　　C. 当需要级联触发时，触发器代码中可以 CREATE TRIGGER 语句创建触发器

　　D. 当表数据不完整时，触发器代码可以用 TRUNCATE TABLE 清空表

（13）下面关于 DELETED 表和 INSERTED 表的描述正确的是（　　　）。

　　A. 系统自建的虚拟表，用于记录用户的编辑操作

　　B. 当用户不需要使用事务的回滚操作，可以禁止系统创建这两个表

　　C. 当用户不再需要这两表的数据时，可以删除这两个表以释放系统资源

　　D. 用户可以在触发器查询和修改虚拟表的数据

（14）删除触发器 mytri 的正确命令是（　　　）。

　　A. DELETE mytri

　　B. TRUNCATE mytri

　　C. DROP mytri

　　D. REMOVE mytri

（15）以下可以将触发器更名的存储过程是（　　　）。

　　A. sp_help　　B. sp_helptext　　C. sp_rename　　D. sp_depends

2. 操作题

（1）建立一个存储过程，查询所有驾驶员的驾照号、姓名和出车次数。

（2）建立一个存储过程，查询指定驾照号的驾驶员姓名、所学专业和出车次数。

（3）修改题 7 已创建的存储过程，查询指定驾照号的驾驶员的姓名和所学专业。

（4）建立一个存储过程，查询 traffic 数据库中所有指定姓氏和指定籍贯的驾驶员的姓名。

（5）对 jsy 表创建一触发器，若对驾照号列修改则给出提示信息，并取消操作。

（6）对 xc1 表创建一触发器，如插入记录的驾照号不是 jsy 表的驾照号列的取值，或车牌号不是 cl 表中的车牌号，则消该记录的插入操作。

第 10 章　使用游标查询结果集

📖 **知识点**

- 数据子集和游标
- 游标的使用流程
- 静态游标和动态游标
- 滚动游标和只进游标

✎ **难点**

- 游标的动态属性
- 键集驱动游标特点
- 通过游标修改或删除基本数据的方法

📢 **要求**

熟练掌握以下内容：
- 静态游标、动态游标的声明
- 打开游标读取数据
- 关闭游标和删除游标

了解以下内容：
- 通过游标修改基本表
- 键集驱动游标

　　游标是 SQL Server 2008 提供对 SELECT 查询的结果集进行逐行处理的工具，它扩展了 SQL Server 2008 数据处理的能力，使用游标可以对查询结果的每一行数据进行再处理，或保存查询结果以便日后使用。数据库服务器提供了关于游标操作的命令让用户对数据子集做处理。

10.1　游　标　概　念

　　游标是用于标识使用 SELECT 语句从一个或多个基本表中选取出的一个结果集，类似于高级语言中的数据指针，移动指针可以取得指针所指的数据，通过移动游标也可以在结果集中提取某行数据，通过游标可反映基本表数据的变化，也可以通过游标修改基本表数据。

10.1.1　数据子集

　　使用 SELECT 语句可以从一个或多个表中选取得到的某些结果行，该结果行集就作为源表数据的一个子集，称为数据子集，如图 10.1 所示。

图 10.1　数据子集的概念

在 SQL Server Management Studio 查询窗口中执行 SELECT 语句后，所选取的结果会直接粘贴在屏幕上，如果需要对所选择出来的数据做进一步处理的话，必须声明一个 cursor 来代表所选择出来的数据子集，当 cursor 创建后，往后对此数据子集内的数据处理都必须通过此 cursor 做为标识。如果应用程序需要重复使用同一个数据子集，那么创建一个游标可以重复使用该数据子集，比重复对数据库查询要方便得多。如果数据子集是通过较为复杂的选取命令得到，可以用游标保存该数据子集，以便日后直接使用。

10.1.2　游标

数据库游标（cursor）与字处理程序屏幕上的光标类似，光标可以在编辑文件中上下一行一行滚动，可以前后一页一页翻动，打开多个编辑文件时，每个打开的编辑文件都有自己的光标，在自身的文件中移动定位，数据库游标的操作也如此。用游标可以选择一组记录，它可以在这组记录上滚动，可以检查游标所指的每一行数据，可以取出该行数据进行再处理。事实上也可以把游标想像成如同一个数据指针，它指向一数据子集，该数据子集就是经过 SELECT 语句对从单个表或多个表中选取出的结果集，移动游标可以指向结果集中不同的记录行。

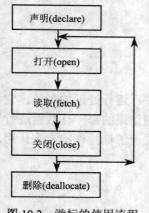

图 10.2　游标的使用流程

游标的使用需要先行定义，然后再打开，进行数据处理，其步骤如下。

1）声明游标既创建或定义游标，向系统申请游标所需内存。

2）打开游标，用游标定义中的选择结果集填充游标。

3）读取数据，一次检出（fetch）一行记录的数据，直到结果集的最后一行。

4）使用完毕后关闭游标，清空游标内数据。

5）删除不再需要的游标，释放分配给游标的内存。

游标使用流程如图 10.2 所示。

10.1.3　游标类型

SQL Server 2008 支持的四种 API 服务器游标类型，即静态游标、动态游标、只进游标和键集驱动游标。

1. 静态游标

静态游标所标识的数据子集即 SELECT 语句的结果集，通常被存放在临时保存表中，该临时表创建在 tempdb 数据库中。静态游标内的数据在游标打开后就不再变化，基本表的任何数据更改（包括增加、删除或修改数据）都不会反映到游标中，静态游标只能是只读的，有时也称为快照游标，它完全不受其他用户行为的影响。

2. 动态游标

当动态游标在滚动时能反应结果集内最及时和最新的数据，基本表的数据变化能够同步出现在游标内，用户所做的所有 INSERT、UPDATE 和 DELETE 操作均通过游标反映出来，所以游标内数据的行、列数据值或顺序每次提取时都可能改变。

3. 只进游标

只进游标只能从头到尾顺序提取数据，不能向后滚动，所以在行提取后对行所做的更改对游标是不可见的。该类游标只能使用 NEXT 选项提取数据行。

4. 键集驱动游标

键集驱动游标是一种改进的静态游标，它将键集存储在 tempdb 数据库的临时表中，它能检测到基本表中大部分非键值的变化。

上述游标检测结果集变化的能力和消耗系统资源（如在 tempdb 中所占的内存和空间）的情况各不相同。游标仅当再次提取行时才会检测到行的更改，数据源没有办法通知游标当前提取行的更改。静态游标在滚动期间很少或更本检测不到变化，虽然它在 tempdb 中存储了整个游标，但消耗的资源很少。尽管动态游标使用 tempdb 的程度最低，在滚动期间它能够检测到所有变化，但消耗的资源也更多。键集驱动游标介于二者之间，它能检测到大部分的变化，但比动态游标消耗更少的资源。

另外游标还具有以下属性。

1）只读游标：游标内数据不能修改，即不能通过游标修改基本表数据。静态游标属于只读游标。

2）可修改游标：游标内数据可以修改，即可以修改游标当前数据，其修改结果会影响到基本表。

3）滚动游标：相对于只进游标，滚动游标可以前、后滚动，可使用所有的提取选项（FIRST、LAST、PRIOR、NEXT、RELATIVE 和 ABSOLUTE）。

4）快速只进游标：快速只进游标是一种优化的只进游标，它提取的行的数据总是最新的，行在被提取之前所做的修改可以反映出来，行提取之后的修改不可见。

SQL Server 2008 将只进和滚动都作为能应用到静态游标、键集驱动游标和动态游标的选项。

图 10.3 说明了当基本表数据发生变化时，动态游标所标识的子集将发生变化，而静态游标所标识的数据子集不会变化。只读游标不能通过修改游标所标识的数据子集而改变基本表数据，而可修改游标则可以。

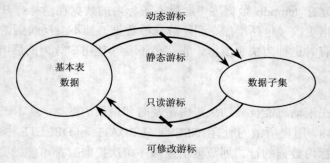

图 10.3　各类型游标反映数据变化示意图

10.2　游　标　操　作

SQL Server 2008 通过游标操作数据子集，T-SQL 语言提供了有关游标操作的语句，如声明游标（DECLARE）、打开游标（OPEN）、读取游标（FETCH）、关闭游标（CLOSE）和删除游标（DEALLOCATE）语句，使用这些语句可以很方便地操作游标，对数据子集中的数据进行处理。

10.2.1　游标声明

游标必须先声明后才能使用，声明的主要内容如下。

1）游标名称。

2）数据子集的来源（源表和指定列）。

3）选取条件（WHERE 表达式）。

4）游标属性（只读或可操作）。

使用 DECLARE …CURSOR 命令声明游标，其语法格式有两种，符合 SQL-92 标准的语法格式和 SQL Server 2008 扩展的语法格式。

1. SQL-92 标准语法格式

用 SQL-92 标准声明游标的语法格式为：

```
DECLARE cursor_name [INSENSITIVE][SCROLL]CURSOR
    FOR select_statement
    [FOR {READ ONLY | UPDATE [OF column_name[,…n] ] }]
```

参数说明如下。

1）cursor_name 为游标名，与某个查询结果相关联，作为查询结果集的符号名。下面用 cursor 表示所定义的游标。

2）INSENSTIVE 关键字指定 cursor 为静态游标。SQL Server 2008 将 cursor 定义所选取出来的数据放在一临时保存表（创建于 tempdb 数据库内）中，所有对 cursor 的读取皆来自该临时保存表，cursor 基本表内容变化时，cursor 内数据不会跟着一起变化，即结果集不变。在这种情况下，不能通过此类 cursor 去操作基本表。如果不指定

INSENSTIVE 关键字，则任何用户对基本表提交的删除和更新都反映在后面的提取中。

3）SCROLL 关键字说明该 cursor 为滚动游标，它可以前后滚动，可使用所有的提取选项选取数据行。如果不指定 SCROLL，则为只进游标，只能使用 NEXT 选项提取数据行。

4）select_statement 为 SELECT 语句，由该查询生成与 cursor 相关联的结果集。SELECT 语句中不能使用 COMPUTE、COMPUTE BY、FOR BROWSE 和 INTO 关键字。如果在 SELECT 语句中有以下情况出现，该 cursor 将自动设置 INSENSITIVE 关键字。

① 使用 DISTINCT、UNION、GROUP BY 和 HAVING 关键字。

② 基本表没有 UNIQUE 唯一索引。

③ 使用 OUT JOIN 外连接。

④ 将定数值当作选取列。

5）FOR READ ONLY 子句说明 cursor 为只读的，cursor 内的数据不能修改。UPDATE 关键字指定可以修改 cursor 内的数据，其修改结果影响到基本表，如果只允许 cursor 内数据的某些列可被修改，则在 column_name 处列出可修改的列，否则可修改所有列。

例 10.1　从 jsy 表中选取"汽车指挥"专业的所有记录，声明一个只读、只进游标来标识该结果集。

```
DECLARE jsy_cur1 CURSOR
KEYSET
FOR
SELECT 驾照号，姓名，出生时间，籍贯
FROM jsy
WHERE 所学专业='汽车指挥'
ORDER BY 出生时间
FOR READ ONLY
```

上述语句声明 jsy_cur 游标，它所关联的数据来自单个表 jsy，游标为只读，且只能从头到尾读取数据。

注意：jsy 表一定要有主键索引，或唯一索引，否则游标定义错误。

2. SQL Server 2008 扩展语法格式

在 SQL Server 2008 中，可以按如下格式声明游标：

```
DECLARE cursor_name CURSOR
    [LOCAL | GLOBAL]                              /*游标作用域*/
    [FORWARD_ONLY | SCROLL]                       /*游标移动方向*/
    [STATIC | KEYSET | DYNAMIC | FAST_FORWARD]    /*游标类型*/
    [READ_ONLY | SCROLL_LOCKS | OPTIMISIC]        /*游标访问属性*/
    FOR select_statement                          /*条件查询语句*/
    [FOR UPDATE [OF column_name[,…n] ] ]          /*可修改的列*/
```

参数说明如下。

1) cursor_name 为游标名称，下面用 cursor 表示所定义的游标。

2) LOCAL、GLOBAL 关键字指定 cursor 的作用域，其中 LOCAL 关键字指定 cursor 为局部游标，作用域为创建此 cursor 的存储过程、触发器或批处理文件，其他存储过程等无法使用它。GLOBAL 关键字指定 cursor 为全局游标，适用于本次连接所有的存储过程、触发器或批处理文件，只有在最后一个用户结束连接时才会被释放。若两者均未指定，则默认由数据库选项中的 default to local cursor 选项值而定。

3) FORWARD_ONLY 和 SCROLL 关键字指定 cursor 的移动方向。前者指定 cursor 为只进游标，只能用 FETCH NEXT 命令来读取 cursor。后者指定 cursor 为滚动游标，可使用 FIRST、LAST、PRIOR、NEXT、RELATIVE 和 ABSOLUTE 提取选项来读取 cursor。

4) STATIC、KEYSET、DYNAMIC 和 FAST_FORWARD 关键字指定 cursor 的操作类型，分别为静态游标、键集驱动游标、动态游标和快速只进游标。

5) READ_ONLY、SCROLL_LOCKS 和 OPTIMISIC 关键字指定 cursor 的访问属性，分别为只读游标，游标数据可更新和游标数据不可更新。

定义游标时，要注意选项的应用规则，通常有以下规则。

1) 当指定 cursor 操作类型，不指定移动属性时，默认为 SCROLL 游标。

2) 当指定 cursor 移动属性，不指定操作类型时，默认为 DYNAMIC 游标。

3) 当同时不指定 cursor 操作类型和移动方向时，默认为 FAST_FORWARD。

4) 如果指定了 FAST_FORWARD，则不能指定 FORWARD_ONLY、SCROLL、SCROLL_LOCKS、OPTIMISTIC 和 FOR UPDATE 关键字。

例 10.2　声明一键集驱动游标，选取汽车指挥专业驾驶员的驾照号、姓名和积分列。

```
DECLARE jsy_cur2 CURSOR
KEYSET
FOR
SELECT 驾照号, 姓名, 积分
FROM jsy
WHERE 所学专业='汽车指挥'
```

例 10.3　声明一快速只进游标，从 jsy 表中选取 xc1 表中驾驶车牌号为"AX1320"的所有驾驶员的驾照号、姓名和积分。

```
DECLARE jsy_cur3 CURSOR
FAST_FORWARD
    FOR
    SELECT a.驾照号, a.姓名, a.积分
    FROM jsy a, xc1
    WHERE a.驾照号=xc1.主驾 AND xc1.车牌号='AX1320'
```

10.2.2　打开游标

游标声明定义了游标的属性，游标使用前还需要打开游标，用游标声明中的 SELECT 语句的结果集填充游标，以便用户能够读取数据，打开游标使用 OPEN 语句，其语法格式为：

```
OPEN{{[GLOBAL]cursor_name} | cursor_variable_name}
```

其中 cursor_name 为要打开的游标名，cursor_variable_name 为游标变量名，GLOBAL 关键字指定打开的是全局游标，若无该关键字，则打开局部游标。

当执行 OPEN 语句打开 cursor 时，SQL Server 2008 首先会检查 cursor 声明，如果 cursor 声明中使用了参数的话则将参数值带入，之后便依声明的 SELECT 语句到数据库选取符合条件的数据填充游标。如果所打开的是静态游标（如指定 INSENSITIVE 关键字或 STATIC 关键字等），那么 SQL Server 2008 将创建一个临时表保存结果集；如果所打开的是键集驱动游标（KEYSET）那么 SQL Server 2008 将创建一个临时表保存键集。

可以通过检查@@ERROR 此全局变量值来判断 cursor 是否打开成功，若值为 0 表示打开成功。当 cursor 打开成功后，可以用@@CURSOR_ROWS 全局变量检查 cursor 内的数据条数。

@@CURSOR_ROWS 值有以下四种可能。

1）-m：cursor 采用异步填充，当前键集已填充的条数为 m。

2）m：cursor 所定义的数据已完全从表导入，全部数据条数为 m。

3）0：无符合条件的数据或 cursor 已关闭或释放。

4）-1：cursor 为动态游标，数据条数不确定。

对于静态游标，@@CURSOR_ROWS 的值为 cursor 内全部数据条数。对于动态游标，@@CURSOR_ROWS 的值为-1，即 cursor 内只有一条数据。

例 10.4 定义游标，然后打开游标，测试游标内数据行数。

```
DECLARE xc_cur1 CURSOR
LOCAL SCROLL SCROLL_LOCKS
FOR
SELECT 车牌号,出车单号,调度号
FROM xc1
OPEN xc_cur1
SELECT '游标内数据行数'=@@CURSOR_ROWS
```

执行结果为：

游标内数据行数

```
10
```

游标打开后，cursor 内相应的数据子集内容已确立而且数据顺序也已固定，此时可以读取 cursor 内数据了。

10.2.3 读取数据

读取数据使用 FETCH 语句，其语法格式为：

```
FETCH [[NEXT | PRIOR | FIRST | LAST
    | ABSOLUTE{n | @nvar} | RELATIVE{n | @nvar}]
    FROM ]{{[GLOBAL]cursor_name} | @cursor_variable_name}
    [INTO @variable_name[,…n]]
```

参数说明如下。

1）cursor_name 为要读取的游标名，cursor_variable_name 为游标变量名，GLOBAL 关键字指定读取的是全局游标，若无该关键字，则读取局部游标。

2）NEXT、PRIOR、FIRST、LAST、ABSOLUTE 和 RELATIVE 关键字说明读取数据的位置。

3）INTO 关键字指定将读取的游标数据存放到指定的变量中。这些变量必须和 cursor 声明中的 SELECT 语句所选取的列一一对应，且数据类型必须相同。

每次执行 FETCH 命令读取数据后，FETCH 语句的执行状态都会保存在 @@FETCH_STATUS 此全局变量中，如果需要可以检查@@FETCH_STATUS 的值以确定数据读取是否成功。

@@FETCH_STATUS 的值有以下三种可以能。

1）0：读取成功。

2）-1：读取失败，游标所指位置超过数据子集范围。

3）-2：所读取的数据行已被删除。

当 FETCH 语句读取范围超过数据子集范围，cursor 指向数据子集的第一行之前或最后一行之后，@@FETCH_STATUS 值为-1。打开 cursor 时，cursor 指向结果集第一行之前。

如果当第一次读取数据时执行 FETCH NEXT 语句，将读取结果集的第一行，当 cursor 指向最后一行时执行 FETCH NEXT 语句，将无值返回，@@FETCH_STATUS 值为-1，cursor 指向最后一行之后。若此时执行 FETCH PRIOR 语句，将返回最后一行。当 cursor 指向第一行或当第一次读取数据时，执行 FETCH PRIOR 语句，将无值返回，@@FETCH_STATUS 值为-1，cursor 指向第一行之前。若此时执行 FETCH NEXT，返回第一行数据。

如果是 FORWARD_ONLY 或 FAST_FORWARD 游标，只能使用 NEXT 关键字一行一行往下读取，读到最后一条数据时也无法回到第一条数据重头读取，除非先关闭再重新打开游标。这种游标常用在报表的处理上，因为依据报表的打印特点，每条数据读取一次即打印到报表上不再需要回头读取。

如果是 DYNAMIC SCROLL 游标，不能使用 ABSOLUTE 选项。

如果是 KEYSET、STATIC 或 SCROLL 游标，且没有指定 DYNAMIC、FORWARD_ONLY 或 FAST_FORWARD 关键字，FETCH 命令中所有的选项都可使用。

例 10.5　定义游标，然后打开游标，测试游标内数据。

```
DECLARE xc1_cur2 CURSOR
KEYSET
FOR
SELECT 车牌号,出车单号,调度号
FROM xc1
OPEN xc1_cur2
FETCH NEXT FROM xc1_cur2
```

执行结果如图 10.4 所示。

若第二次读取时，输入以下语句：

```
FETCH ABSOLUTE 4 FROM  xc1_cur2
```

执行结果如图 10.5 所示。

图 10.4　例 10.5 执行结果　　　　　　　　　图 10.5　第二次读取游标结果

若第三次读取时，输入以下语句：

```
FETCH LAST FROM xc1_cur2
SELECT 'FETCH 执行状态'=@@FETCH_STATUS
```

执行结果如图 10.6 所示。

若第四次读取时，输入以下语句：

```
FETCH NEXT FROM xc1_cur2
SELECT 'FETCH 执行状态'=@@FETCH_STATUS
```

执行结果如图 10.7 所示。

图 10.6　第三次读取游标结果　　　　　　　　图 10.7　第四次读取游标结果

10.2.4　通过游标修改数据

通过游标可以实现更及时和更精确的定位更新。在某些时候，当使用游标读取某条数据后，可能需要修改或删除该数据，如果此时另外执行 UPDATE 或 DELETE 命令，需要在 WHERE 子句中重新给出行筛选条件，才能修改到该条数据。如果有多个行满足 UPDATE 语句或 DELETE 语句中 WHERE 子句的条件，那么将导致无意识的更新和删除。为了避免这样的麻烦，可以在游标声明中加上 FOR UPDATE 子句，这样就可以在 UPDATE 或 DELETE 命令中使用 WHERE CURRENT OF 子句，直接修改或删除当前 cursor 所指的行数据，而不必重新给定选取条件。

当游标声明中有 INSENSITIVE 选项或 STATIC 选项，游标内的数据无法被修改，有时即使没有使用 INSENSITIVE 选项，但在某些状况下，INSENSITIVE 特性仍然会被启动，在这种情况下，该游标内的数据仍无法被修改。

例 10.6　定义游标，然后打开游标，修改游标内数据。

```
DECLARE jsy_cur4 CURSOR
GLOBAL SCROLL SCROLL_LOCKS
    FOR
    SELECT 驾照号, 姓名, 积分
    FROM jsy
FOR UPDATE OF 积分
OPEN jsy_cur4
FETCH LAST FROM jsy_cur4
UPDATE jsy SET 积分=21
        WHERE CURRENT OF jsy_cur4
```

执行结果如图 10.8 所示。游标内最后一个记录"林水强"的积分为 20.0，UPDATE 语句将其修改为 21。

在查询窗口中输入下面语句查询基本表 jsy 所有数据：

```
SELECT * FROM jsy
```

执行结果如图 10.9 所示。

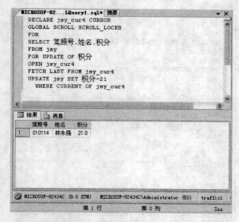

图 10.8　例 10.6 执行结果

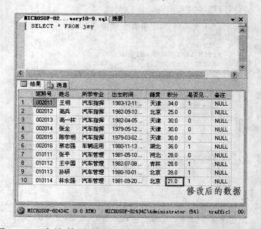

图 10.9　查询修改数据后的基本表例 10.6 执行结果

可看到通过游标的修改影响到基本表。

若输入下面语句：

```
FETCH FIRST FROM jsy_cur4
DELETE FROM jsy
WHERE CURRENT OF jsy_cur4
SELECT * FROM jsy
```

执行结果如图 10.10 所示。

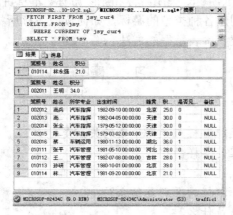

图 10.10　查询删除数据后的基本表例 10.6 执行结果

从 SELECT 语句的查询结果中可以看到，从游标内提取的第 1 条记录"王明"，通过游标用 DELETE 语句删除了。

10.2.5　关闭游标

使用 CLOSE 语句关闭游标，其语法格式为：

```
CLOSE {{[GLOBAL]cursor_name} | @cursor_variable_name}
```

其参数含义与 OPEN 语句相同。如关闭游标 jsy_cur4 的语句为：

```
CLOSE jsy_cur4
```

被关闭的游标 jsy_cur4 其定义仍旧保存在系统内，系统只是释放了该游标内的结果集，可以重新执行 OPEN 语句打开游标，填充结果集。

当执行 COMMIT TRANSACTION 语句或 ROLLBACK TRANSACTION 语句结束事务处理时，目前所有已打开的游标会被关闭。

10.2.6　删除游标

删除游标即删除游标定义，释放所占用的系统资源，并且无法再重新打开它，除非重新创建。删除游标使用 DEALLOCATE 语句，其语法格式为：

```
DEALLOCATE {{[GLOBAL]cursor_name} | @cursor_variable_name}
```

其参数含义与 OPEN 语句相同。如删除游标 jsy_cur4 语句为：

```
DEALLOCATE jsy_cur4
```

小　　结

　　游标是 SQL Server 2008 扩展数据查询功能的工具，使用游标可以对 SELECT 语句的结果集进行再处理。本章介绍了数据子集的概念和游标的类型，讲解了 SQL Server 2008 的四种游标即静态游标、动态游标、只进游标和键集驱动游标的特点以及游标的一些属性，如只读属性、滚动属性和可修改属性等。使用游标需要按流程操作，即先声明游标，然后打开游标、读取游标、关闭游标和删除游标。本章讲解了各种游标操作语句，并通过实例讲解了如何创建各种类型的游标，如何读取游标所标识的结果集的任意行，以及如何通过游标来修改基本表数据的方法。

习　　题

一、思考题

　　（1）什么是数据子集？游标与数据子集的关系是什么？

　　（2）游标的使用流程是怎样的？

　　（3）游标分为哪几类？

　　（4）动态游标和静态游标的区别是什么？

　　（5）只进游标的特点是什么？

二、练习题

1. 判断题

　　（1）游标可理解为一个指向某个数据子集的指针，该数据子集是用 SELECT 语句从一个或多个基本表中选取出的一个结果集。　　　　　　　　　　　　　　　（　　）

　　（2）游标定义后并不能直接使用，需要通过 OPEN 操作打开游标，将结果集填充至游标内，才能读取游标数据。　　　　　　　　　　　　　　　　　　　　　（　　）

　　（3）游标关闭后就不能再使用了，需要重新定义数据子集后再打开游标。（　　）

　　（4）定义游标时系统将游标所标识的结果集创建在 tempdb 数据库的临时表中，用户可以随时通过删除这些临时表来删除游标。　　　　　　　　　　　　　　　（　　）

　　（5）静态游标是只读的，其数据是创建游标时基本表的数据，并不反映当前基本表的数据变化。　　　　　　　　　　　　　　　　　　　　　　　　　　　　（　　）

　　（6）快速只进游标只能前进不能后退，行提取时不能反映基本表的当前数据，所以快速只进游标应该在需要时再打开。　　　　　　　　　　　　　　　　　　　（　　）

　　（7）键集驱动游标是一种动态游标，通过将主键存储在 tempdb 数据库的临时表中，检测基本表键值的变化。　　　　　　　　　　　　　　　　　　　　　　　　（　　）

　　（8）局部游标与全局游标的区别在于使用者不同，前者只能由创建者使用，后者可以为所有用户使用。　　　　　　　　　　　　　　　　　　　　　　　　　　　（　　）

　　（9）定义游标时，当指定游标的操作类型，不指定移动属性时，系统将默认为 SCROLL 游标。　　　　　　　　　　　　　　　　　　　　　　　　　　　　　（　　）

（10）全局函数@@ERROR 用于判断 cursor 是否打开成功，若值为 0 表示打开成功。
　　　　　　　　　　　　　　　　　　　　　　　　　　　　　　　　　　　（　　　）

（11）全局函数@@CURSOR_ROWS 用于检查游标内的数据条数，若值为-1 表示游标已关闭。　　　　　　　　　　　　　　　　　　　　　　　　　　　　　　　（　　　）

（12）使用 FETCH 命令提取行后，用@@FETCH_STATUS 函数测试读取状态，若其值为 0 表示读取失败。　　　　　　　　　　　　　　　　　　　　　　　　　（　　　）

（13）刚打开的游标，游标指向第一行之前，此时用@@FETCH_STATUS 函数的值为-1。　　　　　　　　　　　　　　　　　　　　　　　　　　　　　　　　　（　　　）

（14）对于 FORWARD_ONLY 游标，在 FETCH 命令中只能使用 NEXT 和 LAST 关键字，不能使用 PRIOR 和 FIRST 关键字。　　　　　　　　　　　　　　　　　（　　　）

（15）使用 DROP 或 DELETED 命令可以删除游标定义，使用 DEALLOCATE 命令可以释放游标所占用的系统资源。　　　　　　　　　　　　　　　　　　　　　（　　　）

2．操作题

（1）从 traffic 数据库中选取所有驾驶员的姓名、籍贯、出生年月和积分，定义一个快速只进游标标识其结果集。

（2）定义一个静态游标，标识所有小轿车的出车记录。

（3）从 jsy 表中选取所有汽车指挥专业驾驶员的驾照号、姓名和积分，定义一个键集驱动游标标识其结果集，并测试游标内数据行数。

（4）对于上题所建立的游标，分别用 NEXT、PRIOR、FIRST、LAST、ABSOLUTE n 等关键字提取游标内数据。

（5）定义一个可修改游标，标识 xc 表中曾驾驶车牌号为"AX1320"车辆的所有驾驶员的驾照号、姓名和籍贯，并修改其中一个籍贯值，再查询基本表数据看是否修改有效。

第 11 章　安全认证与访问权限

📖 知识点

- SQL Server 2008 的安全策略和登录认证模式
- SQL Server 2008 登录账号和用户名
- 数据库的用户
- 角色与角色成员
- 固定服务器角色和固定数据库角色
- 对象权限和语句权限

✎ 难点

- 登录者、用户和数据库用户的区别
- 角色权限和角色成员的关系
- 对象权限和语句权限的控制方法

📢 要求

熟练掌握以下内容：
- 登录账号的建立、删除
- 数据库用户的建立和删除
- 用户权限的授予、取消和拒绝
- 添加与删除角色成员

了解以下内容：
- 用户自定义角色

　　数据访问的安全问题是任何数据库服务器都要考虑的重要问题，尤其在网络信息时代，信息安全更是关系到企业的生命，非法访问和非法操作会造成企业信息资源的流失和破坏，给企业带来不可估量的损失。企业在实现海量数据共享，为用户提供数据商业服务的同时，必须设法禁止非法用户的恶意访问，避免数据资源被人为破坏。SQL Server 2008 作为大型数据库系统核心，具有完整有效的访问控制机制，为企业数据库提供了充分的安全策略和先进的技术手段。

11.1　SQL Server 2008 的安全策略

　　SQL Server 2008 对数据库的数据有充分的安全防护。SQL Server 2008 在两个级别上对登录的用户进行安全检查，首先进行登录身份的验证，其次进行数据库账户和角色的验证，每一级验证从不同的层次控制用户访问，以拒绝非法用户，保证数据的安全。

11.1.1　SQL Server 2008 的安全管制

SQL Server 2008 通过认证和权限两个方面控制用户访问数据库的权力，认证是登录服务器的许可，权限是使用数据库内数据的许可。如果要使用数据库服务器中的数据，必须能够登录 SQL Server 2008 服务器，并具有相应数据库及数据对象的访问权限。SQL Server 2008 是在认证和权限两道关卡上对登录的用户进行安全检查，首先用户必须拥有一个登录账号和密码，通过登录 SQL Server 2008 的身份验证，如果登录成功，只能处理 SQL Server 2008 某些特定的管理工作，并不表示用户对 SQL Server 2008 内的数据有访问的权力，用户还必须通过数据库账户和角色的验证，才能使用数据库内的相应对象（如表、列、视图和存储过程等）。

SQL Server 2008 内建的安全性与数据保护实现了数据安全的四个层次，即网络操作系统（Windows 操作系统）、数据库服务器（SQL Server）、数据库（Database）和对象（Object）。对于系统的保护，使用登录认证方式，对于数据库及其数据的保护，使用访问权限限制，如图 11.1 所示。

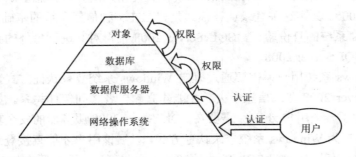

图 11.1　数据安全的四个层次

如用户要访问某个数据库对象，首先要取得网络操作系统的许可，然后取得数据库服务器许可，还需要拥有指定数据库的访问权限，最后需要有该数据库对象的访问权限。

SQL Server 2008 对用户身份也分四个层次控制：系统管理员（system administrator）、数据库所有者（database owners）、数据库对象所有者（database object owners）和其他用户（other user），其权限依次从大到小，如图 11.2 所示。

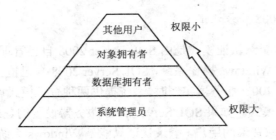

图 11.2　四种用户身份类型

11.1.2　SQL Server 2008 登录认证模式

认证指当用户请求访问系统时，系统服务器对请求者的账户和口令的确认，认证模式即是确认过程，认证的内容包括检查请求者的用户账户的有效性，是否能够建立与数据库安装实例的连接等。

由于 SQL Server 2008 是构建在 Windows 操作系统之上的，Windows 操作系统已经有一个完整有效的安全认证机制，SQL Server 2008 可以借助 Windows 操作系统的安全机制，来实现自身的安全屏障，也可以建立自身的安全认证机制，所以用户请求登录 SQL Server 2008 可以有两种方式，一是通过 Windows 操作系统登录认证即可登录，二是通过 SQL Server 2008 自身的登录认证来登录。无论哪种认证，都需要请求者有 Windows 操作系统的登录账号，即请求者应是 Windows 操作系统的合法用户。

1. Windows 登录认证

使用 Windows 登录认证是由 Windows 系统管理登录者信息，当用户请求登录 SQL Server 2008 时，SQL Server 2008 系统检测到是一个 Windows 系统用户请求登录，首先要回叫 Windows 操作系统，让 Windows 系统检查此用户的合法信息，确定后才允许登录 SQL Server 2008。其实这种登录认证模式是建立在一种信任关系的基础上，只要用户通过了 Windows 系统的身份验证，SQL Server 2008 不再对其进行另外的身份验证的工作，即可连接 SQL Server 2008。

对于 Windows 系统用户，需要通过确定 Windows 系统登录认证方式，将用户信息注册到 SQL Server 2008 登录信息中去，才能建立起二者之间信任关系。如在 Windows 操作系统下添加了一个用户 zhang，需要在 SQL Server 2008 服务器的安全项目中新建登录者，确定该用户为 Windows 系统登录认证方式，以后该用户才能直接登录 SQL Server 2008，使其通过信任连接访问 SQL Server 2008。由此可见，不是所有的 Windows 系统登录用户都可以登录 SQL Server，只有建立了二者信任关系的那部分 Windows 系统用户，才可登录 SQL Server。在 SQL Server 2008 登录信息中，记录了 Windows 系统所有用户中可登录 SQL Server 的那部分用户名，即建立了二者之间信任关系的那部分用户名。对 Windows 系统用户而言，不一定是你登录了 Windows 系统就可以登录 SQL Server 2008 了，而是你的 Windows 系统账号必须在 SQL Server 2008 中有信任记录才可直接登录 SQL Server 2008。

2. SQL Server 2008 登录认证

SQL Server 2008 登录认证模式是由 SQL Server 2008 自己管理登录者的所有信息，验证身份时不用回叫 Windows 操作系统，SQL Server 2008 自己检查该用户的合法信息。

安装 SQL Server 2008 服务器实例时，系统提供两种登录模式可供选择，即 Windows 登录模式和混合登录模式。如果 SQL Server 2008 服务器设置的登录模式为 Windows 登录认证，以后对于请求登录的用户，登录认证只能是 Windows 系统身份验证，对于请求登录的用户，检查是否为 Windows 系统合法账号。如果 SQL Server 2008 服务器设置的登录模式为混合模式，则以后对于请求登录的用户，登录认证既可以是 Windows 身份验证，也可以是 SQL Server 2008 身份验证，对于任何请求登录的用户，系统将首先检查是否是 SQL Server 2008 合法账号，如不是则检查是否是 Windows 系统合法账号。图 11.3 表示了用户在登录请求 SQL Server 2008 服务器时身份验证的过程。

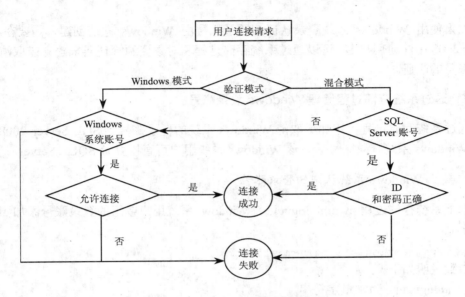

图 11.3　SQL Server 登录验证流程

11.1.3　登录者和数据库用户

在 SQL Server 2008 中，登录者（login）和用户（user）是两个不同的概念，即使它们的名字可能相同，登录账号用来和 SQL Server 2008 连接，用户账号用来访问数据库。登录者只是通过了系统安全的第一道关卡，成为有资格进入 SQL Server 2008 系统的人，但只能做一些特定的服务器管理工作。用户是通过了系统安全的第二道关卡，成为有资格访问数据库对象，使用数据库中数据的人。登录账号用来和 SQL Server 2008 连接，有了登录账号才能连接上 SQL Server 2008，但连接 SQL Server 2008 后，该登录账号并无使用数据库对象的权力，SQL Server 2008 是以用户名来设置数据访问的允许权。在 Windows 操作系统中创建的用户账号作为 SQL Server 2008 登录账号，并非 SQL Server 2008 用户账号。

每一个登录账号有一个默认连接的数据库，但登录成功连接到该数据库后，并不代表登录者能够访问该数据库，还需要系统管理员或数据库拥有者事先在该数据库中建立登录者的用户账号。建立用户账号时需要指定登录账号，这样登录账号就和用户账号相对应。拥有用户账号后，登录 SQL Server 2008 连接到默认数据库，才能访问该数据库内的数据。如果没有建立用户账号，登录者就无法访问该数据库中的数据。登录账号与用户账号可以是一对一关系，也可以是一对多关系，一个登录账号如果在多个数据库中拥有用户账号，那么登录者可以允许同时访问多个数据库。

　　登录账号和所对应的数据库用户名称不一定要取相同的名字，SQL Server 2008 内建的登录名 sa 其对应的用户名称为 dbo。

11.2　管理 Windows 认证的登录账号

　　如果使用 Windows 系统登录认证，登录账号由 Windows 系统创建，需要在 SQL Server 2008 中注册用户名，可以通过系统存储过程和对象资源管理器来建立或取消这种登录账号的注册。

11.2.1　通过系统存储过程管理 Windows 登录账号

　　通过系统存储过程可添加或取消 Windows 系统的登录账号到 SQL Server 2008，添加了 Windows 系统登录账号后，该 Windows 系统用户可直接登录 SQL　Server。

1. 建立 Windows 系统认证的登录账号

　　以下系统存储过程 sp_grantlogin 可将 Windows 系统用户或组的登录账号添加到 SQL Server 中。

```
sp_grantlogin[@loginame=]'login'
```
参数说明如下。

1）@loginame 为常量字符串。

2）login 为 Windows 系统中的用户或组，必须用域名限定，格式为"域名\用户名"或"主机名\用户名"。

若返回值为 0 表示成功，为 1 表示失败。

　　调用该系统存储过程后，login 账号就可以通过 Windows 身份验证连接到 SQL Server，相当于建立了二者之间的信任连接。

例 11.1　　设 Windows XP 中有用户 wtest，建立该用户的信任连接。

```
EXEC sp_grantlogin 'DXY\wtest'
```
其中 DXY 为主机名。

2. Windows 系统认证模式登录账号

　　以下系统存储过程 sp_revokelogin 可取消 Windows 系统用户或组到 SQL　Server 的登录。

```
sp_revokelogin[@loginame=]'login'
```
其参数含义与 sp_grantlogin 系统存储过程相同，返回值为 0 表示成功，为 1 表示失败。

例 11.2　取消 Windows xp 用户 wtest 的信任连接。

```
EXEC sp_revokelogin '\wtest'
```

11.2.2　通过对象资源管理器管理 Windows 认证的登录账号

　　通过对象资源管理器管理 Windows 系统认证的登录账号操作步骤如下。

1）在 Windows 操作系统下利用"计算机管理"建立用户 qtest，如图 11.4 所示。

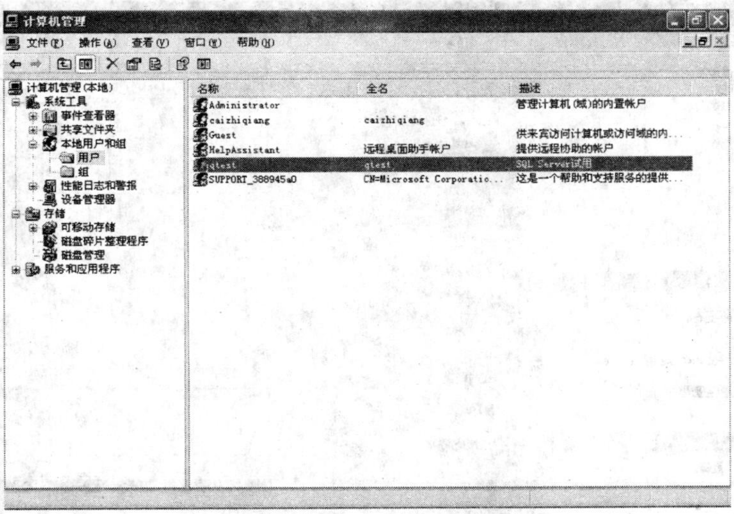

图 11.4　建立 Windows XP 用户

2）以管理员身份登录 SQL Server 2008，打开对象资源管理器，展开数据库服务器，选择"安全性/登录名"对象，单击鼠标右键，在快捷菜单上选择"新建登录名"，如图 11.5 所示。

图 11.5　新建登录名快捷菜单

3）在"登录名"中输入用户名，或单击右边的"搜索"按钮，在用户列表中选择用户。身份验证方式选择"Windows 身份验证"模式，默认数据库为 traffic1，如图 11.6 所示。

4）单击"确定"按钮。在对象资源管理器右边窗口将出现"qtest"用户，如图 11.7 所示。

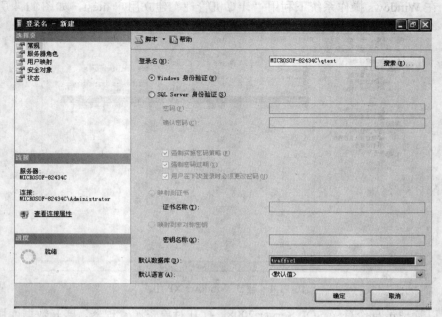

图 11.6 新建登录设置

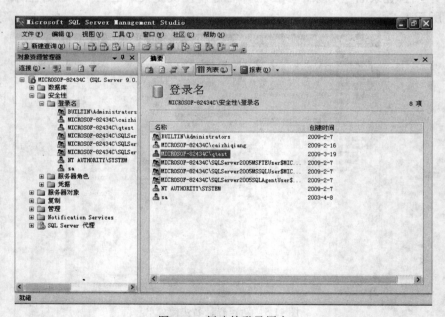

图 11.7 新建的登录用户

取消已建立的登录账号时，在图 11.7 的右边窗口中选择需撤消的登录账号，单击鼠标右键，在快捷菜单上选择"删除"，如图 11.8 所示。

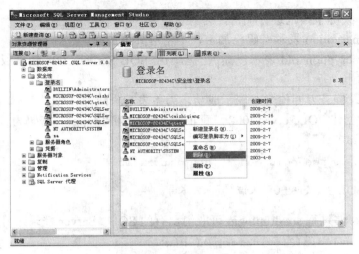

图 11.8　删除登录用户

11.3　管理 SQL Server 2008 认证的登录账号

SQL Server 2008 不仅可以使用 Windows 的登录账号，也可以建立 SQL Server 2008 自己管理的登录账号，以便用户请求登录时，使用 SQL Server 的专用账号确认合法身份。

11.3.1　通过系统存储过程管理 SQL Server 2008 的登录账号

通过系统存储过程可建立和取消 SQL Server 2008 自己管理的登录账号。

1. 建立 SQL Server 2008 认证的登录账号

使用系统存储过程 sp_addlogin 可创建 SQL　Server 登录账号。

```
sp_addlogin[@loginame=]'login'
[,[@passwd=]'password']
[,[@defdb=]'database']
[,@deflanguage=]'language']
[,[@sid=]sid]
[,[@encryptopt=]'encryption_option']
```

参数说明如下。

1）login 为指定登录账号。

2）password 表示通过密码登录，默认为 NULL。

3）database 为登录后连接到的数据库，默认为 master。

4）language 表示指定使用的语言，若无则为服务器当前的默认语言。

5）sid 为安全标识号，默认设置为 NULL。若为 NULL，则系统为新登录的账号生成 SID。

6）encryption_option 表示当密码存储在系统表中时，密码是否要加密，有以下三个值可选。

① NULL 关键字指定进行加密，为默认设置。

② skip_encryption 表示密码已加密，不用对其再加密。

③ skip_encryption_old 表示已提供的密码由 SQL Server 2008 较早版本加密，此选项只供升级使用。

系统存储过程若返回值为 0 表示成功，为 1 表示失败。

例 11.3　创建 SQL Server 2008 认证的登录账号为"dong"，密码为"qqq"，指定默认数据库为"traffic1"。

```
EXEC sp_addlogin'dong','qqq','traffic1'
```

2. 取消 SQL Server 2008 认证的登录账号

使用系统存储过程 sp_droplogin 可取消已有的 SQL Server 登录账号。

```
sp_droplogin[@loginame=] 'login'
```

其中 login 表示将被取消的登录账号，使用该存储过程需要做以下说明。

1）不能删除任何数据库现有用户的登录账号，必须先删除与登录账号相关的所有用户，才能删除登录账号。

2）不能删除系统管理员（sa）的登录账号。

3）不能在用户定义的事务内执行 sp_droplogin。

4）只有 sysadmin 和 securityadmin 固定服务器角色的成员才能执行 sp_droplogin。

例 11.4　删除登录账号"dong"。

```
EXEC sp_droplogin 'dong'
```

注意：必须先删除与"dong"对应的所有用户账号，才能删除"dong"登录账号。

11.3.2　通过对象资源管理器管理 SQL Server 2008 的登录账号

可以通过对象资源管理器建立或取消 SQL Server 2008 的登录账号，操作步骤如下。

1）在"对象资源管理器"面板中，展开数据库服务器对应的"安全性"选型，在"登录名"选项上右击，在弹出的快捷菜单中选择"新建登录名"命令，进入"登录名—新建"窗口，如图 11.9 所示。

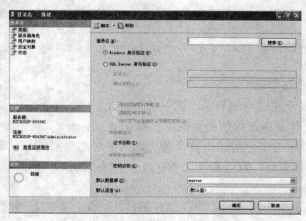

图 11.9　登录名—新建窗口

2）如果选中"Windows 身份验证"单选按钮，再单击"搜索"按钮，如图 11.10 所示。单击"高级"按钮进入如图 11.11 所示的对话框，在该对话框中单击"立即查找"按钮可以弹出"选择用户或组"的对话框，在该对话框中可以选择 Windows 系统的用户作为 SQL Server 2008 服务器的登录账户。不过，在这之前需要执行"开始|设置|控制面板|管理工具|计算机管理"命令，展

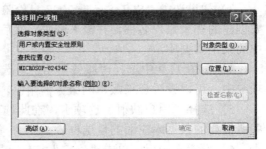

图 11.10　选择用户或组

开"本地用户和组"选项，选中"用户"并单击鼠标右键，在弹出的快捷菜单中执行"新用户"如图 11.12 所示，弹出如图 11.13 所示的对话框，在该对话框中输入用户名和密码等。

图 11.11　选择用户

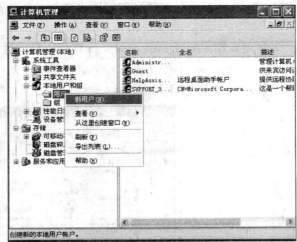

图 11.12　新建用户

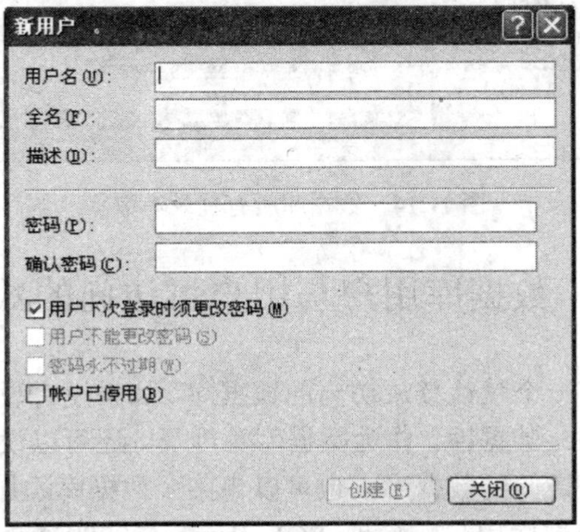

图 11.13　新用户对话框

3）如果选中"SQL Server 2008 身份验证"单选按钮，在"登录名"文本框中输入要创建的登录账户名称，并输入密码。然后在"默认设置"选项组中，选择数据库列表中的某个数据库。

4）在图 11.9 中选择"服务器角色"选项卡，打开"服务器角色"选项卡，在此选项卡中，可以设置登录账户的服务器角色。

5）选择"用户映射"选项卡，在此选项卡中可选择登录账户访问的数据库，即选中所需要的数据库左面的复选框。

6）设置完毕后，单击"确定"按钮，即可完成登录账户的创建。

11.3.3　显示登录者的设置内容

使用 sp_helplogins 系统存储过程，可以列出目前数据库的所有登录者（包含 Windows 系统登录者和 SQL Server 2008 登录者），以及每一个登录者对应到可访问数据库的用户名称，sp_helplogins 存储过程的格式为：

```
sp_helplogins[[@loginnamepattern=]'登录者账号']
```

如果未指定@loginnamepattern 则列出目前数据库的所有登录者的信息，例如：

```
EXEC sp_helplogins
```

执行结果如图 11.14 所示。

图 11.14　数据库所有登录者信息

11.4　数据库用户与用户可访问的数据库

每一个登录者都有一个默认登录访问的数据库，如果没有设置默认登录访问的数据库，系统将默认为 master 数据库。作为数据库管理员，还可以设置某个数据库用户可访问的其他数据库和不可访问的数据库，也可以为某个数据库添加或删除数据库用户。

由于登录者成为数据库用户，管理 SQL Server 2008 登录者实际就是管理数据库用户。

11.4.1　添加或删除数据库用户

可以用命令操作方式和对象资源管理器界面操作方式添加或删除数据库用户。

1.　用系统存储过程在当前数据库中添加或删除数据库用户

使用 sp_grantdbaccess 系统存储过程可以在当前数据库中添加数据库用户，其格式为：

```
sp_grantdbaccess[@loginame=]'login'[,[@name_in_db=]'name_in_db']
```

参数说明如下。

1）login 表示 SQL Server 2008 的登录账号。

2）name_in_db 表示数据库用户名，如果没有指定，则使用登录账号作为数据库用户名。若返回值为 0 表示成功，为 1 表示失败。使用该存储过程需要说明如下。

1）不能在用户定义的事务内执行该存储过程。

2）只有 sysadmin 固定服务器角色、db_accessadmin 和 db_owner 固定数据库角色的成员才能执行该存储过程。

相应地，可用 sp_revokedbaccess 系统存储过程删除用户账户，其用法与 sp_grantdbaccess 存储过程一样。

例 11.5　设有登录账号"lisa"，现将其添加为数据库"traffic1"的用户，用户名为"lisanow"。

```
USE traffic1
GO
EXEC  sp_grantdbaccess'lisa', 'lisanow'
GO
```

2.　用对象资源管理器添加或删除数据库用户

可以通过对象资源管理器添加或删除数据库用户，步骤如下。

1）在"对象资源管理器面板"中，展开某一数据库，再展开"安全性"选项，然后右击"用户"，在弹出的快捷菜单中选择"新建用户"命令，如图 11.15 所示。

图 11.15　新建数据库用户快捷方式

2）在打开的"数据库用户——新建"窗口中，选中"登录名"单选按钮，选择登录账户如"wtest"，在"用户名"文本框中输入用户名如"weandyou"，也可以在"数据库角色成员身份"列表中选择新建用户应该属于的数据角色如"db_owner"，如图 11.16所示。

3）设置完毕后，单击"确定"按钮，即可在数据库中创建一个新的用户账户。如果不想创建用户账户，单击"取消"按钮即可。

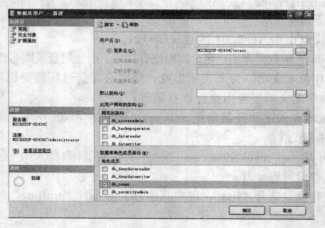

图 11.16　定义新建数据库用户

若要删除某个用户，在图 11.15 的右边窗口的用户列表中选择需被删除的用户名，单击鼠标右键，在快捷菜单上选择"删除"即可，如图 11.17 所示。

图 11.17　删除数据库用户

11.4.2　设置用户可访问的和不可访问的数据库

对于某个数据库用户，系统管理员可以利用存储过程设置其可访问的数据库和不可访问的数据库。

设置用户可访问的和不可访问的数据库与在当前数据库中添加和删除用户的含义是一样，同样使用系统存储过程 sp_grantdbaccess 实现，其格式为：

```
sp_grantdbaccess[@loginame=]'login'[,[@name_in_db=]'name_in_db']
```

参数说明如下。

1）login 表示 SQL Server 2008 的登录账号。

2）name_in_db 表示数据库用户名。

使用 sp_revokedbaccess 系统存储过程设置用户不可访问的数据库，其用法与 sp_grantdbaccess 系统存储过程一样。

11.4.3　查看数据库的用户

1．用系统存储过程查看数据库的用户

在 QL Server Management Studio 查询窗口中运行以下代码：

```
Use traffic1
GO
EXEC sp_helpuser
```

运行结果如图 11.18 所示，把所有的数据库用户显示出来。

2．用对象资源管理器查看数据库的用户

在"对象资源管理器"面板中，展开某个数据库，展开"安全性"选项，再展开"用户"选项，则显示目前数据库中所有的用户，如图 11.19 所示。

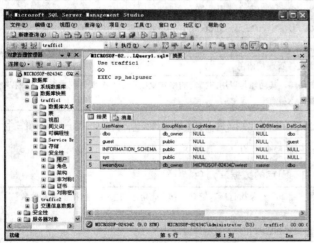
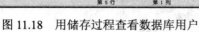

图 11.18　用储存过程查看数据库用户　　　　　　　图 11.19　查看数据库用户

11.5　角色与角色成员

SQL Server 2008 是基于权限，使用角色概念来划分不同的用户群，同一个角色的所有成员都拥有相同的权限，通过对角色的管理来实现对用户权限的管理。

11.5.1　角色的概念与种类

角色即拥有同样权限的人群，如打单人员、查询人员、维护人员或录入人员等。SQL Server 2008 通过角色将用户分为不同的类别，同一个角色名下的所有用户为同类用户，称为该角色成员，被赋予了相同的操作权限。

角色有固定角色和自建角色两种，固定角色是系统内建的，不可删除；自建角色是由用户创建的，可以删除。固定角色和自建角色都可分为服务器角色和数据库角色两种，服务器角色拥有服务器管理和操作的不同权限，数据库角色则拥有数据库管理和使用的不同权限。

1. 固定的角色

系统固定的角色有固定服务器角色和固定数据库角色两种。

1）固定服务器角色：SQL Server 2008 将服务器的管理工作分类，每一类工作由一种角色来做。固定的服务器角色如表 11.1 所示。

表 11.1　固定的服务器角色

sysadmin	可对 SQL Server 2008 执行任何管理工作，为最高管理角色即系统管理员角色
serveradmin	具有对服务器进行设置及关闭服务器的权限，为服务器管理员角色
setupadmin	可添加和删除连接服务器，执行某些系统存储过程如 sp_serveroption，管理扩充存储过程（extended procedures），可创建数据库复制（replication）
securityadmin	可管理数据库的登录者（logins），为安全管理员角色
processadmin	可管理由 SQL Server 2008 启动执行的进程（process），为进程管理员角色
dbcreator	可创建、更改和删除数据库，为数据库设置角色
diskadmin	可管理磁盘文件，为磁盘文件管理员角色
bulkadmin	可以执行 BULK INSERT 语句，其功能是以用户指定的格式复制一个数据文件到数据库表或视图，即对数据库进行大量插入操作

2）固定数据库角色：SQL Server 2008 将数据库的管理工作也分类，每一类工作由一种角色来做。固定的数据库角色如表 11.2 所示。

表 11.2　固定的数据库角色

db_owner	数据库的拥有者。可对数据库和其对象执行所有管理工作，此角色的权限可包括以下其他角色的权限
db_accessadmin	可新建和删除 Windows 组、Windows 用户和数据库用户
db_datareader	可看到数据库所有用户创建的表内的数据
db_datawriter	可新建、修改和删除数据库中的所有用户创建的表数据
db_ddladmin	可新建、修改和删除数据库中对象
db_securityadmin	可管理数据库内的权限控制，如管理数据库的角色和角色内的成员，管理对数据库对象的访问控制
db_denydatareader	看不到数据库内任何数据
db_denydatawriter	无法更改数据库内的任何数据
public	每个数据库用户是 public 角色的成员之一。当用户被许可访问数据库时，用户将自动地变成 public 角色的的一个成员

其中 public 角色是在每一个数据库（包括 master、tempdb 和 model 等系统数据库）内包含所有用户的角色，系统自动在每个数据库内建立该角色，无法被删除。由于任何访问数据库的用户都自动成为该数据库 public 角色的成员，如果要使某数据库的所有用户都具有某个访问权限的话，可以对 public 角色来设置，这是最快捷的方法。

2．用户自定义的数据库角色

数据库管理员或数据库拥有者可以创建自己需要的数据库角色，针对这个角色设置访问权限，然后将用户加入到这个角色，用户就拥有该角色的访问权限。

11.5.2　添加或删除固定服务器角色成员

可以使用存储过程或对象资源管理器添加、修改和删除固定服务器角色的成员，但不可以删除固定服务器角色。

1．用存储过程添加或删除固定服务器角色成员

使用系统存储过程 sp_addsrvrolemember，可以将一个登录账号添加到某个固定服务器角色中，使其成为固定服务器角色的成员，其格式分别为：

```
sp_addsrvrolemember[@loginame=]'login',[@rolename=]'role'
sp_dropsrvrolemember[@loginame=]'login',[@rolename=]'role'
```

参数说明如下。

1）login 为登录账号。

2）role 为固定服务器角色名。

若返回值为 0 表示成功，为 1 表示失败。使用该系统存储过程需要说明如下。

1）不能更改 sa 角色成员资格。

2）不能在用户定义的事务内执行该存储过程。

3）sysadmin 角色的成员可以将登录账号添加到任何固定服务器角色，其固定服务器角色可以执行 sp_addsrvrolemember 系统存储过程，将登录账号添加到同一个固定服务器角色中，或执行 sp_dropdsrvrolemember 系统存储过程，将同角色中的登录账号删除。

例 11.6　将 MICROSOF-82434C\qtest 添加到 sysadmin 固定服务器角色中。

```
EXEC sp_dropsrvrolemember 'MICROSOF-82434C\qtest','sysadmin'
```

该语句的执行者本身应是 sysadmin 固定服务器角色成员。

2．用对象资源管理器添加或删除固定服务器角色成员

通过对象资源管理器界面可以添加或删除固定服务器角色成员，以将 MICROSOF-82434C\qtest 添加到 sysadmin 固定服务器角色中为例，操作步骤如下。

1）以系统管理员身份登录 SQL Server 2008 服务器，打开对象资源管理器，展开数据库服务器，选择"安全性/登录名"对象，在右边窗口双击登录账号"MICROSOF-82434C\qtest"。

2）在登录属性对话框中单击"服务器角色"选项卡，将"sysadmin"服务器角色前

的复选框选中，如图 11.20 所示。

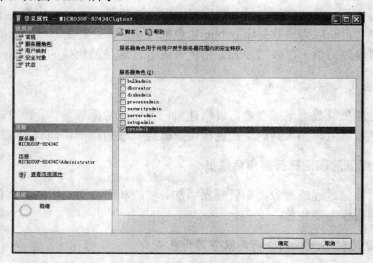

图 11.20　添加固定服务器角色成员

3）单击"确定"按钮即可。

如要删除该登录账号的某个固定服务器角色，只需在图 11.20 中将相应的固定服务器角色名前的复选框取消即可。

11.5.3　添加或删除固定数据库角色成员

可以用存储过程或对象资源管理器来添加、修改和删除固定数据库角色的成员。

1. 使用存储过程添加或删除固定数据库角色成员

使用 sp_adddbrolemember 系统存储过程将一个登录账号添加到某个固定数据库角色中，使其成为固定数据库角色的成员，使用 sp_dropdbrolemember 系统存储过程删除某个固定数据库角色成员，其格式分别为

```
sp_adddbrolemember[@loginame=]'login',[@rolename=]'role'
sp_dropdbrolemember[@loginame=]'login',[@rolename=]'role'
```

参数说明如下。

1）login 为登录账号。

2）role 为固定数据库角色名。

若返回值为 0 表示成功，为 1 表示失败。

例 11.7　将 MICROSOF-82434C\wtest 添加到 db_addladmin 固定数据库角色中。

```
EXEC sp_adddbrolemember 'MICROSOF-82434C\wtest','db_addladmin'
```

2. 用对象资源管理器添加或删除固定数据库角色成员

通过对象资源管理器界面可以添加或删除固定数据库角色成员，以将 MICROSOF-82434C\wtest 添加到 db_addladmin 固定数据库角色中为例，操作步骤如下。

1）以系统管理员身份登录 SQL Server 2008 服务器，打开对象资源管理器，展开数据库层次结构，选择 traffic1 下的"安全性/用户"对象，在右边窗口双击用户名"MICROSOF-82434C\wtest"。

2）在数据库用户属性对话框中，将"db_ddladmin"数据库服务器角色前的复选框选中，如图 11.18 所示。

3）单击"确定"按钮即可。

如要删除该用户的某个固定数据库角色成员，只需在图 11.21 中将相应的固定数据库角色名前的复选框取消即可。

图 11.21　添加固定数据库角色成员

11.5.4　用户自定义的数据库角色和角色成员

用户可以自定义数据库角色，并且添加和删除自定义的数据库角色成员。

1. 用存储过程定义用户自定义的数据库角色和角色成员

使用 sp_addrole 系统存储过程创建自定义角色，其格式为：

```
sp_addrole[@rolename=]'role' [,[@ownename=]'owner']
```

参数说明如下。

1）role 为新的数据库角色名。

2）owner 为新角色的所有者，必须是当前数据库中的某个用户或角色，默认为 dbo。若返回值为 0 表示成功，为 1 表示失败。使用该系统存储过程需要说明如下。

1）不能在用户定义的事务内执行。

2）只有 sysadmin 固定服务器角色、db_securityadmin 和 db_owner 固定数据库角色成员才能执行。

例 11.8　在当前数据库中创建名为 role1 的新角色

```
USE traffic1
EXEC  sp_addrole 'role1'
```

可用 sp_droprole 系统存储过程删除角色成员，其格式和用法与 sp_addrole 系统存储过程相同。

2. 用存储过程添加和删除角色成员

使用 sp_addrolemember 系统存储过程添加角色成员，使用 sp_droprolemember 系统存储过程删除角色成员，其格式分别为：

```
sp_addrolemember[@loginame=]'login',[@rolename=]'role'
sp_droprolemember[@loginame=]'login',[@rolename=]'role'
```

参数说明如下。

1）login 为登录账号。

2）role 为用户自定义的角色名。

若返回值为 0 表示成功，为 1 表示失败。

3. 用对象资源管理器添加或删除用户自定义的数据库角色和角色成员

通过对象资源管理器界面可以添加或删除用户自定义的数据库角色和角色成员，操作步骤如下。

1）以系统管理员身份登录 SQL Server 2008 服务器，在"对象资源管理器"面板中，选择"数据库"选项，展开 traffic1 数据库，然后选择展开"安全性"选项，选中"角色"并右击，在弹出的快捷菜单中，选择"新建数据库角色"命令，如图 11.22 所示。

2）在弹出"数据库角色—新建"窗口中，输入相应的角色名称和所有者，选择角色用户的架构及添加相应的角色成员即可，如图 11.23 所示。

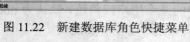

图 11.22　新建数据库角色快捷菜单　　　　　图 11.23　创建新角色选项

若要删除角色成员，可在图 11.23 窗口中选择需删除的角色成员，单击"删除"按钮即可。

11.6　用户权限

SQL Server 2008 数据库中每个对象都有所有者，通常创建该对象的用户即为其所有者，其他用户只有在所有者对其授权后，方可访问该对象。

　　用户权限是用户在数据库内执行一些事务或操作的权力范围，在 SQL Server 2008
中使用 GRANT（授权）、REVOKE（撤销）和 DENY（拒绝）等命令来管理用户权限。
sysadmin 固定服务器角色的成员、db_owner 固定数据库角色的成员以及数据库对象的所
有者都可授予、废除或拒绝某个用户或某个角色的权限。SQL Server 2008 中有两个特殊
的用户账号即 public 角色和 guest 用户，public 角色的权限可应用于数据库中的所有用
户，guest 用户的权限可被所有在数据库中没有账号的用户使用。

11.6.1　对象权限与语句权限

　　权限的形式在 SQL SERVER 2008 中有三种，即对象权限、语句权限和隐含权限，
本节介绍前两种。

　　1. 对象权限

　　对象权限控制访问数据库对象如表、列、视图和存储过程等，表 11.3 列出了有关的
对象与权限。

表 11.3　对象权限

对　　象	可以被授权或拒绝的操作
数据表	SELECT、UPDATE、DELETE、INSERT、REFERENCE
列	SELECT、UPDATE
视图	SELECT、UPDATE、INSERT、DELETE
存储过程	EXECUTE

　　2. 语句权限

　　语句权限控制用户执行某些语句进行管理操作的权力，如创建或备份一个数据库语
句等，表 11.4 列出了能够被授权或被拒绝的有关语句及功能。

表 11.4　具有权限的语句和功能

语　　句	功　　能
CREATE　DATABASE	创建数据库
CREATE　DAFAULT	创建表字段的默认值
CREAGE　PROCEDURE	创建存储过程
CREATE　RULE	创建表字段的规则
CREATE　TABLE	创建表
CREATE　VIEW	创建视图
BACKUP　DATABASE	备份数据库
BACKUP　LOG	备份事务日志文件

11.6.2　使用命令操作方式设置用户权限

　　可以用命令操作方式设置用户的语句权限和对象权限。

1. 语句权限的授予、取消和拒绝

使用 GRANT、REVOKE 和 DENY 命令设置语句权限的授予、撤消和拒绝，其中用 GRANT 命令授予权限，用 REVOKE 命令取消已授予的权限，用 DENY 命令拒绝用户权限，其命令格式为：

```
GRANT/ DENY/ REVOKE{ALL| statement[,...n]}FROM security_account[,...n]
```

参数说明如下。

1）ALL 关键字指定所有可用的权限，只有 sysadmin 角色成员可以使用 ALL。

2）statement 为被授予权限的语句即表 11.4 中的语句，n 表示可同时设置多个语句的权限。

3）security_account 为被授予权限的对象，可为当前数据库用户、数据库角色和许可登录的 Windows 用户或用户组。

2. 对象权限的授予、取消和拒绝

数据库对象的操作权限也是用 GRANT、REVOKE 和 DENY 命令设置，其命令格式为：

```
GRANT/ REVOKE/ DENY {ALL[PRIVILEGES] | permission[,...n]}
  {
    [ (column[,...n]) ] ON {talbe | view}
    | ON{table | view} [ (column[,...n]) ]
    | ON{stored_procedure | extended_procedure}
    | ON{user_defined_function}
  }
  TO security_account[,...n]
[WITH GRANT OPTION]
  [CASCADE]
  [AS{group | role}]
```

参数说明如下。

1）ALL 关键字指定所有可用的权限，sysadmin 角色成员和数据对象所有者可以使用 ALL。

2）permission 为指定授予权限的类型，取值为表 11.4 中可以被授权或拒绝的操作。

3）column 为当前数据库中授予权限的列名。

4）table 为当前数据库中授予权限的表名。

5）view 为当前数据库中授予权限的视图名。

6）stored_procedure 为当前数据库中授予权限的存储过程名。

7）extended_procedure 为当前数据库中授予权限的扩展存储过程名。

8）user_defined_function 为当前数据库中授予权限的用户定义函数名。

9）security_account 为被授予权限的用户账号。

10）WITH GRANT OPTION 子句允许 security_account 用户将对象权限转授给其他用户和角色，仅对于 GRANT 命令有效。

11）CASCADE 关键字指定取消由 security_account 用户授权的任何其他用户、角色的权限，对于 REVOKE 和 DENY 命令有效。

12）AS{group | role}子句指定被授权或取消或拒绝的用户所属的角色名或组名。

例 11.9　给 role1 角色授予建数据表的权限。

```
GRANT GREATE TABLE  TO role1
GO
```

例 11.10　给 role1 角色授予查询驾驶员表 jsy 中驾照号和姓名的权限。

```
GRANT SELECT（驾照号,姓名）ON jsy TO role1
GO
```

例 11.11　取消以前对角色 role1 授予或拒绝的权限

```
REVOKE SELECT（驾照号,姓名）ON jsy TO role1
GO
```

例 11.12　不允许 wtest 用户对 jsy 表进行编辑修改的操作。

```
DENY INSERT,UPDATE,DELETE ON jsy TO wtest
GO
```

例 11.13　给 public 角色授予查询 jsy 表的权限，但拒绝 wtest 用户具有该权限。

```
GRANT SELECT ON jsy TO public
GO
DENY SELECT ON jsy TO wtest
GO
```

11.6.3　使用界面操作方式设置用户权限

使用 SQL Server Management Studio 对象资源管理器可以设置用户权限，以设置 traffic1 数据库的操作权限为例，操作步骤如下。

1）启动 SQL Server Management Studio 进入"对象资源管理器"面板，选中用户要管理的对象的数据库 traffic1 并右击，如图 11.24 所示。

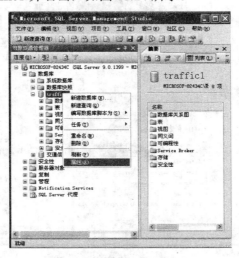

图 11.24　数据库属性快捷菜单

2）在弹出的快捷菜单中选择"属性"命令，系统弹出"数据库属性—traffic1"窗口。然后在弹出的窗口中选择"权限"选项，如图 11.25 所示。

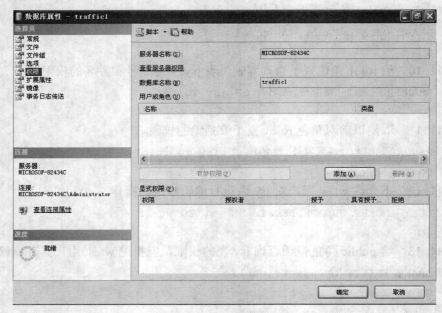

图 11.25　打开用户权限窗口

3）在图中列出该数据库的所有用户、组和角色以及可以设置权限的对象，包括创建表、创建视图、创建规则、备份数据库等操作，用户可以单击复选框设置权限，如图 11.26 所示。

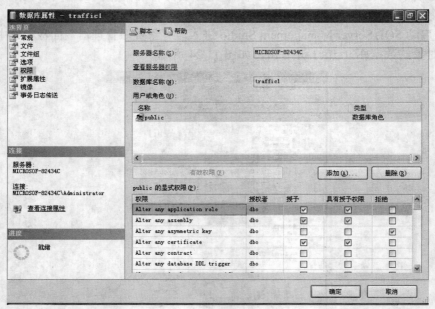

图 11.26　设置用户权限

小　　结

本章讲解了 SQL Server 的安全机制和数据安全防护设置，介绍了 SQL Server 系统使用的两种登录认证模式即 Windows 系统认证和 SQL Server 系统认证。用户通过身份认证登录数据库服务器后，必须拥有相应数据库用户账户，才可以使用数据库，用户可以在多个数据库中拥有用户账户，即同时使用多个数据库。本章讲解了 SQL Server 系统的两种权限即对象权限和语句权限的概念，讲解了角色与角色成员的作用，还通过实例讲解了如何自建角色，并将用户添加为角色成员，以及如何用 GRANT、REVOKE 和 DENY 语句来授权、取消或拒绝角色或用户的权限。

习　　题

一、思考题

（1）SQL Server 2008 实现数据安全的四个层次是什么？

（2）SQL Server 2008 两种登录认证模式是如何工作的？

（3）登录者与数据库用户有何关系，又有什么区别。

（4）固定服务器角色和固定数据库角色分别分为哪几类，各具有哪些操作权限？

（5）SQL Server 2008 有哪两种权限形式，它们各自的作用是什么？

二、操作题

（1）设有 Windows 用户 chen，建立其 Windows 认证模式的登录账号。

（2）取消题 1 所创建的登录账号。

（3）创建 SQL Server 2008 认证模式的登录账号为 "top"，密码为 "1234"，默认数据库为 "tra_temp"。

（4）将题 3 所创建的登录账号 "top" 添加为数据库 "traffic" 的用户，用户名为 "tratop"。

（5）将数据库 "traffic" 设置为用户 "tratop" 不可访问的数据库。

（6）创建名为 "newrole" 的新角色，将 top 用户添加为该角色成员，并设定该角色具有建数据表的权限和对学生表查询姓名和总学分的权限。

（7）给 traffic 数据库中的 public 角色授予查询 xc1 表的权限，但拒绝 top 用户具有该权限。

第 12 章　备份还原与导入导出

📖 **知识点**

- 数据的安全存储
- 数据库备份和事务日志备份
- 数据还原
- 数据的导出与导入

✍ **难点**

- 数据还原到故障点
- 数据导入或导出时的脚本编辑

📢 **要求**

熟练掌握以下内容：
- 数据库完整备份
- 事务日志备份
- 数据和事务日志的还原
- 使用"工具｜向导"将数据导出或导入至其他数据库

了解以下内容：
- 数据还原到故障点
- 将数据库的数据导出至文本文件或其他类型的数据库中

　　数据使用安全是所有数据库产品用户最为关心的问题之一。数据安全问题不仅涉及到数据的安全访问，还涉及到数据的安全存储，也就是说数据不仅要能够进行安全的读写，而且还要保证能够安全地被存储，在意外情况发生时，能够及时地恢复数据或重建数据库，将各种损失降到最低。SQL Server 2008 系统提供了数据库的备份与还原操作，可以将操作中的数据随时备份，或者将数据源导出到其他存储位置，或者从其他数据源导入数据到数据库中，实现数据备用和数据共享，还可以将数据操作过程保存下来，以便操作失误后取消操作，恢复数据。

12.1　数据库的备份与还原

　　备份与还原是数据库产品实现数据安全存储最有效的手段，它可以确保万一发生意外情况时，用户数据能够快速地从备份介质中恢复到原始状态，或者尽可能地恢复到接近损坏前的状态。意外情况可能是存储设备的意外损坏、用户操作造成的不可恢复的数据丢失或服务器瘫痪等。备份与还原可以在同一服务器上进行，也可以在不同的服务器上进行，当在不同服务器上备份与还原数据，就实现了用户数据在服务器之间的转移。

　　数据备份分为数据库备份和事务日志备份两种情况，数据库备份是创建数据库的数据副本，事务日志备份是记录自上次备份后对数据执行的所有事务操作，通过使用事务日志备份可以将数据库恢复到特定的时间点，或恢复到故障点。

12.1.1　备份数据库

备份数据库可用 T-SQL 命令操作方式或用对象资源管理器界面操作方式进行。

1. 命令操作方式

使用 BACKUP DATABASE 语句可以直接备份整个数据库，其简单的语法格式为：

```
BACKUP DATABASE databasename  TO <backupdevice>[,...n]
```
参数说明如下。

1）databasename 为要备份的数据库名。如果表示为一个文件和文件组列表，那么仅有这些被指定的文件和文件组列表被备份。

2）backupdevice 为备份操作时要使用的逻辑或物理设备。SQL Server 允许在指定的磁盘或磁带设备上创建备份如 TO DISK 或 TO TAPE，其中 DISK 和 TAPE 类似于下面的完整路径和文件名：

```
DISK='D:Program Files\Microsoft SQL Server 2008\MSSQL\BACKUP\trabackup.dat'
TAPE='\\.\TAPE0'
```
3）n 为可以指定多个备份设备。

该语句的完整格式请参考 SQL 工具书或 SQL Server 2008 帮助文件。

例 12.1　创建 traffic1 数据库的备份，备份数据库名为 trabackup。

```
BACKUP DATABASE traffic1
TO disk='D:\backup\trabackup'
```

2. 界面操作方式

使用对象资源管理器可以在视图环境下进行数据库备份，以备份 traffic1 数据库为例，操作步骤如下。

1）打开对象资源管理器，展开 traffic1 数据库。

2）在需进行备份的 traffic1 数据库对象上单击鼠标右键，在快捷菜单上选择"任务"子菜单，然后选择"备份"命令，如图 12.1 所示，弹出"备份数据库—traffic1"窗口，如图 12.2 所示。

3）在"数据库"下拉列表框中选择 traffic1 数据库作为准备备份的数据库。在"备份类型"下拉列表框中，选择需要的类型，这是第一次备份，选择"完整"选项，在"名称"文本框中输入要备份的名称。

4）由于没有磁带设备，所以只能备份到"磁盘"，单击"添加"按钮，重新选择路径，如图 12.3 所示。

5）单击窗口左边的"选项"选项，如图 12.4 所示。在"备份到现有媒体集"选项中选中"追加到现有备份集"单选按钮。

　　"备份到现有媒体集"有两个选项："追加到现有备份集"和"覆盖所有现有备份集"。其中"追加到现有备份集"是媒体上以前的内容保持不变，新的备份在媒体上次备份的结尾处写入。"覆盖所有现有备份集"是重写备份设备中任何现有的备份。备份媒体的现有内容被新备份重写。

图 12.1　数据库备份快捷菜单

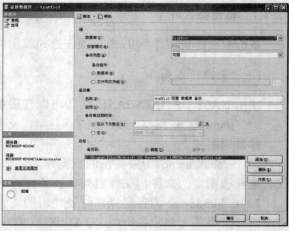

图 12.2　选择数据库备份界面

图 12.3　选择备份设备和路径

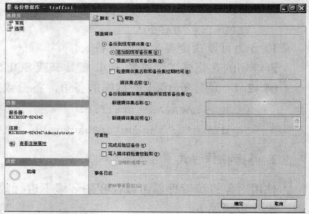

图 12.4　选择备份方式

　　6）单击"确定"按钮，数据备份完成，如图 12.5 所示。

图 12.5　数据库备份完成

12.1.2　还原数据库

　　还原数据库也可以使用 T-SQL 命令操作方式或用对象资源管理器界面操作方式进行。

1. 命令操作方式

使用 RESTORE DATABASE 语句可以直接从备份文件中还原数据库，其简单的语法格式为：

```
RESTORE  DATABASE  databasename
    FROM backupdevice
    [WITH NORECOVERY | RECOVERY]
```

参数说明如下。

1）databasename 为要还原的数据库名。

2）backupdevice 为所用的备份设备名，表示从该设备中还原。

3）WITH 子句指定还原时是否重写数据库。

该命令的完整格式请参考 SQL 工具书或 SQL Server 2008 帮助文件。

例 12.2　从 trabackup 中还原 traffic1 数据库。

```
RESTORE DATABASE traffic1
    TO disk='D:\backup\trabackup'
    WITH NORECOVERY
```

2. 界面操作方式

使用对象资源管理器可以在视图环境下进行数据库还原，以还原"交通信息数据库"为例，操作步骤如下。

1）打开对象资源管理器，展开树形结构，在"数据库/交通信息数据库"对象上单击鼠标右键，在弹出的快捷菜单中，选择"任务|还原|数据库"命令，如图 12.6 所示，弹出"还原数据库—交通信息数据库"窗口，如图 12.7 所示。

图 12.6　数据库还原快捷菜单　　　　　　图 12.7　还原数据库"常规"标签卡

2）在图中选择左边的"选项"选项，如图 12.8 所示。

3）在"还原选项"选项区域中，选择需要的选项。查看或修改"原始文件名"和"还原为"，在"恢复状态"选择需要的状态。

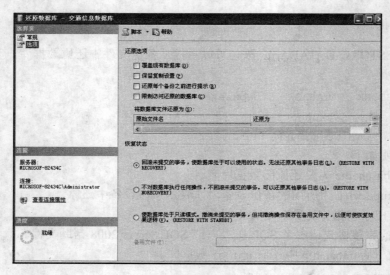

图 12.8   还原数据库"选项"标签卡

12.2   事务日志的备份与还原

事务日志是对用户对数据库执行的所有事务的记录，如果已经制作过一个事务日志备份，它就记录自上次事务日志备份后的一系列操作，如果尚未制作任何事务日志备份，它就记录自上次数据库备份结束点以来发生事务的一系列操作。由于事务日志记录了数据库执行事务的操作过程，因而通过它可以将数据库恢复到特定的时点或恢复到故障点。

由于事务日志只记录数据库中称为事务的操作，对于一些非事务性的操作，如在数据库中增加或删除了一些文件，则应制作数据库备份，以便恢复数据时用。

备份事务日志文件时，不能同时进行下列的工作。

1）运行非事务性的数据库更新。

2）缩短数据库文件的长度。

3）新建或删除数据库文件。

12.2.1   备份事务日志

备份事务日志可以使用 T-SQL 命令操作方式或用对象资源管理器界面操作方式进行。

1. 命令操作方式

使用 BACKUP   LOG 语句备份数据库事务日志文件，其简单的语法格式为：

```
BACKUP  LOG databasename TO <backupdevice>[,...n]
```
参数说明如下。

1）databasename 为要备份的事务日志文件所在的数据库名称。

2）backupdevice 为存储备份文件的介质及备份文件存放位置。

3）n 表示可以指定多个备份设备。

例 12.3　　备份 traffic1 数据库的事务日志文件，备份文件名为 trabackup_log。

```
BACKUP LOG traffic1
    TO disk='D:\backup\trabackup_log'
```

2. 界面操作方式

使用对象资源管理器可以在视图环境下备份事务日志，以备份 traffic1 数据库的事务日志为例，操作步骤如下。

1）打开对象资源管理器，展开树形结构，在需要进行备份的数据库 traffic1 上单击鼠标右键，在快捷菜单上选择"任务"子菜单，然后选择"备份"命令，弹出"备份数据库—traffic1"窗口，如图 12.9 所示。

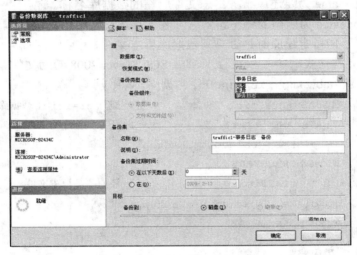

图 12.9　数据库事务日志备份窗口

2）在"数据库"下拉列表框中选择 traffic1 数据库作为准备备份的数据库。在"备份类型"下拉列表框中，选择"事务日志"选项，在"名称"文本框中输入备份的日志名称，选择左边的"选项"选项，选中"追加到现有备份集"单选按钮，单击"添加"按钮，选择备份路径，如图 12.10 所示。

3）单击"确定"按钮，再次单击"确定"按钮完成事务日志备份。

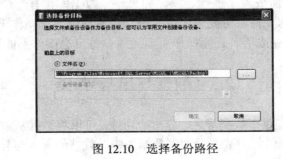

图 12.10　选择备份路径

12.2.2　还原事务日志

还原事务日志文件的操作与还原数据库备份类似,可用 T-SQL 命令操作方式或用对象资源管理器界面操作方式进行。

1. 命令操作方式

使用 RESTORE　LOG 语句从事务日志文件的备份中还原事务日志,其简单的语法格式为:

```
RESTORE  LOG databasename
    FROM backupdevice
    [WITH NORECOVERY | RECOVERY]
```

参数说明如下。

1)databasename 为要还原事务日志文件所在的数据库名称。

2)backupdevice 为所用的备份设备名,表示从该设备中还原。

3)WITH 子句指定还原时是否重写数据库日志文件。

该命令的完整格式请参考 SQL 工具书或 SQL Server 2008 帮助文件。

例 12.4　从 trabackup 中还原 traffic1 数据库。

```
DROP DATABASE traffic1                /*删除 traffic1 数据库*/
RESTORE DATABASE  traffic1            /*还原数据库*/
    TO disk='D:\backup\trabackup'
    WITH NORECOVERY
RESTORE LOG  traffic1                 /*还原事务日志文件*/
    TO disk='D:\backup\trabackup_log'
    WITH NORECOVERY
```

2. 界面操作方式

使用对象资源管理器可以在视图环境下进行事务日志文件的还原,其操作与还原数据库备份类似,在此不再叙述。

还原事务日志时,要注意以下几点。

1)还原事务日志发生在还原数据库备份操作之后,还原事务日志之前至少要有一个还原数据库备份的操作发生,否则事务日志还原操作不能进行。

2)事务日志备份需按顺序进行还原,如果一个数据库含有一个或多个事务日志文件,先发生的事务日志文件备份要先还原,否则还原事务日志操作不能进行。

3)一个数据库已完成所有还原操作后,还原事务日志操作不能再进行。

12.3　数据导出与导入

SQL Server 2008 提供了数据导入、导出的功能,可以将数据从数据库的表或视图中导出,也可以将数据库以外的数据导入到数据库中。数据的导入与导出是相对的,站在源数据端立场为数据导出，站在目的数据端立场为数据导入。

12.3.1　数据导出

可以将一个数据库中的表或视图的部分或全部导出到另一个数据库中，接受数据的数据库可以是已经存在的数据库或是新建的数据库。下面以将 SQL Server 2008 数据库中的数据导出到 ACCESS 数据库为例进行介绍。

在对象资源管理器中进行数据导出的操作步骤如下。

1）打开对象资源管理器，展开 traffic1 数据库。

2）在需进行导出数据的 traffic1 数据库对象上单击鼠标右键，在快捷菜单上选择"任务"子菜单，然后选择"导出数据"命令，如图 12.11 所示。

图 12.11　导出数据快捷菜单

3）直接进入图 12.12 所示的"选择数据源"窗口，在该窗口中选择数据源为"SQL Native Client"选项，数据库为"traffic1"，然后单击"下一步"按钮。

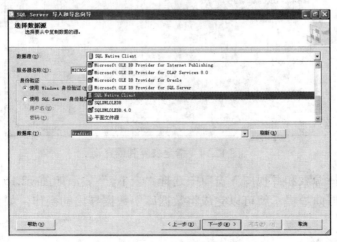

图 12.12　选择数据源

4）在如图 12.13 所示的"选择目标"窗口中，在"目标"下拉列表框中选择"Microsoft Access"选项，并单击"文件名"旁边的"浏览"按钮，选择刚才在 Access 中建立的空数据库文件"traffic_temp.mdb"，然后单击"下一步"按钮。

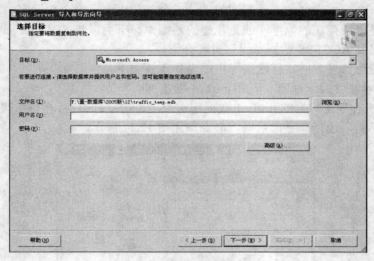

图 12.13　选择目标

5）在"指定表复制或查询"窗口中选择"复制一个或多个表或视图的数据"单选按钮，如图 12.14 所示，然后单击"下一步"按钮。

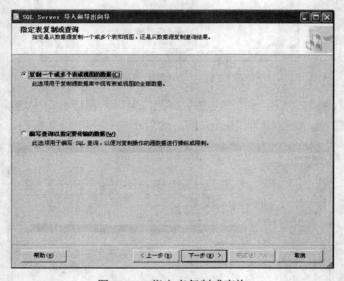

图 12.14　指定表复制或查询

6）在"选择源表和源视图"窗口中选择"表 jsy"后，如图 12.15 所示。单击"下一步"，继续根据向导提示就可以完成将数据库中数据导出的操作，如图 12.16 所示。

图 12.15 选择源表和源视图

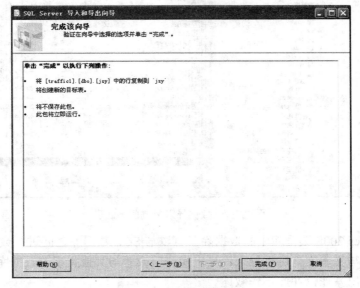

图 12.16 完成数据导出

12.3.2 数据导入

同样可以将其他数据库中的数据导入到当前数据库中,在对象资源管理器中数据导入操作与数据导出操作基本一样,以将 traffic 数据库 xc1 表和视图导入 traffic_temp 数据库为例,操作步骤如下。

1)打开对象资源管理器,单击菜单栏中"工具/向导",在向导窗口中展开"数据转换服务"选择"DTS 导入向导"。

2)在"DTS 导入/导出向导"对话框中,选择数据源及认证方式,在此设置数据源为 traffic 数据库。

3）单击"下一步"按钮，在新打开的对话框中，设置数据转换的目的处及认证方式，在此设置为 traffic_temp 数据库。

4）单击"下一步"按钮，选择数据转换的方式，在此选择从源数据库复制表和视图。

5）单击"下一步"按钮，选择数据复制的内容，在此选择 xcd 表。

6）单击"下一步"按钮，选择数据转换运行方式，在此选择立即运行。

7）单击"下一步"按钮，完成数据转换向导的定义。

8）单击"完成"按钮，系统立即运行向导定义的数据导入操作，

9）单击"完成"按钮，完成数据转换全部过程。

10）刷新 traffic_temp 数据库，可以看到表和视图已经成功复制过来，如图 12.17 所示。

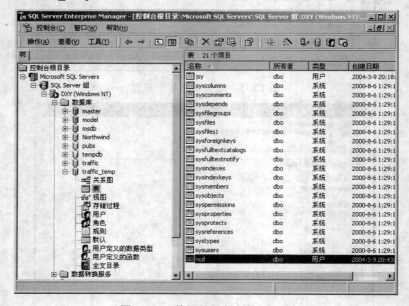

图 12.17　数据导入复制的 xcd 表

SQL Server 2008 数据库中的数据除了可以与 SQL 数据库之间进行数据导入、导出操作，还可以与文本文件进行导入、导出操作，或者与其他类型的数据库（如 Accese）进行导入、导出操作，在此不作叙述。

小　　结

本章介绍了数据库备份与还原的 SQL 语句和界面操作，备份分为数据库备份和事务日志备份，事务日志是对数据库执行的所有事务的记录，备份事务日志可以在需要时，将数据库还原到特定点或故障点，还原时要先还原数据库然后按顺序还原事务日志，即先备份的事务日志要先还原。本章还介绍了数据的导入、导出操作，可以将表或视图等从数据库中导出到其他数据库或新建数据库中，或将其他数据库的数据导入到当前数据库中。

习　题

一、思考题

（1）为什么要备份数据库和事务日志？

（2）还原事务日志时要注意什么问题？

（3）能否将一个服务器中数据库导导出至其他服务器？

（4）能否将 SQL Server 2008 数据库中数据导出至其他类型的数据库中？

（5）能否将数据库中数据导入至文本文件中？

二、操作题

（1）用 SQL 语句建立 tratemp 数据库，数据库参数自定，并建立数据表 qjsy(id，姓名，电话)，各列的属性自定，在表中插入若干条记录。

（2）创建 tratemp 数据库的备份，备份到 D 盘 backup 子目录中，备份数据库名为 tratemp_bkup。

（3）备份 tratemp 数据库的事务日志文件，备份到 D 盘 backup 子目录中，备份文件名为 tratemp_bkup_log。

（4）从 tratemp_bkup 中还原数据库，还原后的数据库名为 tratemp_new，同时还原该数据库的事务日志。

（5）将 traffic 数据库的所有表和视图导出至一新数据库 new_traffic 中。

（6）将 traffic 数据库中 jsy 表、xc1 表和 cd 表导出至 tra_temp 数据库中，表名不变。

（7）将 traffic 数据库中 jsy 表所有记录导入到同数据库中新表 jsy1 中。

（8）将 traffic 数据库中 jsy 表中所有天津籍驾驶员的驾照号、姓名、出生年月和积分列导出至 tra_temp 数据库中的新表 tjjsy 中。

下 篇

应用开发与实训指导

SQL Server 数据库有不同的系统和版本，SQL Serve 2008 是目前最新、功能最强的 SQL Serve 数据库服务器引擎。由于与微软操作系统 Windows 2003 Server 平台相连可融为一体，界面统一，使用方便，便于初学者学习和提高。本篇实训环境要求为 SQL Serve 2008，主要进行数据库的管理与维护操作。

第 13 章　SQL Server 数据库应用开发

SQL Server 系统作为数据库平台和数据库引擎，其数据库应用程序的用户界面的设计需要以其他系统作为 SQL Server 数据库的前端开发工具，VB、Delphi 和 PowerBuilder 都是常用的、可视化的、面向对象的数据库应用程序前端开发工具。本章以 VB 6.0 和 Delphi 7 开发工具为例介绍 SQL Server 数据库应用程序的开发过程。

13.1　在 VB 环境中的应用开发

VB 6.0 提供了数据管理器（Data Manager）、数据控件（Data Control）及 ADO（ActiveX 数据对象）等支持数据库管理和应用程序开发的工具。下面介绍 SQL Server 数据库在 VB 环境中的应用。

13.1.1　数据库连接

1. 创建 ODBC 数据源

ODBC 是微软公司提供的用于连接数据库的一种标准接口，它为应用程序指定数据库的通用连接方式。

VB6.0 中的数据管理器以 ODBC 方式连接 SQL Server，需要先在 Windows 中创建 ODBC 数据源，操作步骤如下。

1）在"控制面板"的"管理工具"中双击"ODBC 数据源"，打开 ODBC 数据源设置窗口，单击"系统 DNS"标签卡，如图 13.1 所示。

2）单击"添加"按钮，在打开的窗口中选择驱动程序为 SQL Server，如图 13.2 所示。单击"完成"按钮。

图 13.1　建立新数据源窗口　　　　图 13.2　选择数据源驱动程序

3）在打开的数据源定义窗口中，在名称栏中输入"mySQL Server"，单击服务器栏右边的下拉列表，选择"DXY"，如图 13.3 所示。单击"下一步"按钮。

4）选择使用网络登录 ID 的 Windows 证方式，如图 13.4 所示。单击"下一步"按钮。

图 13.3　设置数据源名与服务器

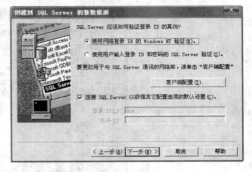

图 13.4　设置登录验证方式

5）选中改变默认数据库选项，在下拉列表中选择 traffic 数据库，如图 13.5 所示。单击"下一步"按钮，弹出如图 13.6 所示对话框。

图 13.5　设置默认数据库

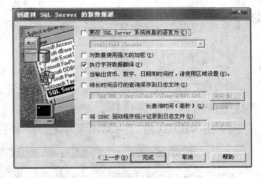

图 13.6　设置登录验证方式

6）在打开的窗口中单击"下一步"按钮。弹出新的 ODBC 数据源配置窗口，如图 13.7 所示。

7）单击"测试数据源"按钮，进行数据源连接测试。若连接成功，显示窗口如图 13.8 所示。

图 13.7　创建的 ODBCO 数据源配置

图 13.8　数据源连接测试成功

8）单击"确定"按钮，系统弹回图 13.7 所示窗口，单击"确定"按钮，此时新建数据源设置完毕，如图 13.9 所示。

图 13.9　新建数据源

系统数据源 mySQL Server 建立后可以被多个用户连接使用。

2. 连接 SQL Server

创建了 ODBC 数据源后，就可以通过 VB 6.0 提供的数据库管理器连接 SQL Server 数据库，按以下步骤进行。

1）在 VB 6.0 窗口中单击菜单栏的"外接程序 | 可视化数据管理器"，如图 13.10 所示。

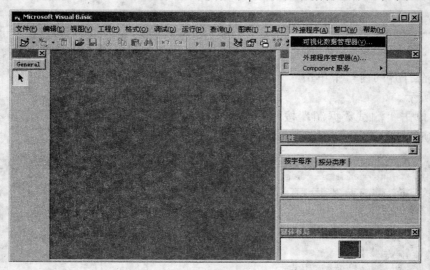

图 13.10　外接程序菜单

2）在打开的可视化数据窗口中，单击菜单栏"文件 | 打开数据库 | ODBC"，如图 13.11 所示，打开 traffic 数据库，结果如图 13.12 所示。如在 SQL 语句窗口中输入 SQL 语句，然后单击"执行"按钮可得到查询结果，如图 13.13 所示。

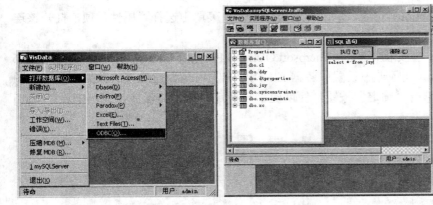

图 13.11　打开 ODBC 数据库连接　　　　图 13.12　打开 traffic 数据库

图 13.13　SQL 语句执行结果

13.1.2　数据环境设计

数据环境设计的目的是要设置在 VB 中操作的数据库对象，步骤如下。

1）在 VB 6.0 窗口中单击菜单栏"文件/新建工程"，开始建立一个新工程"工程 1"。

2）单击菜单栏"工程|添加 Data Environment"，如图 13.14 所示，打开数据环境设计器，其界面窗口如图 13.15 所示。

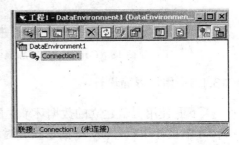

图 13.14　添加数据环境菜单　　　　　　图 13.15　数据环境设计窗口

3）选择 Connection1 对象，单击标右键，在快捷菜单中选择"属性"项，打开该连接对象的属性设置窗口。

4）在 Provider 选项卡中选择"Microsoft OLE DB Provider for SQL Server"，如图 13.16 所示。在 Connection 选项卡中设置服务器名、用户名、口令和被连接的数据库名，如图 13.17 所示，然后单击"确定"按钮，便创建了与指定数据库的连接，此例中连接 traffi 数据库。

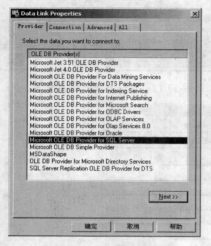
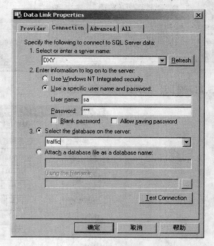

图 13.16　Provider 选项卡设置　　　　　　图 13.17　Cennection 选项卡设置

5）单击工具栏中"添加命令"图标，出现 Command1 对象，在该对象上单击鼠标右键，在快捷菜单中选择"属性"选项，打开属性设置窗口，其通用标签卡设置为数据表 jsy，如图 13.18 所示，单击"确定"按钮。

6）展开 Command1 对象，可以见到表 jsy 的所有字段，如图 13.19 所示。

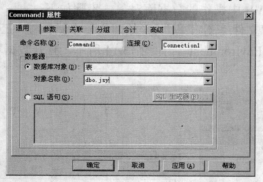

图 13.18　Command1 对象属性设置　　　　图 13.19　Command1 对象设置结果

13.1.3　用户界面设计

下面使用上节建立的数据环境中的 Command1 对象来说明数据的应用，通常在窗体 From 中设计用户界面，下面以设计对 traffic 数据库中 jsy 表数据进行查询的用户界面为例，简单介绍表中数据读取的方法。

1）将图 13.19 中 Command1 对象的各字段拖放到窗体 From1 中，并添加一个标签组件和三个按钮组件，各组件分布如图 13.20 所示。

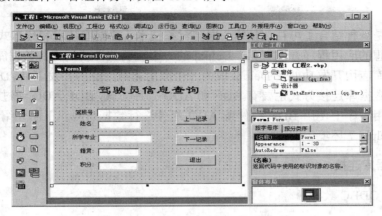

图 13.20　From1 中各组件分布

2）双击"上一记录"按钮，添加以下代码：

```
Private Sub Command1_Click()
With DataEnvironment1.rsCommand1
.MovePrevious
    If .BOF Then
        .MoveLast
    End If
End With
End Sub
```

3）双击"下一记录"按钮，添加以下代码：

```
Private Sub Command2_Click()
With DataEnvironment1.rsCommand1
    .MoveNext
    If .EOF Then
        .MoveFirst
    End If
End With
End Sub
```

4）双击"退出"按钮，添加以下代码：

```
Private Sub Command3_Click()
Unload Form1
End Sub
```

5）单击 VB6 工具栏上"启动"按钮，运行程序，其结果如图 13.21 所示。

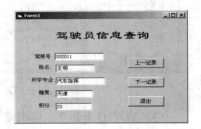

图 13.21　程序运行结果

13.2　在 Delphi 环境中的应用开发

Delphi 是一种结合了可视化技术、面向对象技术、数据库技术和分布式应用技术等先进编程思想的应用程序开发工具。Delphi 的一个重要特性就是支持数据库应用设计，强大的数据库应用开发功能使 Delphi 成为一个应用非常广泛的开发工具。Delphi 数据库应用程序与数据库连接方式主要有 BDE 和 ADO 二种方式，BDE/ADO 通过 ODBC 连接数据库，应用程序中使用 BDE 组件或 ADO 组件进行数据访问。下面介绍 SQL Server 数据库在 Delphi 7 环境中的应用。

13.2.1　数据库连接

1. 创建 ODBC 数据源

创建 ODBC 数据库源的方法与第 13.1.1 节中"创建 ODBC 数据源"方法相同，此处不再重述。

2. 连接 SQL Server

创建了 ODBC 数据源后，Delphi 应用程序即可使用 BDE 或 ADO 连接 SQL Serve。使用 BDE 连接数据库操作如下。

1）在"控制面板"中双击 BDE 管理器，即打开 BDE 管理器，如图 13.22 所示。

2）双击 Database 标签卡中的数据源 mySQLServer，在打开的数据库登录对话框中输入用户名和口令，如图 13.23 所示，单击"OK"按钮，BDE 管理器右边窗口的连接定义信息为黑体显示。

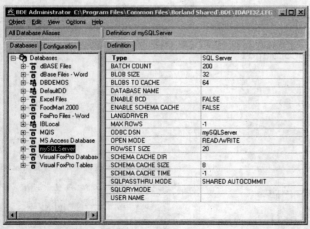

图 13.22　BDE 管理器

图 13.23　数据库登录对话框

3）启动 Delphi 7，单击菜单栏"Database|Explor"，如图 13.24，在打开的数据库浏览器左边窗口中展开 mySQLServer 数据源，单击 Table 对象，可在右边窗口看到连接的数据库中的所有表，如图 13.25 所示。

 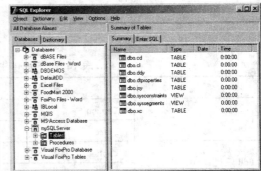

图 13.24 数据库浏览菜单   图 13.25 数据库浏览窗口

使用 ADO 连接数据库时，可在应用程序窗口设计中通过对话框完成，在 13.2.2 节 "用户界面设计" 的例 13.2 中说明其操作方法。

13.2.2 用户界面设计

下面以查询 traffic 数据库的 cl 数据表为例，介绍用户界面的设计步骤。

例 13.1 使用 BDE 组件连接和访问数据库 traffic，查询车辆表 cl 中数据。操作步骤如下。

1) 启动 Delphi 7，系统自动新建工程 1。

2) 在窗体 Form1 中放上 1 个 Lable 组件、1 个 Edit 组件、2 个 Button 组件、1 个 DataSource 组件、1 个 Query 组件和 1 个 DBGrid 组件，各组件属性设置如表 13.1，组件在窗体 Form1 中的分布如图 13.26 所示。

3) 在 Form1 窗体中选择 "查询" 按钮，在对象检查器窗口单击 Events 标签卡，双击 OnClick 项的空白处，在打开的代码编辑窗口输入以下代码。

```
procedure TForm1.bntQueryClick(Sender: TObject);
var s:String;
begin
    //application.MessageBox('This should be on top.','Look',
MB_OK  );
    Query1.Close;
    Query1.SQL.Clear;
    s:='select * from cl where 类别='''+Edit1.Text+'''';
    Query1.SQL.Add(s);
    Query1.Open;
end;
```

4) 在 Form1 选择 "退出" 按钮，在对象浏览器窗口单击 Events 标签卡，双击 OnClick 后的空白处，在打开代码编辑窗口输入以下代码。

```
procedure TForm1.bntExitClick(Sender: TObject);
begin
```

```
Application.Terminate;
end;
```

表 13.1　Form1 中各组件属性对照表

对　象	属　性	取　值
Lable	Caption	请输入类别
	Name	Label1
Edit	Caption	
	Name	Edit1
Button	Caption	查询
	Name	bntQuery
Button	Caption	退出
	Name	bntExit
DataSource	Name	DataSource1
	DataSet	Query1
Query	Name	Query1
	Active	True
	DatabaseName	mySQL Server
	SQL	select * from cl
DBGrid	Name	DBGrid1
	DataSource	DataSource1

5）单击运行按钮，在文本框中输入"小客车"，单击"查询"按钮，显示查询结果如图 13.27。

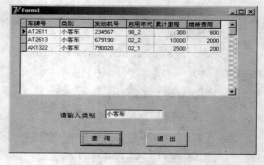

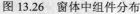

图 13.26　窗体中组件分布　　　　　　图 13.27　查询运行结果

例 13.2　使用 ADO 组件连接和访问数据库 traffic，查询车辆表 cl 中数据。操作步骤如下。

1）启动 Delphi 7，系统自动新建工程 2。

2）在窗体 Form1 中放上 1 个 Lable 组件、1 个 Edit 组件、2 个 Button 组件、1 个 DataSource 组件、1 个 ADOConnection 组件、1 个 ADOQuery 组件和 1 个 DBGrid 组件，

各组件属性设置如表 13.2，组件在窗体 Form1 中的分布如图 13.28 所示，

表 13.2 Form1 中各组件属性对照表

对 象	属 性	取 值
Lable	Caption	请输入类别
	Name	Label1
Edit	Caption	
	Name	Edit1
Button	Caption	查询
	Name	bntQuery
Button	Caption	退出
	Name	bntExit
ADOConnection	Name	ADOConnection1
DataSource	Name	DataSource1
	DataSet	ADOQuery1
ADOQuery	Name	ADOQuery1
	Active	True
	DatabaseName	MySQL Server
	SQL	select * from cl
DBGrid	Name	DBGrid1
	DataSource	DataSource1

图 13.28 窗体中组件分布

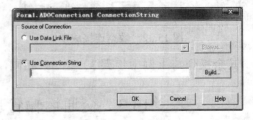

图 13.29 定义链接字符串

3）双击 ADOConnection 对象，弹出连接字符串定义窗口，如图 13.29 所示。

4）单击"build…"按钮，打开数据链接属性设置窗口，选择"Microsoft OLE DB Provider for ODBC Drivers"项，如图 13.30 所示，单击"下一步"按钮。

5）在使用数据源名称栏中输入 mySQL Server，或从下拉列表中选取该项，如图 13.31 所示。

6）单击"测试连接"按钮，如测试连接成功，显示如图 13.32 所示。

7）单击"确定"按钮返回，再次单击"确定"按钮，关闭数据链接属性窗口。

8）确定 ADOQuery1 对象的 Active 属性为"Ture"，激活连接。窗体设计效果如图 13.33 所示。

图 13.30　选择连接的数据

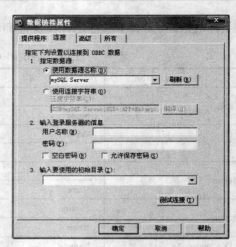

图 13.31　指定数据源

图 13.32　数据连接成功

图 13.33　窗体设计

其余操作与上例中步骤3）至5）相同，查询结果也与上例同。

13.3　交通运输管理数据库开发实例

在这一节中，我们以交通运输管理系统为例介绍系统的开发过程，读者可以从中初步了解到如何具体地开发一个应用系统。

13.3.1　需求分析

需求分析是系统开发的第一步，是数据库应用软件编制的基础，只有做好需求分析，才能真正了解用户的需要，指导好下一步的设计工作。整个软件的设计是建立在需求分析所得到的各项功能指标上的。下面是针对交通运输管理部门的总体需求做一般分析，在实际开发过程中，可根据具体情况在此基础上进行需求扩充。

1. 系统总体功能需求

在对用户进行详细调查和分析之后，确定本系统需要实现以下一些具体功能。

（1）基本数据维护功能模块

在这个功能模块中，提供用户录入、修改并进行基本数据维护的途径。比如在这个模块中可以输入驾驶员的信息，包括驾驶员基本信息、工作经历、奖惩记录和培训经历等，可以输入车辆的各项信息，包括车辆的性能指标、行驶里程、启用年代、维修记录等，也可以对这些信息做修改。该模块要求对这些信息可以进行新增、删除、修改操作，以保证数据库的完整性和有效性。

（2）基本业务功能模块

这个功能模块主要实现车管部门对车辆运输的管理，比如车辆调度，行驶记录等。对于每次车辆出行的详细记录进行管理，要求可以进行新增、删除、修改操作，

（3）数据库管理功能模块

这个功能模块主要实现对所有的信息进行统一管理，比如数据的复制，永久保存，数据恢复，数据表的导入和导出，数据的增、删与批量更新等，以方便用户对数据库的管理和维护工作。

（4）信息查询功能模块

在基于数据库的信息系统中，浏览和查询是一项非常重要的功能，比如本系统中驾驶员身份、驾驶员积分、车辆维修、行车里程统计等信息的浏览和查询操作。这项功能能使车辆管理部门得到各种专项信息、分类汇总信息、历史信息和即时信息等，方便车辆调度和管理。

（5）安全使用和管理功能模块

这是任何一个信息管理系统都需要提供的功能模块，涉及系统存储安全和访问安全的操作由专人控制，只有车管部门的工作人员才能拥有此项权限。这个功能模块主要提供增加或删除系统操作人员，并指定其他操作人员的权限。

（6）帮助功能模块

这也是软件系统不可缺少的部分。为了方便用户使用该软件，应该有一个相应的帮助模块，提供给用户友好、清晰的操作指导和有关问题的解答。

2. 性能需求

系统对运行环境的一些基本要求如下。

（1）硬件环境

1）处理器：Interl Pentium 2.0G 或更高。

2）内存：256MB。

3）硬盘空间：1GB。

4）显卡：SVGA 显示适配器。

（2）软件环境

操作系统：Windows 2000/XP

数据库：Microsoft SQL Server 2008

13.3.2　系统总体设计

1. 系统层次模块图

该系统是基于 SQL Server 2008 数据库开发的一个简单的运输管理信息系统，具有管理信息系统的基本功能，如数据的新增、修改和删除、数据浏览和查询、系统维护等功能。系统层次模块图如图 13.34 所示。

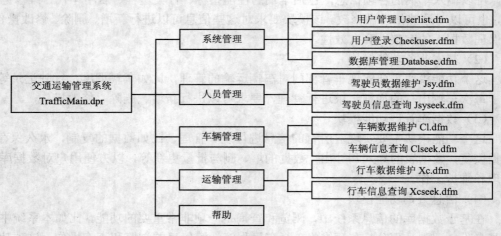

图 13.34　系统层次模块图

其中，系统管理包括系统备份与恢复、数据导入与导出、用户权限设置等；人员管理包括驾驶员记录的新增、修改、删除、驾驶员信息查询等；车辆管理包括运营车辆信息的新增、修改、删除、车辆信息查询等；运输管理包括行车单记录的新增、修改、删除、行车信息查询等。

2. 数据库设计

traffic 数据库包括驾驶员表（jsy），车辆表（cl）、行车表（xc1）、出车单表（cd）调度员表（ddy）、操作员表（operator）等，表 jsy、cl、xc1、cd、ddy 的设计见附录，operator 表的结构见表 13.3，数据行见表 13.4。

表 13.3　operator 表结构

列　　名	数据类型	允许 Null 值
username	varchar(8)	Unchecked
password	varchar(8)	Unchecked
units	varchar(20)	Checked
right_1	bit	Checked
right_2	bit	Checked
right_3	bit	Checked
opera	varchar(8)	Checked
stamp	datetime	Checked

表 13.4　operator 表数据行

	username	password	units	right_1	right_2	right_3	opera	stamp
1	1	1	普通	0	0	1	admin	2009-04-19
2	123	123	业务员	0	1	1	admin	2009-04-19
3	admin	admin		1	1	1	123	2009-04-19

13.3.3　主要模块设计

1. 主界面设计

（1）窗体的制作

在设计程序时，第一步是设计主窗体的形式和内容，在本程序中，以 MDI 形式的父窗体为主窗体，其他各个窗体为 MDI 的子窗体。下面介绍父窗体的设计。

创建 MDI 窗体，一般采用系统自动生成的方法。这种方法简单但是产生很多用不到的信息。所以在这里使用非自动生成的方法。在 Delphi 7 中，依次选择"File | New | Application"菜单。这样，系统就有了一个普通窗体。通过修改窗体的"FormStyle"属性为"fsMDIForm"，就可以把这个窗体改为 MDI 父窗体了。

窗体的其他属性设置如表 13.5 所示。

表 13.5　主窗体的属性设计

对　象	属　性	取　值	说　明
TFrom	Name	Form_main	窗体的名称
	Caption	交通运输管理系统	窗体的标题
	FormStyle	fsMDIForm	窗体类型
	WindowState	wsMaximized	打开窗体时，默认的状态

（2）制作菜单

单击"Standard"标签的第三按钮，再单击窗体，这时，窗体上就有了菜单组件。为了增加具体的菜单项，用鼠标双击菜单组件，出现主菜单设计器，输入或编辑主菜单项，当输入一主菜单项后按回车键，编辑其子菜单项，单击下一主菜单项位置，可输入继续编辑下一主菜单项，如图 13.35 所示。

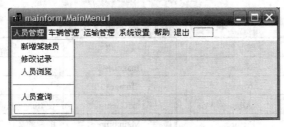

图 13.35　系统菜单设计

要为子菜单项增加下一级子菜单时，可以在该子菜单项上单击鼠标右键，选择 creat submenu。根据系统需求分析，本系统菜单内容见表 13.6。

表 13.6　系统菜单项

人员管理	车辆管理	运输管理	系统设置	帮　助	退　出
新增驾驶员	新增车辆	行车单	工具栏	关于	
修改记录	修改记录	修改记录	背景图片		
人员浏览	更新里程	出车统计	备份数据库		
—	—	—	恢复数据库		
人员查询	车辆查询	出车查询	用户管理		
			修改密码		

（3）添加组件

在这个系统中，进入系统后显示的是一个主窗体，主窗体的背景是一幅图片，同时在主窗体的任务栏中显示当前用户名、当前日期、当前时间、版权信息，并且日期和时间会随着系统时间变化。为了操作上的方便，需要在主窗体中增加工具栏，在这里要实现像 Microsoft Word 的工具栏一样的工具栏。为了实现这个目的，在主窗体中增加一个 Timage 组件、一个 TToolBar 组件、7 个 TToolButton 组件、一个 TTimer 组件和一个 TStatusBar 组件。其中 7 个 TToolButton 组件在 TtoolBar 组件中，如图 13.36 所示。窗体中各组件及相关属性设置见表 13.7。

图 13.36　系统主窗体

表 13.7　系统主窗体组件及属性

对　象	属　性	取　值	说　明
TImageList	Name	ImageList1	
TImage	Name	Image1	
	Align	alClient	使 Image 充满全部区域
	Picture	Main.bmp	图片的文件名
	Stretch	true	图片和 Image1 的大小相同
TToolBar	Name	ToolBar1	
	Images	ImageList1	

续表

对　象	属　性		取　值	说　明
TTlloButton	Name		TlloButton1	
	ImageIndex		1	
TTlloButton	Name		TlloButton2	
	ImageIndex		2	
TTlloButton	Name		TlloButton3	
	ImageIndex		0	
TTlloButton	Name		TlloButton4	
	ImageIndex		5	
TTlloButton	Name		TlloButton5	
	ImageIndex		7	
TTlloButton	Name		TlloButton6	
	ImageIndex		3	
TTlloButton	Name		TlloButton7	
	ImageIndex		4	
TStatusBar	Name		StatusBar1	
	Panels[0]	Text	用户名	
	Panels[1]			用于显示用户名
	Panels[2]	Text	登录日期	
	Panels[3]			用于显示登录日期
	Panels[4]	Text	当前时间	
	Panels[5]			用于显示登录时间
	Panels[6]	Text	版权信息	
TTimer	Name		Timer1	

　　其中，TimageList 组件需要增加图片，双击 TimageList 组件，再单击"Add"按钮，为 TimageList 组件增加指定图片。

　　（4）事件分析与处理

　　设置完成各个组件的属性后，就可以测试运行程序了。运行程序时，发现各个菜单没有实现任何功能，在任务栏中也没有显示出登录的日期和时间，这很正常，原因是没有编写程序。下面编程实现相应功能。

　　在主窗体界面中双击 Ttimer 组件，在出现的代码窗体中输入该过程中的代码。

```
procedure Tmainform.Timer1Timer(Sender: TObject);
begin
 mainform.StatusBar1.Panels[5].Text := timetostr(time());
end;
```

　　在主窗体的主菜单栏中单击"退出"菜单项，在出现的代码窗体中输入该过程中的代码。

```
procedure Tmainform.N25Click(Sender: TObject);
```

```
begin
  close;
end;
```

在主窗体工具栏中双击"退出"工具按钮，在出现的代码窗体中输入该过程中的代码。

```
procedure Tmainform.ToolButton12Click(Sender: TObject);
begin
  if messagebox(self.Handle,'真的要退出系统吗？','交通运输管理系统
',mb_yesno+mb_iconquestion)=idyes then
      application.Terminate;
end;
```

主窗体中其他菜单项的处理代码见附录 2 中 Main.pas。

2. 登录窗体设计

该窗体用于登录系统。为了防止其他人员故意或非故意的修改信息，要求系统有一个用户登录界面。在该界面中，输入用户名和密码，单击"登录"，系统在用户表中查询用户名密码，如果用户名和密码匹配，则登录成功，进入主界面，否则拒绝登录。单击"取消"按钮关闭系统。

图 13.37　登录窗体

（1）窗体和各组件属性

创建新窗体，窗体名为 checkuserform，Caption 为"用户登录"，窗体设计如图 13.37 所示，窗体中各组件及属性见表 13.8。

表 13.8　登录窗体组件及属性

对　象	属　性	取　值	说　明
TDatabase	Name	Database1	连接的数据库
TImage	Name	Image1	
	Align	alClient	
	Picture	Check.jpg	
	Stretch	true	
TEdit	Name	Edit1	
TEdit	Name	Edit2	

（2）事件分析和处理

"登录"事件处理代码如下。

```
procedure Tcheckuserform.SpeedButton1Click(Sender: TObject);
begin
  m := m + 1; //记录输入字数，如果大于 3 次。则失败
  if Edit1.Text = '' then
    Application.MessageBox('请输入用户名', '提示', 64)
```

```
    else
      if Edit2.Text = '' then
        Application.MessageBox('请输入密码', '提示', 64)
      else
        plogin;
end;


procedure Tcheckuserform.plogin; //登录函数
begin
  with DataModule1.ADOlogin do
  begin
    close;
    sql.Clear;
    sql.Add('select * from operator where 用户名 = :a and 密码 = :b');
    parameters.ParamByName('a').Value := Trim(Edit1.Text);
    parameters.ParamByName('b').Value := Trim(Edit2.Text);
    open;
  end;
  if DataModule1.ADOlogin.RecordCount > 0 then
  begin
    yonghu := DataModule1.ADOlogin.fieldByName('用户名').Value;
    s := true;
    mainform.StatusBar1.Panels[1].Text := yonghu; //MAIN 窗口中状态条
设置显示用户名
      mainform.StatusBar1.Panels[3].Text := DateToStr(Date()); //日期
      right[1] := DataModule1.ADOlogin.fieldByName('管理权').AsBoolean;
      right[2] := DataModule1.ADOlogin.fieldByName('操作权').AsBoolean;
      right[3] := DataModule1.ADOlogin.fieldByName('查询权').AsBoolean;
      close;
  end
  else
    if m < 3 then //输入错误次数小于 3
    begin
      Application.MessageBox('用户名或密码错误,请重新输入', '提示', 64);
      Edit1.Clear;
      Edit2.Clear;
      Edit1.SetFocus; //设焦点
    end
```

```
        else
        begin
          Application.MessageBox('您无权使用本系统', '提示', 64);
          Application.Terminate;
        end;
    end;
```

"取消"事件处理代码如下：

```
procedure Tcheckuserform.SpeedButton2Click(Sender: TObject);
begin
  application.Terminate;
end;
```

3. 驾驶员信息查询窗体设计

该窗体用于查询驾驶员信息，可分别按驾驶号、籍贯和姓名来查询。

1）窗体和各组件属性

创建新窗体，窗体名为 jsyform，Caption 为"人员管理"，窗体设计如图 13.38 所示，窗体中各组件及属性见表 13.9。

图 13.38　驾驶员信息查询窗体

表 13.9　驾驶员查询窗体组件及属性

对　象	属　性	取　值	说　明
TGroupBox	Name	GroupBox1	
	Caption	查询类别	
TGroupBox	Name	GroupBox2	
	Caption	查询类别	

续表

对　象	属　性	取　值	说　明
TRadioButton	Name	RadioButton1	
	Caption	按驾照号查询	
TRadioButton	Name	RadioButton2	
	Caption	按籍贯查询	
TRadioButton	Name	RadioButton3	
	Caption	按姓名查询	
TComboBox	Name	ComboBox1	
TEdit	Name	Edit1	
TDBGrid	Name	DBGrid1	
TDataBase	Name	DataBase1	
	DataBase	Traffic	数据库名
	AliseName	Traffic	数据库别名
	Connectced	True	连接状态
TDataSource	Name	DataSource1	
TQuery	Name	Query1	
	DataBaseName	Traffic	
	SQL	select * from jsy	查询字符串
TBitBtn	Name	BitBtn1	
	Caption	查询	
TBitBtn	Name	BitBtn1	
	Caption	退出	

（2）事件分析和处理

请参见本书提供的代码（可在 www.abook.cn 网站上搜索并下载本书免费资源）。

4. 行车记录查询窗体设计

该窗体用于查询出车记录，可分别按驾照号、车牌号和出车单号查询。该窗体设计与驾驶员查询窗体相似。

（1）窗体和各组件属性

创建新窗体，名为 xc1seekform，Caption 为 "行车查询"，窗体设计如图 13.39 所示，窗体中各组件及属性见表 13.10。

图 13.39　行车记录查询窗体

表 13.10　行车查询窗体组件及属性

对　象	属　性	取　值	说　明
TGroupBox	Name	GroupBox1	
	Caption	查询类别	
TGroupBox	Name	GroupBox2	
	Caption	查询类别	
TRadioButton	Name	RadioButton1	
	Caption	按驾照号查询	
TRadioButton	Name	RadioButton2	
	Caption	按车牌号查询	
TRadioButton	Name	RadioButton3	
	Caption	按出车单号查询	
TComboBox	Name	ComboBox1	
TEdit	Name	Edit1	
TDBGrid	Name	DBGrid1	
TDataBase	Name	DataBase1	
	DataBase	Traffic	数据库名
	AliseName	Traffic	数据库别名
	Connectced	True	连接状态
TDataSource	Name	DataSource1	
TQuery	Name	Query1	
	DataBaseName	Traffic	
	SQL	select * from xc1	查询字符串
TBitBtn	Name	BitBtn1	
	Caption	查询	
TBitBtn	Name	BitBtn1	
	Caption	退出	

（2）事件分析和处理

请参见本书提供的代码中的 unit xc1。

5. 车辆管理窗体设计

该窗口用于车辆信息的维护，可以新增、修改或删除车辆信息。

（1）窗体和各组件属性

窗体设计如图 13.40 所示，窗体中组件属性见表 13.11。

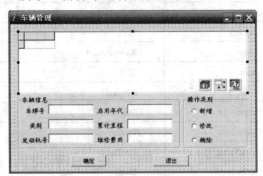

图 13.40　车辆管理窗体

表 13.11　车辆管理窗体组件及属性

对　象	属　性	取　值	说　明
TGroupBox	Name	GroupBox1	
	Caption	车辆信息	
TLabel	Name	Label1	
	Caption	车牌号	
TLabel	Name	Label2	
	Caption	类别	
TLabel	Name	Label3	
	Caption	发动机号	
TLabel	Name	Label4	
	Caption	启用年代	
TLabel	Name	Label5	
	Caption	累计里程	
TLabel	Name	Label6	
	Caption	维修费用	
TEdit	Name	Edit1	
TEdit	Name	Edit2	
TEdit	Name	Edit3	
TEdit	Name	Edit4	
TEdit	Name	Edit5	

续表

对　象	属　性	取　值	说　明
TEdit	Name	Edit6	
TGroupBox	Name	GroupBox2	
	Caption	操作类别	
TRadioButton	Name	RadioButton1	
	Caption	新增	
TRadioButton	Name	RadioButton2	
	Caption	修改	
TRadioButton	Name	RadioButton3	
	Caption	删除	
TDBGrid	Name	DBGrid1	
TDataBase	Name	DataBase1	
	DataBase	Traffic	数据库名
	AliseName	Traffic	数据库别名
	Connectced	True	连接状态
TDataSource	Name	DataSource1	
TQuery	Name	Query1	
	DataBaseName	Traffic	
	SQL	select * from xc1	查询字符串
TBitBtn	Name	BitBtn1	
	Caption	确定	
TBitBtn	Name	BitBtn1	
	Caption	退出	

2）事件分析和处理

图 13.41　公共数据模块窗体

参见本书提供代码中的 unit cl。

其他模块的设计详见本书提供的代码。

由于上述每个窗体均需连接数据库 traffic，故建立一个公共的数据库连接模块 data1，窗体命名为 Datamodule1，在窗体中放置 1 个 TADOConnection 组件，6 个 TADOQuery 组件，4 个 TdataSource 组件，如图 13.41 所示。在以后各模块设计中，只需引用数据库连接 Dataodule1，即可连接 traffic 数据库，获取相应的数据源。

关于本数据库应用系统的功能实现，以及相关用户界面设计等，读者可以参阅 Delphi 7 程序设计和其他数据库相关开发工具类书籍，故在此不做详解。

第14章 实训指导

14.1 SQL Server 2008 的安装及配置

实训目的与要求

1）掌握 SQL Server 2008 服务器的安装方法。
2）掌握服务器选择和连接方法。
3）了解对象资源管理器窗口界面。
4）了解查询窗口的使用方法。

实训内容

1. 安装 SQL Server 2008

1）选择安装版本，确定机器的软、硬配置是否符合系统要求的最低配置，参照 1.4.1 节。
2）安装步骤参照 1.4.2 节。

2. 连接 SQL Server 2008 服务器

1）单击"开始|程序|Microsoft SQL Server 2008|SQLServer Management Studio"，打开 SQL Server Management Studio 窗口，如图 14.1 所示。

图 14.1 "连接服务器"窗口

2）在此窗口的"服务器名称"中输入本地计算机名称 dxy，也可从"服务器名称"下拉列表中选择"浏览更多"选项，在本地或网络上查找服务器。

3）选择完成后，单击"连接"按钮，则服务器 dxy 在"对象资源管理器"连接成功，显示界面如图 14.2 所示。

图 14.2　SQL Server Management Studio 窗口

4）连接服务器成功后，右击"对象资源管理器"中要设置的服务器名称，从弹出菜单中选择"属性"命令，如图 14.3 所示。可浏览服务器属性设置。

图 14.3　选择查看 dxy 服务器属性

3．熟悉数据库的快捷菜单，新建数据库 traffic

1）在图 14.2 窗口中的"数据库"对象上单击右键，在打开的快捷菜单中选择"新建数据库"如图 14.4 所示。

2）进入建立数据库的界面窗口，在此窗口中定义新建的数据库名 traffic，其他项均取系统默认即可。

3）单击"确定"按钮退出。在图 14.2 中可以看到新建立的数据库。

4）在 traffic 数据库上单击右键，在快捷菜单中选择"删除"，可删除已建立的 traffic 数据库。

4．熟悉查询窗口，新建数据库 traffic1

1）在图 14.2 窗口中单击工具栏上"新建查询"图标打开查询窗口。

2）在窗口中输入"CREATE DATABASE traffic1"。

3）单击工具栏上"！执行"按钮，系统在消息框中显示"命令已成功完成"，如图 14.5 所示。

4）在对象资源管理器窗口中展开"数据库"对象，可看到新建立的 traffic1 数据库。

5）若上步操作后，没有显示 traffic1 数据库，在"数据库"对象上单击右键，在快捷菜单中选择"刷新"即可。

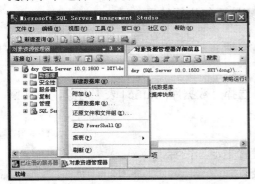　

图 14.4 "新建数据库"界面操作方式　　　图 14.5 "建立数据库"命令操作方式

14.2　创建数据库和表

实训目的与要求

1）了解数据库的逻辑结构和物理结构。

2）了解表的结构特点及 SQL Server 的基本数据类型。

3）掌握通过对象资源管理器界面创建数据库和表的操作方法。

4）掌握使用 T-SQL 语句创建数据库和表的方法。

实训内容

1. 在对象资源管理器中创建数据库

启动对象资源管理器，展开控制台根目录的树状结构，在"数据库"对象上单击鼠标右键，在快捷菜单中选择"新建数据库"，在打开的数据库属性对话框中设置新数据库的属性。详细步骤参照 2.1.5 节。

2. 在对象资源管理器中删除数据库

在对象资源管理器左边窗口中选择新建的数据库 traffic，单击鼠标右键，在快捷菜单中选择"删除"。

3. 用 T-SQL 语句创建数据库

打开查询窗口，在窗口中输入正确的 T-SQL 语句，创建 traffic 数据库（参照例 2.2）。

在对象资源管理器中可查看数据库对象，观察该语句执行结果。

4. 用 T-SQL 语句删除数据库

在查询窗口输入下面 T-SQL 语句：

```
DROP DATABASE mytemp
GO
```

在对象资源管理器中查看数据库对象，观察该语句执行结果。

5. 在对象资源管理器中创建数据表

确定数据库 traffic 已创建完毕。

1）在对象资源管理器中展开层次结构后，选择"数据库| traffic | 表"对象，单击鼠标右键，在快捷菜单中选择"新建表"。

2）在打开的新表对话框中输入表的结构。

3）选择"驾照号"行，单击工具栏中"设置主键"图标。

详细步骤参照 2.2.4 节，表结构可参照附录。

6. 建立表 cd、cl、xc 和 ddy

可用同样的方法建立。

7. 在对象资源管理器中删除表

在对象资源管理器左边窗口中选择"数据库|traffic|表"，在右边窗口中选择要删除的表，单击鼠标右键，在快捷菜单中选择"删除"。

8. 用 T-SQL 语句创建表 jsy

打开查询窗口，在窗口中输入正确的 T-SQL 语句，创建表 jsy（参照例 2.7）。在对象资源管理器中查看数据库的表对象，观察该语句执行结果。

9. 用界面操作方式或命令操作方式（以下同）创建学籍管理数据库 xjgl

数据库初始大小为 10MB，最大为 150MB，数据库自动增长，增长方式是按 10%比例增长，日志文件初始为 1MB，最大为 5MB，按 1MB 增长，其余参数自定义。数据库中所包含的表如下。

学生表：学号，姓名，性别，专业，学分。

课程表：课程号，课程名，开课学期，学时，学分。

成绩表：学号，课程号，成绩。

10. 将 xjgl 数据库的增长方式改为 5MB

11. 将 xjgl 数据库中学生表的"学分"列改为"总学分"列

12. 在 xjgl 数据库的学生表中增加 "出生年月" 列

14.3 管理数据表中的数据

实训目的与要求

1）掌握在对象资源管理器中对数据表进行插入、修改和删除的编辑操作。

2）掌握用 T-SQL 语句管理表数据的方法。

3）了解数据更新时保持数据完整性的意义。

4）为后续实训准备表中的数据（如 traffic 数据库中驾驶员表 jsy、车辆表 cl、行车表 xc 及车单表 cd 等表的数据）。

实训内容

1. 在对象资源管理器中向表 jsy 中添加数据行

1）启动对象资源管理器，层层展开树状结构，选择 "数据库| traffic |表" 对象，在右边窗口中选择表 jsy，单击鼠标右键，在快捷菜单中选择 "返回所有行"。

2）在打开的表数据窗口输入每行数据（可参照附录）。注意当 jsy 表的驾照号列设置为主键，该列的值不能有重复。

3）关闭表数据窗口。

2. 在对象资源管理器中更新表 jsy 中的数据

1）打开 jsy 表数据窗口，可直接修改任意行和列的数据。

2）单击需删除行右边的行指示器，该行反显，再按 Delete 键，可删除该行。或在该行的行指示器上单击鼠标右键，在快捷菜单中选择 "删除"。

3）单击菜单栏右边 "关闭" 图标，关闭表窗口。

4）再次打开 jsy 表数据窗口，浏览数据行，观察更新操作的结果。

3. 用 T-SQL 语句编辑表中数据

用 T-SQL 语句编辑表中数据时，每次运行 T-SQL 语句后，可打开表数据窗口，观察更新操作的结果。

1）在查询窗口输入以下 T-SQL 语句，在表 jsy 中插入记录。

```
INSERT  INTO  jsy
    VALUES('0011103','王文','汽车指挥','1983-12-03','北京',02001,30,'是',NULL)
GO
```

2）在查询窗口输入以下 T-SQL 语句，修改记录的字段。

```
UPDATE jsy
    SET 所学专业='汽车运用'
        WHERE='汽车指挥'
```

```
GO
```

3）在查询窗口输入正确的 T-SQL 语句，删除表 jsy 中某些行。

```
DELETE  FROM  jsy
        WHERE 所学专业='汽车运用'
GO
```

4. 用界面操作方式或命令操作方式完成以下操作

1）将 jsy 表中积分在 20 以下的人员删除。
2）将 jsy 表中备注为空的记录删除。
3）将 jsy 表中所有记录的积分均加 2 分。
4）添加 traffic 数据库中其余各表的数据（可参照附录）。

注意不要轻易使用 TRUNCATE TABLE 命令，以防将来用到这些数据时需重新输入。当对表设置了主键，添加、修改或更新表数据时必须保持数据完整性。

14.4　数据库一般查询

实训目的与要求

1）掌握 SELECT 语句基本子句的使用方法。
2）掌握设置列的输出格式及控制行数的方法。
3）掌握比较运算、匹配运算和限止范围的行筛选方法。
4）掌握输出数据排序的方法。
5）掌握对多表进行自然连接、内连接、外连接及左外连接、右外连接的方法。
6）掌握分组统计 GROUP BY 子句的简单用法。

实训内容

1. 基本查询操作

1）在查询窗口输入如下 T-SQL 语句，查询 cl 表中所有的车辆类别名称，消除重复行。

```
SELECT DISTINCT 类别 AS '现有类别'
FROM cl
```

2）在查询窗口输入如下 T-SQL 语句，查询 jsy 表中积分在 25 和 30 之间的驾驶员的驾照号、姓名和积分。

```
SELECT  驾照号,姓名,积分
FROM jsy
WHERE  积分!<25 AND 积分!>30
```

3）在查询窗口输入如下 T-SQL 语句，查询驾照号以 002 开头且姓高的驾驶员的情况。

```
SELECT  驾照号,姓名,积分
```

```
FROM  jsy
WHERE 驾照号 LIKE '002%'  AND 姓名 LIKE '高%'
```

2. 多表连接查询操作

1）在查询窗口输入如下 T-SQL 语句，查询每次出车的日期、目的地和行程情况。

```
SELECT xc.*,cd.*
FROM xc,cd
WHERE xc.出车单号=cd.出车单号
```

2）在查询窗口输入如下 T-SQL 语句，查询 2003 年 2 月 15 日前车辆的出行情况，包括车牌号、日期、目的地和驾驶员姓名。

```
SELECT xc.车牌号, cd.日期, cd.目的地, jsy.姓名
FROM xc, cd, jsy
        WHERE cd.日期<'2003-2-15' AND cd.出车单号=xc.出车单号 AND
                            xc.主驾=jsy.驾照号
```

3）在查询窗口输入如下 T-SQL 语句，查询每个出车的驾驶员的姓名和出车情况。

```
SELECT jsy.姓名, 车牌号,出车单号
FROM jsy INNER JOIN xc ON jsy.驾照号=xc.驾照号
```

4）在查询窗口输入如下 T-SQL 语句，查询所有汽车指挥专业驾驶员情况及他们的出车单号，若未出车，也要包括其基本情况。

```
SELECT jsy.*, 出车单号
FROM jsy LEFT OUTER JOIN xc ON jsy.驾照号=xc.主驾
WHERE 所学专业='汽车指挥'
```

3. 分类汇总操作

1）在查询窗口输入如下 T-SQL 语句，查询车辆表 cl 中各类别的车有多少辆。

```
SELECT  类别, COUNT(*) AS '数量'
FROM cl
GROUP BY 类别
```

2）在查询窗口输入如下 T-SQL 语句，查询所有驾驶员的驾照号、姓名和出车次数。

```
SELECT xc.主驾,jsy.姓名,COUNT(*)
FROM xc,jsy
WHERE xc.主驾=jsy.驾照号
GROUP BY xc.主驾,jsy.姓名
```

3）在查询窗口输入如下 T-SQL 语句，对于天津籍驾驶员按所学专业统计平均积分，查询平均积分在 25 分以上的所学专业和其平均积分。

```
SELECT  所学专业,'平均积分'=AVG(积分)
FROM jsy
WHERE 籍贯='天津'
```

```
GROUP BY  所学专业
HAVING AVG(积分)>25
```

4. 自行完成以下操作

1）查询曾单人驾车的驾驶员的姓名。

2）查询所有车辆的累计里程，并按降序排列。

3）按所学专业和是否见习分组统计驾驶员人数。

4）查询在 2003 年 2 月 15 日～2003 年 4 月 15 日出车驾驶员姓名。

5）查询所有汽车指挥专业驾驶员情况及他们的出车单号，若未出车，也要包括其基本情况。

14.5 数据库高级查询

实训目的与要求

1）加深理解在 SELECT 语句中，用 WHERE 子句筛选行的条件表达式应用。

2）掌握通过 IN、EXSITS 关键字和比较运算符进行子查询，实现多表复杂查询的方法。

3）掌握使用 GROUP By 子句中 WITH{CUBE | ROLLUP}选项进行复杂统计汇总的方法。

4）掌握 HAVING 子句的用法。

5）掌握 COMPUTE BY 子句的用法。

实训内容

1. 用 IN 关键字查询

在查询窗口输入如下 T-SQL 语句，查询指派"AX1320"车的所有调度员的姓名、职务和电话。

```
SELECT 姓名, 职务, 电话
FROM ddy
WHERE 调度号 IN
       (SELECT DISTINCT 调度号
        FROM xc
        WHERE 车牌号='AX1320')
```

2. 用 EXISTS 关键字查询

在查询窗口输入如下 T-SQL 语句，查询出车单号为"7013"的所有主驾的姓名、籍贯和积分。

```
SELECT 姓名, 籍贯, 积分
```

```
    FROM jsy
    WHERE EXISTS
            (SELECT 主驾
             FROM xc
             WHERE 主驾=jsy.驾照号 AND 出车单号='7013')
```

3. 用比较运算符查询

在查询窗口输入如下 T-SQL 语句，查询积分不低于王明、高兵、刘可的所有驾驶员的驾照号和姓名。

```
    SELECT 驾照号,姓名
    FROM jsy
    WHERE 积分> ALL(
            SELECT 积分
            FROM jsy
            WHERE 姓名 IN ('王明','高兵','刘可')
```

4. 分组统计选取

在查询窗口输入如下 T-SQL 语句，统计天津籍驾驶员各专业的平均积分，查询平均积分在 25 分以上的专业和其平均积分。

```
    SELECT  所学专业,'平均积分'=AVG(积分)
    FROM jsy
    WHERE 籍贯='天津'
    GROUP BY  所学专业
    HAVING AVG(积分)>25
```

5. 浏览统计数据

在查询窗口输入如下 T-SQL 语句，统计天津籍和北京籍驾驶员的平均积分。

```
    SELECT  籍贯,积分
    FROM jsy
    WHERE 籍贯 IN ('天津','北京')
    ORDER BY 籍贯
    COMPUTE AVG(积分) BY 籍贯
```

在上面 SQL 语句最后一行取消"BY 籍贯"选项，再运行，观察统计结果有何不同。

6. 自行完成以下操作

1）查询由孙平调度的所有出车驾驶员的姓名。
2）查询积分不高于刘可和张平的所有驾驶员的姓名、驾照号和积分。
3）查询有两次以上出车经验的驾驶员的姓名。

14.6　视图的使用

实训目的与要求

1）掌握视图的建立、修改和删除操作。

2）掌握使用视图查询基本表数据。

3）掌握可更新视图的定义和使用方法。

实训内容

1. 在对象资源管理器中创建、修改和删除视图的操作

1）打开对象资源管理器，层层展开树状结构，在"数据库| traffic | 视图"对象上单击鼠标上右键，在快捷菜单上选择"新建视图…"，出现新建视图窗口。可以 SQL 子窗口中输入创建视图的 SQL 语句，或在关系图窗口添加表，在网格窗口选择列，单击工具栏中"运行"图标。详细步骤参见 4.3.2 节。

2）在对象资源管理器中左边窗口中选择"数据库| traffic | 视图"对象，在右边窗口中新创建的视图上单击标上右键，在快捷菜单上选择"返回所有行"，可以浏览和修改视图数据。

3）在对象资源管理器左边窗口选定"视图"对象，在右边窗口中需修改的视图上单击右键，在快捷菜单上选择"设计视图"，出现设计视图窗口，可重新设计视图结构。

4）在对象资源管理器左边窗口选定"视图"对象，在右边窗口中需删除的视图上单击右键，在弹出的快捷菜单上选择"删除"，即可删除视图。

2. 用 T-SQL 语句建立视图的操作

1）在查询窗口输入正确的 T-SQL 语句，创建"汽车指挥"专业驾驶员的基本情况视图 jsy_01v（参照例 4.58）。

2）在查询窗口输入正确的 T-SQL 语句，创建出车驾驶员的出车基本情况视图 jsy_xcv（参照例 4.57）。

3. 在视图中查询

1）在查询窗口输入正确的 T-SQL 语句，浏览视图 jsy_01v。

2）在查询窗口输入如下 T-SQL 语句，在视图 jsy_xcv 中查询车牌号以 AX 开头的驾驶员姓名。

```
SELECT 姓名, 车牌号
FROM jsy_xcv
WHERE  车牌号 LIKE 'AX%'
```

4. 用 T-SQL 语句更新视图数据

1）在查询窗口输入如下 T-SQL 语句，在 jsy_01v 中插入一条记录。

```
INSERT INTO jsy_01v
    VALUES('002019', '刘小月', '北京', '1980-02-14', 30)
```

2）在查询窗口输入如下 T-SQL 语句，修改 jsy_01v 视图中积分数据。

```
UPDATE jsy_01v
    SET 积分=积分-2
```

3）在查询窗口输入正确的 T-SQL 语句，浏览视图 jsy_01v，观察数据变化。

5. 自行完成以下操作。

1）删除 jsy_01v 视图中驾照号为"002013"的驾驶员记录。

2）创建名为 view001 小轿车的出车视图，包括车牌号、日期、目的地、实际行程及主驾。

3）在视图 view001 查询 AX1320 车的出车记录。

4）删除视图 jsy_01v 和 view001 视图。

14.7 T-SQL 编程

实训目的与要求

1）掌握用户自定义数据类型的建立和使用方法。

2）掌握字符函数、时间日期函数、聚合函数和判定函数等系统常用函数的使用。

3）掌握用户自定义函数的创建和调用方法。

4）掌握各种流程控制语句的使用。

实训内容

1. 使用系统函数辅助查询

1）在查询窗口输入以下语句，并执行。

```
SELECT POWER (2,8), POWER(2, 16), POWER(2, 10), POWER(2,20)
```

2）在查询窗口输入以下语句，用随机函数产生三个随机数，并分别四舍五入输出 4 位、5 位、6 位小数。

```
    DECLARE @number smallint
SET @number=1
WHILE @number<=3
  BEGIN
    SELECT ROUND(RAND(@number),@number+3)
    SET @number=@number+1
  END
  GO
```

3）在查询窗口输入以下语句，查询调度员的职务。

```
SELECT LEFT(姓名，1)+LEFT（职务，3)
    FROM  ddy
```

4）在查询窗口输入以下语句，查询驾驶员年龄。

```
SELECT 姓名，DATEDIFF(year, 出生年月,GETDATE()) AS '年龄'
    FROM jsy
    WHERE 驾照号='002011'
```

2．自定义数据类型的创建和使用

定义一个新的数据类型 jsy_id，该类型名为 jsy_id，为字符型 char(6)，非空属性。可以用对象资源管理器界面操作方式和 SQL 语句的命令操作方式建立该数据类型，操作步骤如下。

1）用界面操作方式建立数据类型 jsy_id。在对象资源管理器中选择数据库对象"traffic"下的"用户自定义数据类型"对象，单击右键，在快捷菜单上选择"新建用户自定义数据类型"，如图 14.6 所示。

图 14.6　创建用户定义数据类型的快捷菜单

2）在打开的用户定义数据类型属性对话框中输入新数据类型名，选择数据类型为 char，长度为 6，勾选允许空选项，单击"确定"按钮，如图 14.7 所示。

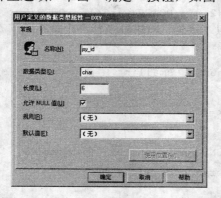

图 14.7　用户定义数据类型的属性对话框

3）在对象资源管理器右边窗口出现用户定义数据类型 jsy_id 对象，如图 14.8 所示。

在其上单击鼠标右键，在快捷菜单中选择"删除"。

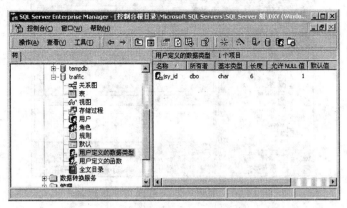

图 14.8　新建的用户定义数据类型对象

4）用命令操作方式建立数据类型 jsy_id。打开查询窗口，输入下面语句并执行：

```
USE  traffic
EXEC sp_addtype 'jsy_id','char(6)', 'not null'
GO
```

执行结果如图 14.9 所示。

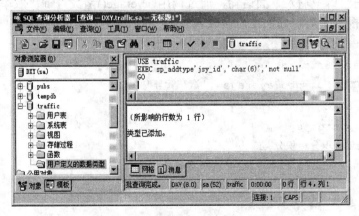

图 14.9　在查询窗口创建用户定义数据类型

5）在查询窗口输入以下语句新建表 jsy_1，其中驾照号列使用数据类型 jsy_id。

```
CREATE  TABLE  jsy_1
   ( 驾照号  jsy_id,
    姓名    char(8) NOT NULL,
    地址    char(20)
   )
   GO
```

执行结果如图 14.10，此时表 jsy_1 为空表。

图 14.10　用用户定义数据类型新建表

3. 自定义函数的创建和使用

1）在查询窗口中输入正确的 T-SQL 语句并执行，定义一个函数 average()，用于计算指定专业的平均积分（参照例 6.1）。

2）在对象浏览器窗口中，展开 traffic 数据库下的"函数"对象，可见到 average() 函数对象。

3）在查询窗口中输入下面语句，通过调用 average() 函数查询"汽车管理"专业的平均积分，并根据平均积分大小，修改表 jsy 中的积分列。

```
USE traffic
declare @num int
SELECT @num=dbo.average ('汽车管理')
If @num>25
    update jsy
    set 积分＝积分+2
        where 所学专业＝'汽车管理'
else
    if @num<20
        update jsy
        set 积分＝积分-2
            where 所学专业＝'汽车管理'
GO
SELECT * FROM jsy
GO
```

观察执行结果。

4）在查询窗口中输入正确的 T-SQL 语句并执行，定义一个表值函数 havejsy()，用于返回指定籍贯的所有驾驶员的姓名和驾照号（参照例 6.2）。

5）在查询窗口中输入下面语句，通过调用 havejsy() 查询来自天津的所有驾驶员的驾照号、姓名。

```
SELECT *
FROM dbo.havejsy('天津')
```

观察执行结果。

4. 自行完成以下操作

1）查询驾驶员年龄。

2）查询所有车辆的前两位字符和启用年代中的年份数字。

3）定义一个函数，返回任意指定的字符串的字符个数。

4）自定义一个表型函数，它输入变量为姓名的第 1 个的汉字，其返回值为该姓所有驾驶员的姓名和驾照号。

14.8　约束与索引的使用

实训目的与要求

1）掌握数据完整性概念。

2）掌握缺省、规则、默认值的建立和使用方法。

3）掌握各种约束的建立和使用方法。

4）掌握创建索引的方法。

实训内容

1. 使用缺省对象

1）在查询窗口输入 T-SQL 语句，创建缺省对象，默认字符型数据"天津"。

```
CREATE DEFAULT def_come
AS '天津'
```

2）将其绑定到籍贯列，使籍贯列的取值默认为"天津"。

```
EXEC SP_BINDEFAULT 'def_come','jsy.籍贯'
```

3）用对象资源管理器打开 jsy 表，输入一行数据，观察籍贯列的默认值情况。

2. 使用规则对象

1）在查询窗口输入 T-SQL 语句，创建规则对象，规定取值可为"小轿车"、"小客车"和"大客车"。

```
CREATE RULE rul_lb
AS @lb IN ('小轿车','小客车','大客车')
```

2）绑定到车辆表的类别列，使类别的取值只能为其中之一。

```
EXEC SP_BINDRULE 'rul_lb','cl.类别'
```

3）用对象资源管理器打开 cl 表，输入一行数据，检查类别列规则的效果。

3. 创建主键约束

1）在查询窗口输入 T-SQL 语句，修改 jsy 表，增加驾照号的主键约束。

```
ALTER TABLE jsy
ADD CONSTRAINT pkey_jsy PRIMARY KEY CLUSTERED （驾照号）
```

2）打开 jsy 表，输入一行数据，检查驾照号列的主键约束情况。

4. 创建外键约束

1）在查询窗口输入 T-SQL 语句，创建表 xc_temp，并建立复合主键约束。

```
CREATE TABLE xc_temp
     （ 驾照号 char(6)        NOT NULL,
       车牌号 char(8)        NOT NULL,
       调度号 char(4)        NULL,
       行程   smallint       NULL,
CONSTRAINT pkey_ xc_temp  PRIMARY KEY （驾照号，车牌号）
       ）
    GO
```

2）修改表 xc_temp，增加外键约束。

```
ALTER TABLE xc_temp
ADD CONSTRAINT fkey_ xc_temp1  FOREIGN KEY （车牌号）
        REFERENCES cl （车牌号） ON UPDATE CASCADE
    GO
```

3）用对象资源管理器打开 xc_temp 表，输入一行数据，观察车牌号列的外键约束情况。

5. 使用 CHECK 约束

1）在查询窗口输入 T-SQL 语句，修改表 jsy，增加 CHECK 约束 ck_birth，使出生年月列的取值在系统当前日期之前。

```
ALTER TABLE jsy_temp5
    ADD CONSTRAINT ck_telh CHECK 出生年月<=CURRENT_TIMESTAMP）
    GO
```

2）用对象资源管理器打开 jsy 表，输入一行数据，观察出生年月列的约束情况。

3）在查询窗口输入 T-SQL 语句，禁用 ck_birth 约束。

```
ALTER TABLE xc_temp NOCHECK CONSTRAINT ck_birth
```

4）用对象资源管理器打开 jsy 表，输入一行数据，观察出生年月列的约束情况。

5）在查询窗口输入 T-SQL 语句，删除 ck_birth 约束。

```
ALTER TABLE jsy DROP CONSTRAINT ck_birth
```

6．在对象资源管理器中完成以下操作

1）创建规则对象，规定取值可以为"汽车指挥"、"汽车管理"或"汽车维修"。并绑定到所学专业列，使所学专业列的取值只能为其中之一。

2）驾驶员表的驾照号列设定非空并有主键约束。

3）为 jsy 表驾照号列创建索引。

4）为 cl 表车牌号列创建唯一聚集索引。

5）打开表 cl，对驾照号和车牌号列值做修改，如果输入了重复的键，系统将取消该重复键的修改或插入操作。

6）删除上面建立的规则、约束和索引。

14.9　存储过程和触发器的使用

实训目的与要求

1）掌握存储过程的类型和作用

2）掌握存储过程的创建与调用方法。

3）掌握触发器的类别和作用

4）掌握触发器的创建与调用方法。

实训内容

1．存储过程的使用

1）在查询窗口输入正确的 T-SQL 语句，建立一个存储过程 xclist1，该存储过程返回所有驾驶员的驾照号、姓名和各次出车行程（参照例 9.1）。

2）在查询窗口输入下面语句调用存储过程 xclist1，查询 traffic 数据库中驾驶员的驾照号、姓名和各次出车行程。

```
EXECUTE xclist1
```

3）在查询窗口输入下面语句删除存储过程 xclist1 存储过程。

```
USE traffic
DROP PROCEDURE xclist1
GO
```

2．在对象资源管理器中通过界面操作方式完成上面步骤

参见 9.1 节。

3．触发器的使用

1）在查询窗口输入正确的 T-SQL 语句，在 jsy 表中创建一触发器 jsy_updtri，若对驾照号和姓名列修改则给出提示信息，并取消操作（参照例 9.14）。

2）在对象资源管理器中打开表 jsy，修改姓名和驾照号列的数据，观察执行结果。

3）在查询窗口输入下面语句，删除 jsy 表上定义的 jsy_updtri 触发器。

```
USE traffic
DROP TRIGGER jsy_updtri
GO
```

4. 在对象资源管理器中通过界面操作方式完成上面步骤。

参见 9.2 节。

5. 自行完成以下操作

1）建立一存储过程，查询指定驾照号的驾驶员的姓名和积分。

2）对 xc 表创建一触发器，如插入记录的驾照号不是 jsy 表的驾照号列的取值，或车牌号不是 cl 表中的车牌号，则消该记录的插入操作。

14.10　游标的使用

实训目的与要求

1）掌握游标的概念和游标类型。
2）掌握游标的声明、打开、关闭和删除的方法。
3）掌握通过游标读取数据和修改数据的方法。

实训内容

1）在查询窗口输入下面语句，声明一键集驱动游标。选取"汽车指挥"专业的驾驶员的驾照号、姓名和积分，可对积分进行修改。

```
DECLARE jsy_cur CURSOR
 KEYSET
    FOR
    SELECT 驾照号, 姓名, 积分
     FROM jsy
```

2）在查询窗口输入下面语句，打开游标，测试游标内数据行数。

```
OPEN jsy_cur
SELECT '游标内数据行数'=@@CURSOR_ROWS
```

3）在查询窗口输入下面语句，提取游标内数据。

```
FETCH NEXT FROM jsy_cur
```

4）在查询窗口输入下面语句，提取游标内数据，并测试系统状态。

```
FETCH LAST FROM jsy_cur
SELECT 'FETCH 执行状态'=@@FETCH_STATUS
```

5）修改游标数据。

① 在查询窗口输入下面语句，定义可修改游标。

```
DECLARE up_jsy_cur CURSOR
LOCAL SCROLL SCROLL_LOCKS
    FOR
    SELECT 驾照号，姓名，积分
    FROM jsy
    FOR UPDATE OF 积分
    OPEN up_jsy_cur
```

② 在查询窗口输入下面语句，打开游标，修改游标内数据。

```
FETCH LAST FROM up_jsy_cur
UPDATE jsy SET 积分=21
    WHERE CURRENT OF up_jsy_cur
```

③ 用 **SELECT** 语句查询修改后的数据。

```
SELECT * FROM jsy
```

6）在查询窗口输入下面语句，关闭上一步创建的游标。

```
CLOSE up_jsy_cur
```

7）在查询窗口输入下面语句，删除游标。

```
DEALLOCATE jsy_cur
```

14.11 安全认证与访问权限

实训目的与要求

1）掌握管理 SQL Server 登录账号的方法。
2）掌握设置用户可访问的和不可访问的数据库的方法。
3）掌握管理角色和角色成员的方法。
4）掌握设置用户权限的方法。

实训内容

1. 创建 Windows 登录账号

1）Windows 桌面，开始、程序、管理工具、计算机管理，打开计算机管理窗口，在本地用户和组下创建一用户账号 qtest。

2）在查询窗口输入下面语句，建立该用户的信任连接。

```
EXEC sp_grantlogin 'DXY\qtest'
```

3）打开对象资源管理器，选择服务器、安全性、登录对象，可浏览所有登录账号。

2. 建立 SQL Server 认证的登录账号

1）在查询窗口输入下面语句，建登录账号为"dong"，密码为"qqq"，指定默认数

据库为 "traffic"。

```
EXEC sp_addlogin 'dong', 'qqq', 'traffic'
```

2）在对象资源管理器中，选择服务器、安全性、登录对象，可浏览所有登录账号。

3. 显示登录者信息

在查询窗口输入下面语句，则列出目前数据库的所有登录者的信息。

```
EXEC sp_helplogins
```

4. 添加固定服务器角色成员

在查询窗口输入下面语句，将 DXY\qtest 添加到 sysadmin 固定服务器角色中。

```
EXEC sp_dropsrvrolemember 'DXY\qtest','sysadmin'
```

5. 创建自定义角色

1）在查询窗口输入下面语句，在当前数据库中创建名为 role1 的新角色。

```
USE traffic
EXEC  sp_addrole 'role1'
```

2）在查询窗口输入下面语句，添加用户 dong 为角色 role1 的成员。

```
EXEC  sp_addrolemember'dong','role1'
```

3）在查询窗口输入下面语句，给 role1 角色授予建数据表的权限。

```
GRANT GREATE TABLE TO role1
GO
```

4）在对象资源管理器中，选择 traffic 数据库民、角色，在右边窗口选择 role1 角色，单击右键，在快捷菜单中选择"属性"，可查看 role1 角色的成员和权限。

6. 拒绝用户编辑表数据

在查询窗口输入下面语句，不允许 qtest 用户对 jsy 表进行编辑修改的操作。

```
DENY INSERT,UPDATE,DELETE ON jsy TO  qtest
GO
```

7. 授予查询权限

在查询窗口输入下面语句，给 public 角色授予查询 jsy 表的权限。

```
GRANT SELECT ON jsy TO public
GO
```

8. 在对象资源管理器界面中进行上面各步骤

14.12　数据库备份

实训目的与要求

1）掌握数据库备份的方法。

2）掌握数据库还原的方法。

3）掌握数据表导入和导出的方法。

实训内容

1）在 Windows 下创建数据库备份的目的文件夹 D:\backup。

2）在查询窗口输入正确的 T-SQL 语句，创建 traffic 数据库的备份 trabackup，备份到 D:\backup 中，文件名为 trabackup。

3）在查询窗口输入正确的 T-SQL 语句，创建 traffic 数据库的事务日志文件的备份，备份到 D:\backup 中，文件名为 trabackup_log。

4）用资源管理器查看备份文件目录。

5）用命令操作方式或界面操作方式删除 traffic 数据库中 jsy 表。

6）在查询窗口输入下面语句，从 trabackup 中还原 traffic 数据库。

```
RESTORE DATABASE traffic
    TO disk='D:\backup\trabackup'
    WITH NORECOVERY
RESTORE LOG traffic
    TO disk='D:\backup\trabackup_log'
    WITH NORECOVERY
```

7）用对象资源管理器查看 traffic 数据库中的 jsy 表。

8）用对象资源管理器进行以上各步骤。

9）在查询窗口输入正确的 T-SQL 下面命令，创建数据库 tra_temp。

10）将 traffic 数据库的所有表和视图导出至数据库 tra_temp 中（参见 12.3.1 节）。

11）将 traffic 数据库中 jsy 表中所有天津籍驾驶员的驾照号、姓名、出生年月和积分列导出至 tra_temp 数据库中的新表 tjjsy 中。注意以下要点：

① 在选择目的对话框中选择 tra_temp 数据库。

② 在指定表复制或查询对话框中，选取"用一条查询指定要传输的数据"。

③ 在键入 SQL 语句对话框中，输入以下语句：

```
SELECT  驾照号，姓名，出生年月，积分
FROM  jsy
WHERE  籍贯='天津'
```

④ 在选择源表和视图对话框中，目的表名改为 tjjsy。

附　　录

Traffic 数据库数据表结构（Traffic1 同）

表　名	列　名	数据类型	长　度	小　数	默认值	可否空	是否主键
驾驶员表 （jsy）	驾照号	char	6			×	√
	姓名	char	8			×	
	所学专业	char	10			√	
	出生年月	smalldatetime				√	
	籍贯	char	20		天津	√	
	积分	numeric	5	1		√	
	是否实习	bit			1	√	
	备注	text				√	
车辆表 （cl）	车牌号	char	8			×	√
	类别	char	8			√	
	发动机号	char	10			×	
	启用年代	char	4			√	
	累计里程	numeric	8	0		√	
	维修费用	smallmoney				√	
行车表 （xc1）	主驾	char	8			×	√
	车牌号	char	8			×	√
	出车单号	char	8			×	√
	调度号	char	6			√	
	副驾	char	8			√	
车单表 （cd）	出车单号	char	8			×	√
	日期	smalldatetime				√	
	目的地	char	8			√	
	预计行程	smallint				√	
	实际行程	smallint				√	
调度员表 （ddy）	调度号	char	6			×	
	姓名	char	8			√	√
	职务	char	8			√	
	电话	char	8			√	

Traffic 数据库各数据表记录（Traffic1 同）

jsy 表

驾照号	姓　名	所学专业	出生时间	籍　贯	积　分	是否见习	备　注
002011	王明	汽车指挥	1983-12-11	天津	20.0	1	
002012	高兵	汽车指挥	1982-09-10	北京	25.0	0	
002013	高一林	汽车指挥	1982-04-05	天津	30.0	0	
002014	张全	汽车指挥	1979-05-12	天津	30.0	0	
002015	陈学明	汽车指挥	1979-03-02	天津	30.0	0	

驾照号	姓　名	所学专业	出生时间	籍　贯	积　分	是否见习	备　注
002016	蔡志强	车辆运用	1980-11-13	湖北	36.0	1	
010111	张平	汽车管理	1981-05-10	河北	28.0	0	
010112	王中国	汽车管理	1982-07-08	吉林	28.0	1	
010113	孙研	汽车管理	1980-10-01	北京	25.0	1	
010114	林永强	汽车管理	1981-09-20	北京	20.0	1	

cl 表

车牌号	类　别	发动机号	启用年代	累计里程	维修费用
AX1320	小轿车	790234	89_2	3000	850.0
AX1322	小客车	790020	02_1	2500	20000.0
AX1324	小轿车	397860	01_1	10050	1000.0
AX1326	大客车	458902	97_3	1050	350.0
AT2611	小客车	234567	98_2	300	800.0
AT2613	小客车	679190	02_2	10000	2000.0
AT2615	小轿车	230121	02_3	12000	4000.0
AT2617	大客车	345901	90_4	33355	1500.0

xc1 表

主　驾	车牌号	出车单号	调度号	副　驾
002011	AX1320	7003	0111	010111
002011	AX1322	7012	0111	NULL
002012	AX1320	7013	0112	NULL
002013	AX1324	7013	0112	NULL
002014	AT2611	7013	0112	NULL
010111	AT1320	7018	0113	NULL
010112	AT1320	7018	0113	010112
010113	AT2611	7021	0122	010111
010111	AT2611	7023	0113	010112
010113	AX1320	7024	0111	NULL

cd 表

出车单号	日　期	目的地	预计行程	实际行程
7003	2003-02-11	北京	240	251
7012	2003-02-11	市内	30	42
7013	2003-02-12	市郊	40	44
7018	2003-02-16	市内	60	61
7021	2003-02-20	唐山	200	220
7023	2003-02-22	大港	120	132
7024	2003-03-25	北京	250	269

ddy 表

调 度 号	姓　名	职　务	电　话
0111	林强	队长	722-6431
0113	孙平	副队长	723-6532
0112	刘小可	调度员	721-2345
0122	王丁	调度员	721-1634
0225	王理平	副队长	725-2212
0226	高京	副队长	722-1598

主要参考文献

陈荣. 2001. 深度探索 SQL Server 2000 基础实务[M]. 北京：中国铁道出版社.

康会光. 2007. SQL Server 2005 中文版标准教材[M]. 北京：清华大学出版社.

李俊民. 2008. 精通 SQL——结构化查询语言详解（第 2 版）[M]. 北京：人民邮电出版社.

苗雪兰. 2003. 数据库系统原理及应用教程[M]. 北京：机械工业出版社.

袁运亮. 2008. 贯通 SQL Server 2008 数据库系统开发[M]. 北京：电子工业出版社.